高职高专"十二五"规划教材

食品分析与检验技术

第二版

李京东　余奇飞　刘丽红　主编

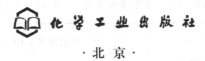

化学工业出版社

·北京·

本书依据培养高素质技术技能型高职人才培养目标，结合岗位工作任务要求，以项目分析为切入点，将理论知识和实践技能相结合，突出岗位操作技能，培养学生食品分析与检验应具备的专项能力。

本教材分为食品样品的采集与处理，物理检验，食品中的水分、灰分、蛋白质及氨基酸、脂类、碳水化合物、维生素、矿物质等营养素的测定，食品酸度，食品添加剂，食品中有害元素、农药及药物残留、毒素（天然毒素）、激素和食品加工及包装中有害物质共十五项任务，其下又分为若干项目，每个项目的案例都是一个具体实验。

本书可以作为高职高专食品检测类相关专业教学用书，也可以作为食品分析及技能鉴定培训用教材，还可作为食品工业生产质检、食品质量控制及检验类技术和管理人员的参考用书。

图书在版编目（CIP）数据

食品分析与检验技术/李京东，余奇飞，刘丽红主编．—2版．—北京：化学工业出版社，2016.3（2023.4重印）
ISBN 978-7-122-25943-1

Ⅰ.①食… Ⅱ.①李…②余…③刘… Ⅲ.①食品分析-高等职业教育-教材②食品检验-高等职业教育-教材
Ⅳ.①TS207.3

中国版本图书馆CIP数据核字（2015）第315988号

责任编辑：蔡洪伟　陈有华　　　　　　　　装帧设计：关　飞
责任校对：宋　玮

出版发行：化学工业出版社（北京市东城区青年湖南街13号　邮政编码100011）
印　　装：北京七彩京通数码快印有限公司
787mm×1092mm　1/16　印张15½　字数386千字　2023年4月北京第2版第6次印刷

购书咨询：010-64518888　　　　　　　售后服务：010-64518899
网　　址：http://www.cip.com.cn
凡购买本书，如有缺损质量问题，本社销售中心负责调换。

定　　价：45.00元

高职高专商检技术专业"十二五"规划教材建设委员会

（按姓名汉语拼音排列）

高职高专商检技术专业"十二五"规划教材编审委员会

（按姓名汉语拼音排列）

高职高专商检技术专业"十二五"规划教材建设单位

（按汉语拼音排列）

北京联合大学师范学院
常州工程职业技术学院
成都市工业学校
重庆化工职工大学
福建交通职业技术学院
广东科贸职业学院
广西工业职业技术学院
河南质量工程职业学院
湖北大学知行学院
黄河水利职业技术学院
江苏经贸职业技术学院
辽宁农业职业技术学院
湄洲湾职业技术学院
南京化工职业技术学院
萍乡高等专科学校
青岛职业技术学院
唐山师范学院
天津渤海职业技术学院
潍坊教育学院
厦门海洋职业技术学院
扬州工业职业技术学院
漳州职业技术学院

前　言

食品分析与检验技术是高职食品类专业、商检技术类专业的专业核心课程，培养学生食品分析检验岗位的专项能力，对完成相关专业高素质技术技能型人才的培养有极其重要的作用。

本书第一版于2011年出版，经过几年的使用，我们收到了很多反馈意见和建议，结合目前食品安全重视程度不断提高，食品安全国家标准的不断修订、更新，2015年我们根据当前社会经济发展对食品质检工作岗位的能力要求，以及教材使用者的意见和建议，本着为教学服务，为学生成才服务，为企业人才需求服务的宗旨，对教材进行了修订。

修订后的教材基本保留了第一版的内容体系，突出学生能力培养。按工作岗位任务将教材内容分为十五个任务，每个任务下又分为若干项目，采用国家标准检测方法或最新行业标准检测方法，通过"做中学，学中做"实现教学目标，并在相关知识方面介绍其他常用的分析检验方法，使学生能够在未来工作岗位上，根据岗位条件对样品进行分析检测，满足工作需要。教材主要内容包括食品样品的采集与处理，食品物理检验，食品营养成分的检验，食品添加剂检验，食品有毒有害物质检验，食品中农药残留检验等。

参加教材修订的基本是原教材的编写者。本书由李京东、余奇飞、刘丽红担任主编，具体分工为：余奇飞、李京东撰写编写提纲，李京东编写任务一、任务三~任务八，刘丽红编写任务十一~任务十四，石桂珍编写任务二，吕平编写任务九，于韵梅编写任务十，肖素荣编写任务十五，全书由李京东统稿。

本书在编写过程中，得到了相关院校师生的大力支持与帮助，在此表示感谢。

编　者
2015 年 11 月

言　言

第一版前言

食品分析与检验技术是食品科学专业、商检专业的专业核心课程。本教材的编写突出了高职高专教学中以应用为主的特色，强调对学生能力的培养。教学通过具体的案例提出，采用国家标准检测方法，以项目化形式达到教学目标；为了提高学生的综合素质，对同一项目还介绍了其他常用的分析检验方法，使学生能够在未来工作岗位中，依据具体条件对样品进行分析检测，满足实际工作岗位的需要。

本教材根据食品分析和检验的基本内容，将其划分为十五项任务，每个任务下又分为若干项目，每个项目的案例都是一个具体实验，这样避免在教材后面增添实验指导的重复，所选用的检测方法都来自国家标准检测方法或最新行业标准检测方法，并有相应的国家标准号（或行业标准号）。教材主要内容包括食品样品采集、处理，食品物理检验，食品营养成分检验，食品添加剂检验，食品有毒有害物质检验，食品中农残检验等。

本书由李京东、余奇飞、刘丽红担任主编，具体分工为：余奇飞、李京东撰写编写提纲，李京东编写任务一、任务三至任务八，刘丽红编写任务十一至任务十四，石桂珍编写任务二，吕平编写任务九，于韵梅编写任务十，肖素荣编写任务十五，全书由李京东统稿。

本书可作为商品检验专业、食品科学专业及其他相关专业的食品分析与检验技术教材。

由于编者水平有限，书中难免出现疏漏及欠妥之处，恳请读者指正。

编　者
2011 年 3 月

目　　录

任务一　食品样品的采集与处理 ………… **1**

项目　茶取样 …………………………………… 1
  一、案例 ……………………………………… 1
  二、选用的国家标准 ………………………… 1
  三、取样方法 ………………………………… 1
  四、相关知识 ………………………………… 2
    （一）食品样品的采集 …………………… 2
    （二）食品样品的预处理 ………………… 4

思考题 …………………………………………… 5

任务二　物理检验 ……………………… **6**

项目一　测定食品的相对密度 ……………… 6
  一、案例 ……………………………………… 6
  二、选用的国家标准 ………………………… 6
  三、测定方法 ………………………………… 6
  四、相关知识 ………………………………… 7
    （一）密度计法测定相对密度的原理 …… 7
    （二）密度与相对密度的概念 …………… 7
    （三）不同密度计的读数与校正方法 …… 8
    （四）密度瓶法测定相对密度
            （比重瓶法） ……………………… 9
项目二　罐头食品可溶性固形物含量的
        测定 …………………………………… 10
  一、案例 ……………………………………… 10
  二、选用的国家标准 ………………………… 10
  三、测定方法 ………………………………… 10
  四、相关知识 ………………………………… 11
    （一）测定原理 …………………………… 11
    （二）折射率的基本概念 ………………… 11
    （三）常用的折光计 ……………………… 12
项目三　测定味精中谷氨酸钠的含量 ……… 13
  一、案例 ……………………………………… 13
  二、选用的国家标准 ………………………… 13
  三、测定方法 ………………………………… 13
  四、相关知识 ………………………………… 14
    （一）测定原理 …………………………… 14
    （二）基本概念 …………………………… 14
    （三）旋光计 ……………………………… 15

项目四　测定淀粉的黏度 …………………… 15
  一、案例 ……………………………………… 15
  二、选用的国家标准 ………………………… 15
  三、测定方法 ………………………………… 15
  四、相关知识 ………………………………… 16
    （一）测定原理 …………………………… 16
    （二）基本概念 …………………………… 16
    （三）绝对黏度检验法 …………………… 16
项目五　测定碳酸饮料中二氧化碳的含量 … 17
  一、案例 ……………………………………… 17
  二、选用的国家标准 ………………………… 17
  三、测定方法 ………………………………… 17
  四、相关知识 ………………………………… 17
    （一）测定原理 …………………………… 17
    （二）注意事项 …………………………… 17

思考题 …………………………………………… 18

任务三　测定食品中的水分 …………… **19**

项目　测定食品中水分 ……………………… 19
  一、案例 ……………………………………… 19
  二、选用的国家标准 ………………………… 19
  三、测定方法 ………………………………… 19
  四、相关知识 ………………………………… 20
    （一）食品中水分测定——直接干燥法
            原理 ……………………………… 20
    （二）注意事项 …………………………… 20
  五、测定食品中水分的方法 ………………… 21
    （一）食品中水分的意义 ………………… 21
    （二）减压干燥法 ………………………… 21
    （三）蒸馏法 ……………………………… 22
    （四）卡尔·费休法 ……………………… 23
    （五）水分快速测定法——红外线
            干燥法 …………………………… 25

思考题 …………………………………………… 25

任务四　测定食品中的灰分 …………… **26**

项目一　测定食品中的总灰分 ……………… 26
  一、案例 ……………………………………… 26
  二、选用的国家标准 ………………………… 26

　　　三、测定方法 ……………………… 26
　　　四、相关知识 ……………………… 27
　　　　（一）食品中灰分的测定——灼烧称重法
　　　　　　　原理 ……………………… 27
　　　　（二）注意事项 …………………… 27
　　　五、测定食品中总灰分的方法 ……… 28
　　　　（一）食品中灰分的意义 ………… 28
　　　　（二）乙酸镁法测定总灰分 ……… 29
　　项目二　水溶性灰分和水不溶性灰分的
　　　　　　　测定 …………………………… 30
　　项目三　酸不溶性灰分测定 …………… 30
　　思考题 ………………………………… 30

任务五　测定食品中的蛋白质及氨
**　　　　基酸 ………………………… 31**
　　项目一　测定食品中的蛋白质 ………… 31
　　　一、案例 …………………………… 31
　　　二、选用的国家标准 ……………… 31
　　　三、测定方法 ……………………… 31
　　　四、相关知识 ……………………… 33
　　　　（一）食品中蛋白质含量的测定——
　　　　　　　凯氏定氮法原理 …………… 33
　　　　（二）样品消化反应过程 ………… 33
　　　　（三）不同食品的蛋白质换算系数 … 34
　　　　（四）注意事项 …………………… 34
　　　五、测定食品中蛋白质的方法 ……… 34
　　　　（一）食品中蛋白质的意义 ……… 34
　　　　（二）双缩脲法 …………………… 35
　　项目二　测定食品中的氨基酸态氮 …… 36
　　　一、案例 …………………………… 36
　　　二、选用的国家标准 ……………… 36
　　　三、测定方法 ……………………… 36
　　　四、相关知识 ……………………… 37
　　　　（一）食品中氨基酸态氮含量的测定——
　　　　　　　甲醛值法原理（电位滴定法）… 37
　　　　（二）注意事项 …………………… 37
　　　五、测定食品中氨基酸态氮的方法 … 37
　　　　（一）食品中氨基酸态氮的意义 … 37
　　　　（二）双指示剂甲醛法 …………… 38
　　　　（三）比色法简介 ………………… 38
　　项目三　测定食品中的氨基酸 ………… 38
　　　一、案例 …………………………… 38
　　　二、选用的国家标准 ……………… 39
　　　三、测定方法 ……………………… 39
　　　四、相关知识 ……………………… 40

　　　　（一）氨基酸自动分析仪检测氨基酸法
　　　　　　　原理 ……………………… 40
　　　　（二）十六种氨基酸的相对分子质量 …… 40
　　　　（三）常见食品中必需氨基酸、半必
　　　　　　　需氨基酸含量 ……………… 41
　　思考题 ………………………………… 41

任务六　测定食品中的脂类 ………… 42
　　项目一　测定食品中粗脂肪 …………… 42
　　　一、案例 …………………………… 42
　　　二、选用的国家标准 ……………… 42
　　　三、测定方法 ……………………… 42
　　　四、相关知识 ……………………… 43
　　　　（一）食品中脂肪的测定——索氏提取法
　　　　　　　原理 ……………………… 43
　　　　（二）注意事项 …………………… 43
　　　五、测定食品中脂肪的方法 ………… 44
　　　　（一）食品中脂类的意义 ………… 44
　　　　（二）酸水解法 …………………… 45
　　　　（三）罗斯-哥特里氏法 …………… 46
　　　　（四）巴布科克氏法和盖勃氏法 … 47
　　　　（五）氯仿-甲醇提取法简介 ……… 48
　　　　（六）仪器法简介 ………………… 48
　　项目二　测定食品中的DHA（二十二碳六
　　　　　　　烯酸）和EPA（二十碳五烯酸）… 48
　　　一、案例 …………………………… 48
　　　二、选用的国家标准 ……………… 49
　　　三、测定方法 ……………………… 49
　　　四、相关知识 ……………………… 50
　　　　（一）食品中EPA和DHA含量测定——
　　　　　　　气相色谱法原理 …………… 50
　　　　（二）注意事项 …………………… 50
　　项目三　测定食品中的磷脂 …………… 51
　　　一、案例 …………………………… 51
　　　二、选用的国家标准 ……………… 51
　　　三、测定方法 ……………………… 51
　　　四、相关知识 ……………………… 52
　　　　（一）大豆磷脂中磷脂酰胆碱、磷脂
　　　　　　　酰乙醇胺、磷脂酰肌醇含量测
　　　　　　　定——高效液相色谱法原理 ……… 52
　　　　（二）注意事项 …………………… 52
　　思考题 ………………………………… 52

任务七　测定食品中的碳水化合物 …… 53
　　项目一　测定食品中的还原糖 ………… 53

一、案例 ……………………… 53
二、选用的国家标准 …………… 53
三、测定方法 …………………… 53
四、相关知识 …………………… 55
　（一）食品中还原糖含量测定——直接
　　　　滴定法原理 ……………… 55
　（二）滴定反应过程 ……………… 55
　（三）注意事项 ………………… 55
五、测定食品中还原糖的方法 …… 56
　（一）食品中碳水化合物的意义 … 56
　（二）高锰酸钾滴定法 ………… 56
　（三）葡萄糖氧化酶-比色法 …… 59
　（四）蓝-爱农法 ………………… 61
　（五）其他方法简介 ……………… 62
项目二　测定食品中的蔗糖 ……… 62
一、案例 ………………………… 62
二、选用的国家标准 …………… 63
三、测定方法 …………………… 63
四、相关知识 …………………… 63
　（一）食品中蔗糖含量测定——酸水解法
　　　　原理 …………………… 63
　（二）注意事项 ………………… 64
五、测定食品中蔗糖的方法 ……… 64
　（一）食品中蔗糖的意义 ………… 64
　（二）酶-比色法 ……………… 64
项目三　测定食品中的总糖 ……… 66
一、案例 ………………………… 66
二、选用的国家标准 …………… 66
三、测定方法 …………………… 66
四、相关知识 …………………… 66
　（一）食品中总糖含量测定——直接
　　　　滴定法原理 ……………… 66
　（二）注意事项 ………………… 67
五、测定食品中总糖的方法 ……… 67
　（一）食品中总糖的意义 ………… 67
　（二）蒽酮比色法 ……………… 67
项目四　测定食品中的淀粉 ……… 68
一、案例 ………………………… 68
二、选用的国家标准 …………… 68
三、测定方法 …………………… 68
四、相关知识 …………………… 69
　（一）食品中淀粉含量的测定——
　　　　酶水解法原理 …………… 69
　（二）注意事项 ………………… 69
五、测定食品中淀粉的方法 ……… 69
　（一）食品中淀粉的意义 ………… 69

　（二）酸水解法 ………………… 70
项目五　测定食品中的纤维 ……… 71
一、案例 ………………………… 71
二、选用的国家标准 …………… 71
三、测定方法 …………………… 72
四、相关知识 …………………… 73
　（一）食品中不溶性膳食纤维含量测定——
　　　　重量法原理 ……………… 73
　（二）注意事项 ………………… 73
五、测定食品纤维的方法 ………… 73
　（一）食品中纤维的意义 ………… 73
　（二）植物类食品中粗纤维的测定 … 73
项目六　测定食品中的果胶物质 … 75
一、案例 ………………………… 75
二、测定方法 …………………… 75
三、相关知识 …………………… 76
　（一）食品中果胶含量的测定——重量法
　　　　原理 …………………… 76
　（二）注意事项 ………………… 76
四、测定食品中果胶的方法 ……… 77
　（一）食品中果胶的意义 ………… 77
　（二）分光光度法 ……………… 77
思考题 …………………………… 78

任务八　测定食品的酸度 ………… 79

项目一　测定食品的总酸 ………… 79
一、案例 ………………………… 79
二、选用的国家标准 …………… 79
三、测定方法 …………………… 79
四、相关知识 …………………… 80
　（一）食品总酸的测定——滴定法
　　　　原理 …………………… 80
　（二）注意事项 ………………… 80
五、测定食品酸类物质的方法 …… 81
　（一）食品中酸类物质的意义 …… 81
　（二）测定乳及乳制品的酸度 …… 81
　（三）测定食品中的挥发酸 ……… 82
　（四）测定食品的有效酸度（pH值）… 83
项目二　食品中有机酸的测定 …… 84
一、案例 ………………………… 84
二、选用国家标准 ……………… 84
三、测定方法 …………………… 85
四、相关知识 …………………… 86
　（一）食品中有机酸含量的测定——高效
　　　　液相色谱法原理 ………… 86

（二）注意事项 ……………………… 86
五、测定食品中有机酸的方法 ……… 86
思考题 …………………………………… 87

任务九 测定食品中的维生素 ………… 88

项目一 测定食品中的维生素 C ……… 88
一、案例 ………………………………… 88
二、选用的国家标准 …………………… 88
三、测定方法 …………………………… 88
四、相关知识 …………………………… 90
（一）食品中维生素 C 含量测定——
2,4-二硝基苯肼法原理 ……… 90
（二）注意事项 ………………………… 90
五、测定食品中维生素 C 的方法 …… 90
项目二 测定食品中的维生素 B₁ …… 91
一、案例 ………………………………… 91
二、选用的国家标准 …………………… 91
三、测定方法 …………………………… 91
四、相关知识 …………………………… 92
（一）食品中维生素 B₁ 的测定——比色法
原理 …………………………… 92
（二）注意事项 ………………………… 93
项目三 测定食品中的维生素 B₂ …… 93
一、案例 ………………………………… 93
二、选用的国家标准 …………………… 93
三、测定方法 …………………………… 93
四、相关知识 …………………………… 94
食品中的维生素 B₂ 的测定——分光
光度法原理 …………………… 94
项目四 测定食品中的维生素 A、维生素 E … 94
一、案例 ………………………………… 94
二、选用的国家标准 …………………… 94
三、测定方法 …………………………… 94
四、相关知识 …………………………… 96
（一）食品维生素 A 及维生素 E 的测定——
高效液相色谱法原理 ………… 96
（二）注意事项 ………………………… 96
五、测定食品中的维生素 A 和维生素 E 的
方法 …………………………… 96
项目五 测定食品中的维生素 D …… 97
一、案例 ………………………………… 97
二、选用的国家标准 …………………… 97
三、测定方法 …………………………… 97
四、相关知识 …………………………… 99
（一）食品中维生素 D 含量的测定——

高效液相色谱法原理 ………… 99
（二）注意事项 ………………………… 99
五、测定食品中维生素 D 的方法 …… 99
思考题 …………………………………… 99

任务十 测定食品中的营养元素 …… 100

项目一 测定食品中的铁 ……………… 100
一、案例 ………………………………… 100
二、选用的国家标准 …………………… 100
三、测定方法 …………………………… 100
四、相关知识 …………………………… 101
（一）食品中铁含量的测定——火焰原子
吸收光谱法原理 ……………… 101
（二）注意事项 ………………………… 101
五、测定食品中铁含量的方法 ……… 102
（一）食品中铁的意义 ………………… 102
（二）邻菲罗啉比色法 ………………… 102
（三）硫氰酸盐比色法简介 …………… 103
项目二 测定食品中的锌 ……………… 103
一、案例 ………………………………… 103
二、选用的国家标准 …………………… 103
三、测定方法 …………………………… 103
四、相关知识 …………………………… 104
（一）食品中锌含量的测定——火焰原子
吸收光谱法原理 ……………… 104
（二）注意事项 ………………………… 104
五、测定食品中锌含量的方法 ……… 104
（一）食品中锌的意义 ………………… 104
（二）二硫腙比色法 …………………… 104
项目三 测定食品中的钠、钾 ………… 106
一、案例 ………………………………… 106
二、选用的国家标准 …………………… 106
三、测定方法 …………………………… 106
四、相关知识 …………………………… 107
（一）食品中钠、钾含量的测定——火焰
发射光谱法原理 ……………… 107
（二）注意事项 ………………………… 107
项目四 测定食品中的钙 ……………… 107
一、案例 ………………………………… 107
二、选用的国家标准 …………………… 108
三、测定方法 …………………………… 108
四、相关知识 …………………………… 109
（一）食品钙含量的测定——原子吸收
分光光度法原理 ……………… 109
（二）注意事项 ………………………… 109

五、测定食品中钙的方法 ……………… 109
（一）食品中钙的意义 ………………… 109
（二）滴定法（EDTA 法） …………… 109
项目五　测定食品中的镁 ………………… 111
一、案例 …………………………………… 111
二、选用的国家标准 ……………………… 111
三、测定方法 ……………………………… 111
四、相关知识 ……………………………… 111
（一）食品中镁含量的测定——原子吸收
光谱法原理 ……………………… 111
（二）注意事项 …………………………… 111
项目六　测定食品中的碘 ………………… 111
一、案例 …………………………………… 111
二、选用的国家标准 ……………………… 112
三、测定方法 ……………………………… 112
四、相关知识 ……………………………… 113
（一）食品中碘含量的测定——气相色
谱法原理 ………………………… 113
（二）注意事项 …………………………… 113
五、测定食品中碘的方法 ………………… 113
（一）食品中碘的意义 …………………… 113
（二）重铬酸钾法 ………………………… 114
项目七　测定食品中的硒 ………………… 114
一、案例 …………………………………… 114
二、选用的国家标准 ……………………… 115
三、测定方法 ……………………………… 115
四、相关知识 ……………………………… 116
（一）食品中硒含量的测定——氢化物
原子荧光光谱法原理 …………… 116
（二）注意事项 …………………………… 116
五、测定食品中硒的方法 ………………… 116
（一）食品中硒的意义 …………………… 116
（二）荧光法 ……………………………… 116
项目八　测定食品中的磷 ………………… 118
一、案例 …………………………………… 118
二、选用的国家标准 ……………………… 118
三、测定方法 ……………………………… 118
四、相关知识 ……………………………… 119
（一）食品中磷含量的测定——分光
光度法原理 ……………………… 119
（二）注意事项 …………………………… 120
五、食品中磷的测定 ……………………… 120
（一）食品中磷的意义 …………………… 120
（二）测定食品中的磷酸盐 ……………… 120
思考题 ……………………………………… 121

任务十一　测定食品中的添加剂 …… 122

项目一　测定食品中的糖精钠 …………… 122
一、案例 …………………………………… 122
二、选用的国家标准 ……………………… 122
三、测定方法 ……………………………… 122
四、相关知识 ……………………………… 124
（一）食品中糖精钠含量的测定——薄层
色谱法原理 ……………………… 124
（二）注意事项 …………………………… 124
五、测定食品中糖精钠的方法 …………… 124
（一）食品中甜味剂的意义 ……………… 124
（二）高效液相色谱法简介 ……………… 124
（三）离子选择电极测定法简介 ………… 125
项目二　测定食品中的环己基氨基磺酸钠
（甜蜜素） ………………………… 125
一、案例 …………………………………… 125
二、选用的国家标准 ……………………… 125
三、测定方法 ……………………………… 125
四、相关知识 ……………………………… 126
（一）食品中甜蜜素含量的测定——气相
色谱法原理 ……………………… 126
（二）注意事项 …………………………… 126
五、测定食品中环己基氨基磺酸钠的
方法 …………………………………… 126
项目三　测定食品中的山梨酸、苯甲酸 …… 128
一、案例 …………………………………… 128
二、选用的国家标准 ……………………… 128
三、测定方法 ……………………………… 128
四、相关知识 ……………………………… 129
（一）食品中山梨酸、苯甲酸含量的
测定——气相色谱法原理 ……… 129
（二）注意事项 …………………………… 129
五、测定食品中山梨酸、苯甲酸的方法 …… 130
（一）食品中防腐剂的意义 ……………… 130
（二）高效液相色谱法 …………………… 130
项目四　测定食品中的亚硝酸盐与
硝酸盐 ……………………………… 132
一、案例 …………………………………… 132
二、选用的国家标准 ……………………… 132
三、测定方法 ……………………………… 132
四、相关知识 ……………………………… 135
（一）食品中亚硝酸盐和硝酸盐含量的
测定——分光光度法原理 ……… 135
（二）注意事项 …………………………… 135
五、测定食品中硝酸盐和亚硝酸盐的

　　方法 ……………………………… 136
　　（一）食品中硝酸盐和亚硝酸盐的
　　　　意义 ………………………… 136
　　（二）亚硝酸盐的测定——示波极谱法
　　　　简介 ………………………… 136
　项目五　测定食品中的亚硫酸盐 …… 136
　　一、案例 ……………………………… 136
　　二、选用的国家标准 ………………… 136
　　三、测定方法 ………………………… 136
　　四、相关知识 ………………………… 138
　　（一）食品中二氧化硫含量的测定——
　　　　盐酸副玫瑰苯胺法原理 ……… 138
　　（二）注意事项 ……………………… 138
　　五、测定食品中亚硫酸盐的方法 …… 138
　　（一）食品中亚硫酸盐的意义 ……… 138
　　（二）蒸馏法 ………………………… 139
　项目六　测定食品中的合成着色剂 … 139
　　一、案例 ……………………………… 139
　　二、选用的国家标准 ………………… 140
　　三、测定方法 ………………………… 140
　　四、相关知识 ………………………… 141
　　（一）食品中合成着色剂含量的测定——
　　　　高效液相色谱法原理 ………… 141
　　（二）注意事项 ……………………… 141
　　五、测定食品中合成色素的方法 …… 142
　　（一）食品中合成色素的意义 ……… 142
　　（二）薄层色谱法简介 ……………… 142
　　（三）示波极谱法简介 ……………… 142
　项目七　测定食品中的叔丁基羟基茴香醚
　　　　（BHA）与2,6-二叔丁基对
　　　　甲酚（BHT） ………………… 142
　　一、案例 ……………………………… 142
　　二、选用的国家标准 ………………… 143
　　三、测定方法 ………………………… 143
　　四、相关知识 ………………………… 144
　　（一）食品中BHA、BHT含量的测定——
　　　　气相色谱法原理 ……………… 144
　　（二）注意事项 ……………………… 145
　　五、测定食品中的BHA与BHT的
　　　　方法 ………………………… 145
　　（一）食品中抗氧化剂的意义 ……… 145
　　（二）比色法简介 …………………… 145
　　（三）薄层色谱法简介 ……………… 145
　思考题 …………………………………… 145

任务十二　测定食品中的有害元素 … **146**

　项目一　测定食品中的铅 …………… 146

　　一、案例 ……………………………… 146
　　二、选用的国家标准 ………………… 146
　　三、测定方法 ………………………… 146
　　四、相关知识 ………………………… 148
　　（一）食品中铅含量的测定——石墨炉
　　　　原子吸收光谱法原理 ………… 148
　　（二）注意事项 ……………………… 148
　　五、测定食品中铅含量的方法 ……… 148
　　（一）食品中铅含量限量 …………… 148
　　（二）二硫腙比色法 ………………… 149
　　（三）火焰原子吸收光谱法简介 …… 151
　项目二　食品中总汞及有机汞的测定 … 151
　　一、案例 ……………………………… 151
　　二、选用的国家标准 ………………… 151
　　三、测定方法 ………………………… 151
　　四、相关知识 ………………………… 153
　　　食品中汞含量的测定——原子荧光
　　　光谱法原理 ………………………… 153
　　五、测定食品中汞及有机汞的方法 … 154
　　（一）食品中汞的含量限量 ………… 154
　　（二）冷原子吸收光谱法简介 ……… 154
　　（三）食品中甲基汞的测定方法 …… 154
　　（四）冷原子吸收法测定甲基汞简介 … 155
　项目三　测定食品中的镉 …………… 155
　　一、案例 ……………………………… 155
　　二、选用的国家标准 ………………… 156
　　三、测定方法 ………………………… 156
　　四、相关知识 ………………………… 157
　　（一）食品中镉含量的测定——石墨炉
　　　　原子吸收光谱法原理 ………… 157
　　（二）注意事项 ……………………… 157
　　五、测定食品中镉的方法 …………… 157
　　（一）食品中镉的含量限量 ………… 157
　　（二）碘化钾-4-甲基-2-戊酮法简介 … 157
　　（三）二硫腙-乙酸丁酯法简介 …… 157
　　（四）6-溴苯并噻唑偶氮萘酚比色法
　　　　简介 ………………………… 157
　　（五）原子荧光法简介 ……………… 158
　项目四　测定食品中的铬 …………… 158
　　一、案例 ……………………………… 158
　　二、选用的国家标准 ………………… 158
　　三、测定方法 ………………………… 158
　　四、相关知识 ………………………… 159
　　（一）食品中铬含量测定——石墨炉
　　　　原子吸收光谱法 ……………… 159
　　（二）注意事项 ……………………… 159

五、测定食品中铬的方法 …………… 159
  （一）食品中铬含量限量 ………… 159
  （二）示波极谱法简介 …………… 159
项目五　测定面制食品中的铝 ………… 160
  一、案例 ………………………… 160
  二、选用的国家标准 …………… 160
  三、测定方法 …………………… 160
  四、相关知识 …………………… 161
    （一）食品中铝含量的测定——分光光度
      法原理 …………………… 161
    （二）注意事项 ………………… 161
    （三）食品中铝含量限量 ……… 161
项目六　测定食品中的砷 ……………… 161
  一、案例 ………………………… 161
  二、选用的国家标准 …………… 162
  三、测定方法 …………………… 162
  四、相关知识 …………………… 163
    食品中息砷含量的测定——氢化物
    原子荧光光度法原理 …………… 163
  五、测定食品中总砷及无机砷的方法 …… 164
    （一）食品中砷含量限量 ……… 164
    （二）银盐法测定总砷简介 …… 164
    （三）食品中无机砷的测定方法 …… 164
项目七　测定食品中的氟 ……………… 164
  一、案例 ………………………… 164
  二、选用的国家标准 …………… 164
  三、测定方法 …………………… 164
  四、相关知识 …………………… 166
    （一）食品中氟含量的测定——扩散-氟试
      剂比色法原理 …………… 166
    （二）注意事项 ………………… 166
  五、测定食品中氟的方法 ……… 166
    （一）食品中氟的限量 ………… 166
    （二）氟离子选择电极法简介 … 166
  思考题 …………………………… 167

任务十三　测定食品中的农药及药物
        残留 ……………… **168**

项目一　测定蔬菜和水果中有机磷类农药
      残留 …………………… 168
  一、案例 ………………………… 168
  二、选用的标准 ………………… 168
  三、测定方法 …………………… 168
  四、相关知识 …………………… 170
    食品中有机磷农药残留测量——气相

色谱法原理 …………………… 170
  五、测定食品中有机磷的方法 …… 170
    （一）食品中有机磷农药的限量 …… 170
    （二）食品中有机磷农药的检测方法 … 170
项目二　测定食品中有机氯和拟除虫菊酯
      农药残留 ……………… 171
  一、案例 ………………………… 171
  二、选用的国家标准 …………… 171
  三、测定方法 …………………… 171
  四、相关知识 …………………… 173
    植物性食品中有机氯和拟除虫菊酯类
    农药多种残留量的测定——气相色谱法
    原理 …………………………… 173
  五、测定食品中有机氯和拟除虫菊
    酯农药的方法 ………………… 173
    （一）食品中有机氯农药的限量 …… 173
    （二）食品中有机氯农药和拟除虫菊酯
      农药残留的方法 ………… 174
项目三　测定植物性食物中氨基甲酸酯类农药
      残留 …………………… 174
  一、案例 ………………………… 174
  二、选用的国家标准 …………… 174
  三、测定方法 …………………… 174
  四、相关知识 …………………… 176
    植物性食品中有机磷和氨基甲酸酯类
    农药多种残留的测定——气相色谱法
    原理 …………………………… 176
  五、测定食品中氨基甲酸酯类农药的
    方法 …………………………… 176
    （一）食品中氨基甲酸酯类农药限量 … 176
    （二）测定氨基甲酸酯类农药残留的
      方法 …………………… 177
    （三）蔬菜中有机磷和氨基甲酸酯类农药
      残留的定性检测 ………… 177
项目四　测定食品中土霉素、四环素、
      金霉素、强力霉素的残留 …… 178
  一、案例 ………………………… 178
  二、选用的国家标准 …………… 178
  三、测定方法 …………………… 178
  四、相关知识 …………………… 180
    食品中四环素族抗生素残留测量——
    液相色谱-紫外检测法原理 …… 180
  五、测定食品中四环素族抗生素药物
    的方法 ………………………… 180
    （一）食品中四环素族抗生素药物的
      限量 …………………… 180

（二）测定土霉素、四环素、金霉素、
强力霉素残留的方法 …… 180
项目五　测定食品中氯霉素残留 …… 181
一、案例 …… 181
二、选用的国家标准 …… 181
三、测定方法 …… 181
四、相关知识 …… 183
食品中氯霉素残留的测定——气相
色谱-质谱法原理 …… 183
五、测定食品中氯霉素残留的方法 …… 184
（一）食品中氯霉素的限量 …… 184
（二）测定氯霉素残留的方法 …… 184
项目六　测定食品中磺胺类药物残留 …… 184
一、案例 …… 184
二、选用的标准 …… 184
三、测定方法 …… 184
四、相关知识 …… 186
动物性食品中磺胺类药物残留测定——
酶联免疫吸附法原理 …… 186
五、测定食品中磺胺类药物残留的
方法 …… 186
（一）食品中磺胺类药物的限量 …… 186
（二）测定磺胺类药物残留的方法 …… 186
思考题 …… 187

任务十四　测定食品中的毒素（天然毒
素）和激素 …… 188

项目一　测定贝类食品中麻痹性贝类毒素
（PSP） …… 188
一、案例 …… 188
二、选用的国家标准 …… 188
三、测定方法 …… 188
四、相关知识 …… 190
（一）贝类中麻痹性贝类毒素的测定——
生物法原理 …… 190
（二）注意事项 …… 190
五、测定食品中麻痹性贝类毒素的
方法 …… 191
（一）进出口贝类中麻痹性贝类毒素的
检测方法 …… 191
（二）高效液相色谱法测定贝类产品中
麻痹性贝类毒素 …… 192
项目二　测定食品中的黄曲霉毒素 …… 192
一、案例 …… 192
二、选用的国家标准 …… 192

三、测定方法 …… 192
四、相关知识 …… 198
食品中黄曲霉素 B_1 的测定——薄层
色谱法原理 …… 198
五、测定食品中黄曲霉毒素的方法 …… 198
（一）食品黄曲霉毒素的限量 …… 198
（二）食品黄曲霉毒素的测定方法 …… 198
项目三　测定食品中盐酸克伦特罗的
含量 …… 198
一、案例 …… 198
二、选用的国家标准 …… 199
三、测定方法 …… 199
四、相关知识 …… 201
动物性食品中克伦特罗残留量的
测定——高效液相色谱法原理 …… 201
五、测定食品中盐酸克伦特罗的方法 …… 201
（一）气相色谱-质谱法测定动物性食品
中克伦特罗的残留 …… 201
（二）酶联免疫法测定动物性食品中克伦
特罗的残留 …… 201
（三）动物组织中盐酸克伦特罗的
测定 …… 201
项目四　测定食品中的己烯雌酚 …… 201
一、案例 …… 201
二、选用的国家标准 …… 202
三、测定方法 …… 202
四、相关知识 …… 203
肉类中己烯雌酚的测定——高效
液相色谱法原理 …… 203
五、测定食品中己烯雌酚的方法 …… 203
（一）气相色谱-质谱法检测己烯雌酚
残留 …… 203
（二）肉及肉制品中己烯雌酚残留量的
检测方法 …… 203
思考题 …… 203

任务十五　测定食品加工和包装中有害
物质含量 …… 205

项目一　测定食品中的三聚氰胺 …… 205
一、案例 …… 205
二、选用的国家标准 …… 205
三、测定方法 …… 205
四、相关知识 …… 207
（一）食品中三聚氰胺的测定——高效
液相色谱法原理 …… 207

（二）注意事项 ·················· 207
五、测定食品中三聚氰胺的方法 ········· 207
项目二 测定食品中的苏丹红 ·········· 207
　一、案例 ··················· 207
　二、选用的国家标准 ············· 207
　三、测定方法 ················ 208
　四、相关知识 ················ 209
　　（一）食品中苏丹红的测定——高效
　　　　　液相色谱法原理 ·········· 209
　　（二）注意事项 ·············· 209
　　（三）苏丹红简介 ············· 210
项目三 测定食品包装材料及容器的有害
　　　　物质 ·················· 210
　一、案例 ··················· 210
　二、选用的国家标准 ············· 210
　三、测定方法 ················ 210
　四、相关知识 ················ 212
　　（一）包装材料卫生标准 ········· 212
　　（二）食品包装的意义 ·········· 212
　　（三）食品包装的分类 ·········· 212
项目四 测定橡胶制品中的有害物质 ······ 213
　一、案例 ··················· 213
　二、选用的国家标准 ············· 213

三、测定方法 ················ 214
四、相关知识 ················ 215
项目五 测定包装纸中的有害物质 ········ 215
　一、案例 ··················· 215
　二、选用的国家标准 ············· 216
　三、相关知识 ················ 216
思考题 ···················· 216

附录 ·················· **217**
　附表1 酒精浓度、温度校正表（20℃） ··· 217
　附表2 观测锤度温度校正表 ········ 218
　附表3 乳稠计读数变为15℃时的度数
　　　　换算表 ··············· 220
　附表4 可溶性固形物对温度校正表 ······ 220
　附表5 折射率与可溶性固形物换算表 ····· 221
　附表6 碳酸气吸收系数表 ········· 222
　附表7 相当于氧化亚铜质量的葡萄糖、
　　　　果糖、乳糖、转化糖 ········· 225

参考文献 ·················· **230**

任务一　食品样品的采集与处理

【技能目标】

1. 学会食品样品采集、制备和保存方法。
2. 学会食品样品预处理方法。

【知识目标】

1. 了解食品分析的一般程序。
2. 了解食品样品预处理的基本原理。

项目　茶取样

一、案例

我国是全球茶叶最大的产地，面对国际市场"绿色壁垒"的盛行，我国茶叶出口受到极大影响，尤其是欧盟、日本等国的标准极为严格，美国在食品及药物管理局（FDA）内设立茶叶检验部，对进口茶叶进行抽样检验，德国、法国、日本等均有政府指定的机构对进口茶叶进行抽样检查，如不符合本国对茶叶的品质和质量要求，禁止进口，甚至销毁。茶叶出口中的贸易壁垒主要是技术标准方面，并且许多标准一直在改变，日趋严格，为减少茶叶出口中的摩擦，必须做好茶叶各项指标的检测，而检测时样品的采集应该严格遵循相应的标准。

二、选用的国家标准

GB/T 8302—2013 茶取样。

三、取样方法

1. 大包装茶取样

（1）取样件数　一般是1～5件取样1件；6～50件取样2件；51～500件，每增加50件（不足50件按50件计）增取1件；501～1000件，每增加100件（不足100件按100件计）增取1件；1000件以上，每增加500件（不足500件按500件计）增取1件。

（2）随机取样　用随机数表，随机抽取、需取样的茶叶件数。

（3）取样方法

①包装时取样　在包装过程中，每装若干件（按照取样件数要求）后，用取样铲取出约250g，置于专用器具中，混匀后用分样器或四分法逐步缩分至500～1000g，作为平均样品，分两个容器盛放，供检验用。检验用样品应有备份，供复验和备查之用。

②包装后取样　整批茶叶包装后，从茶堆的不同堆放位置，随机抽取规定件数，逐件

开启，倒出全部茶叶，用取样铲各取出有代表性的样品约 250g，其余操作同上。

2. 小包装茶取样

（1）取样件数　同上（取样总质量未达到平均样品最小量值时，增加抽样件数，达到规定数）。

（2）取样方法

① 包装前取样　同上。

② 包装后取样　在整批包装完成后的堆垛中，从不同堆放位置随机抽取规定的件数，逐件开启，从各件内不同位置处，取出 2～3 盒（听、袋），除保留数盒（听、袋）供进行单个检验外，其余部分现场拆封，倒出茶叶，混匀后用分样器或四分法逐步缩分至 500～1000g，其余操作同上。

3. 紧压茶取样（略）

4. 样品的包装和标签

（1）样品的包装　所取平均样品迅速装在符合规定的茶样罐或包装袋内，贴上封样条。

（2）样品标签　每个样品的茶样罐或包装袋上都应有标签，详细标明样品名称、等级、生产日期、批次、取样基数、产地、样品数量、取样地点、日期、取样者的姓名及所需说明的重要事项等。

5. 样品运送

所取平均样品应及时发往检验部门，最迟不超过 48h。

6. 取样报告单

报告单一式三份，应写明容器或包装袋的外观，以及影响茶叶品质的各种因素，包括取样地点、取样日期、取样时间、取样者姓名、取样方法、取样时样品所属单位盖章或证明人签名、品名、规格、等级、产地、批次、取样基数、样品数量及其说明、包装质量、取样包装时的气候条件等。

7. 取样工具

开箱器、取样铲、有盖的专用茶箱、塑料布、分样器、茶样罐、包装袋等。

四、相关知识

（一）食品样品的采集

样品的采集又称为采样，是指从大量分析对象中抽取具有代表性的一部分样品作为分析化验样品的过程。

采样是食品分析检验的第一步工作，它关系到食品分析的最后结果是否能够准确地反映它所代表的整批食品的性状，这项工作必须非常慎重的进行。不同食品具有不同质地、不同形状，即便是同一类产品也会因为品种、产地、成熟期、加工条件或保藏方法的不同，其成分含量也有明显的不同，这就要求必须用科学的方法，遵循相应的规则，采用适当的标准，从大量的、成分不均的全部被检食品中采集能代表被检物质的分析样品，否则即便是操作再细心、分析再精确，都不能准确地反映被检对象的真实状况，甚至会出现错误的结论。

1. 食品采样的原则

（1）代表性　采集样品能够代表整批被检食品的性状。

（2）真实性　采集样品必须由采集人亲自到实地进行该项工作。

（3）准确性　样品采集过程必须科学、细致，避免外来物的进入，同时防止发生食品营养成分的化学性变化。

（4）及时性　采集样品要及时送检。

2. 食品采样的步骤

食品采样一般分为五步进行。

（1）获得检样　从大批的物料不同部分抽取的少量物料称为检样。

（2）得到原始样品　将检样综合到一起称为原始样品。

（3）获得平均样品　从原始样品中按照规定方法进行混合平均，均匀地分出一部分，称为平均样品。

（4）平均样品三分　将平均样品分为三份，分别为检验样品、复验样品和保留样品。

（5）填写采样记录　包括采样单位、地址、日期、样品的批号、采样条件、采样时的包装情况、数量、要求检验的项目及采样人等。

3. 食品采样方法

食品采样通常采用随机抽样和代表性取样两种，具体取样方法因分析对象性质而不同。

（1）均匀固体样品（如粮食、粉状食品）　有完整包装的，可按照总件数的 1/2 的平方根确定采样件数，然后从不同堆放部位确定具体采样件，在每件的上、中、下三层分别取样得到检样；多个检样综合到一起得到原始样品，用四分法缩分到平均样品。四分法是指将原始样品充分混合后堆积在清洁的玻璃板上，压平成厚度在 3cm 以下的图形，并划成"十"字线，将样品分成四份，取对角的两份混合，再用同样方法分四份，取对角的两份，直到获得平均样品。

没有完整包装的样品，需要先划分为若干等体积层，在每层的中间和四角取样得到检样，再按上述方法得到平均样品。

（2）黏稠的半固体样品（如动物油脂、果酱等）　从容器中分层采样（一般是上、中、下层）得到检样，然后混合缩分到所需平均样品。

（3）液体样品（如酒类、乳类等）　混匀样品后，用采样器分别从上、中、下层获得检样，再缩分到所需平均样品。

（4）不均匀固体食品样品（如鱼、肉、水果、蔬菜等）　这类样品各部分构成不均匀，采样必须注意代表性。一般从被检物有代表性的部位分别采样，混匀后，缩减至所需数量。体积较小的样品可以随机抽取多个样品，混匀后再缩减至所需数量。

（5）小包装食品（如罐头、袋装奶粉等）　按班次或批号连同包装一起采样，如小包装外还有大包装，先从不同堆放部位得到一定量大包装，再从每件中抽取小包装，最后缩减到所需数量。

4. 食品采样数量

采样数量能反映该食品的营养成分和卫生质量，并满足检验项目对样品量的需要，送检样品应为可食部分食品，约为检验需要量的 4 倍，通常为一套三份，每份不少于 0.5～1kg，分别供检验、复验和仲裁使用。同一批号的完整小包装食品，250g 以上的包装不得少于 6 个，250g 以下的包装不得少于 10 个。

5. 食品样品的制备

食品样品的制备是指为了确保分析的准确性，将得到的大量质地、组成不均匀的样品进行粉碎、混匀、缩分的过程，具体方法因产品类型而不同。

（1）液体、浆体或悬浮液　常用玻璃搅拌器和电动搅拌棒将样品充分搅拌混匀。

（2）固体样品　常用粉碎机、组织捣碎机、研钵等将样品切细、粉碎、捣碎、研磨制成均匀可检测状态。

（3）罐头　用组织捣碎机捣碎。一般水果罐头要去除果核，肉类罐头去除骨头，鱼类罐头去除调料。

食品样品制备时要避免易挥发性物质的逸散，防止样品理化成分的改变，对进行微生物检测的样品需要无菌操作。

6. 食品样品的保存

采集的食品样品应在短时间内进行分析，以防止水分及其他易挥发的成分逸散，同时预防待测成分的变化。如果不能立即进行分析，应该对样品进行保存，一般应将样品置于密封洁净的容器内，在阴暗处保存；易腐败食物样品置于 0～5℃冰箱中，但时间不能太长；存放的样品要按照日期、批号、编号摆放，便于查找，检查后样品一般需要保留 1 个月以备复验。

（二）食品样品的预处理

任何一种食品都含有不同的组分，既包括有机大分子物质，如蛋白质、脂肪、碳水化合物，也包括矿物质，还有一些因为其他原因进入食品中的非营养素类物质，甚至是有害成分，如农残、兽残等，在对食品进行分析时各组分之间会彼此干扰，影响到最后的测定结果；还有一些被检测成分含量极低，不容易被检测出，需要对被检测成分进行浓缩处理，为保证检测的准确性，食品分析检测前需要对样品进行预处理，样品预处理的方法主要有以下几种。

1. 有机物破坏法

有机物破坏法是指在高温或高温加强氧化条件下经长时间处理，有机物分解，呈气态逸散，而使被测组分存留下来，常用于食品中金属元素或某些非金属元素（如砷、硫、氮、磷）含量的测定。有机物破坏法根据条件不同分为干法灰化和湿法消化。

（1）干法灰化　将适量样品置于坩埚中，小火炭化后，再置于 500～600℃高温炉中灼烧灰化到白色或浅灰色。其特点是破坏彻底，操作简单，但温度过高会造成挥发性元素的逸散，影响分析结果的准确性。

（2）湿法消化　在强氧化剂作用下，通过加热煮沸，样品中的有机物质完全分解、氧化，呈气态逸出，被检测成分以无机物状态存在于消化液中，供分析使用。其特点是加热温度比干法低，减少金属元素的挥发逸散，在食品分析检测中被广泛使用。但是有机物在氧化过程中会产生大量有害气体，需要有专门的通风设备，同时需要的试剂较多，空白值偏高。常用的强氧化剂包括硫酸、硝酸、高氯酸、过氧化氢、高锰酸钾等。

2. 蒸馏法

蒸馏法是指利用被测物质中各组分挥发性的不同来进行分离的方法。可用在去除干扰组分，也可以用于被测组分的抽提，常用的蒸馏法包括常压蒸馏法、减压蒸馏法、水蒸气蒸馏法、分馏等。

3. 溶剂提取法

溶剂提取法是指利用各种无机溶剂或有机溶剂，从样品中抽提出被检测物质或把干扰物去除的方法，也用于被检测物的富集。常用的方法包括浸提法（振荡浸渍法、捣碎法、索氏提取法）和萃取法。常用的提取剂有水、稀酸、稀碱等无机溶剂，乙醇、乙醚、氯仿、丙酮、石油醚等有机溶剂。

4. 色层分离法

色层分离法是指在载体上进行物质分离的一系列方法的总称。此类方法分离效果好，效率高，能将样品中极为相似的各组分进行分离，因此在食品检测中应用越来越广泛，根据分离原理不同，可分为吸附色谱分离、分配色谱分离、离子交换色谱分离等。

5. 磺化法和皂化法

磺化法是指利用硫酸处理样品，样品中的脂肪被浓硫酸磺化，并与脂肪和色素中的不饱和键起加成作用，形成可溶于水和浓硫酸的强极性化合物，不再被弱极性的有机溶剂溶解，达到分离净化的目的。

皂化法是指利用热碱溶液处理提取液，通过 $KOH\text{-}C_2H_5OH$ 溶液将脂肪等杂质皂化除去，达到净化的目的。

这两种方法都是去除样品中油脂的常用方法，多用于农药分析中的净化。

6. 沉淀分离法

沉淀分离法是指利用沉淀进行分离的方法。通常是在样液中加入沉淀剂，使被检测组分或干扰组分沉淀，然后进行分离。

7. 掩蔽法

掩蔽法是指利用掩蔽剂与样品溶液中的干扰成分发生作用，使干扰成分不再干扰测定结果的物质，即掩蔽起来。由于该方法不必经过对干扰成分的分离操作，所以简单易操作，常用在金属元素的测定中。

8. 浓缩法

浓缩法是指样品在经过提取、净化后，在净化液体积较大，或者样品中被测组分含量较低时，为方便检测需要对样液进行浓缩，达到提高被检测成分浓度的目的。常用的方法包括常压浓缩法、减压浓缩法等。

9. 微波消解法

微波消解法是近年来兴起的一种样品预处理方法。是将样品置于微波消解炉中，利用微波加热技术使样品消解，该法具有节能、快速、易挥发元素损失少、污染小、操作简单、消解完全等特点，能较好地提高测定的精密度和准确度，特别适合于挥发性元素测定的样品预处理。

思 考 题

1. 食品采样的原则是什么？
2. 食品采样的步骤有哪些？检样、原始样品和平均样品有什么不同？
3. 为什么要对样品进行保存？保存条件是什么？
4. 为什么要对被检样品进行预处理，常用的方法有哪些？

任务二　物理检验

【技能目标】

1. 会测定食品的相对密度。
2. 会测定食品的折射率。
3. 会测定食品的旋光度。
4. 会测定食品的黏度。
5. 会测定食品中二氧化碳的含量。

【知识目标】

1. 明确密度计法测定食品的相对密度的原理和方法。
2. 明确折光法测定饮料中可溶性固形物含量的原理和方法。
3. 明确旋光法测定食品中粗淀粉含量的原理和方法。
4. 明确食品黏度的测定原理和方法。
5. 明确食品中二氧化碳含量的测定原理和方法。

项目一　测定食品的相对密度

一、案例

正常的液态食品，其相对密度都在一定的范围内，当液体组成成分或浓度发生改变时（掺杂、变质），其相对密度往往也随之改变。因此，测定液态食品的相对密度可以检验食品的纯度或浓度，从而判断食品的质量。另外，还可通过测定相对密度来测定其固形物含量，如：在原料乳的验收中，相对密度是初步衡量与判断牛乳内在质量的重要指标，牛乳的相对密度与其脂肪含量、总乳固体含量有关，脱脂乳相对密度升高，掺水乳相对密度下降，故在食品工业生产过程中相对密度是产品质量的控制指标之一。

二、选用的国家标准

GB/T 5009.2—2003 食品的相对密度的测定。

三、测定方法

1. 测定步骤

① 估计所测液体密度值的可能范围，根据所要求的精度选择密度计。

② 将待测试样沿内壁缓缓注入清洁、干燥的玻璃量筒中。

③ 用少量待测样液将密度计洗净擦干，缓缓放入盛有待测液体试样的量筒中，勿使其碰及容器四周及底部，保持试样温度在 20℃，待其静止后，再轻轻按下少许，然后让其自

然上升。

④ 待密度计静止并无气泡冒出后，从水平位置观察与液面相交处的刻度，以弯月面下缘最低点为准，读数即为试样的相对密度。

2. 仪器

（1）密度计的结构　玻璃外壳；头部呈球形或圆锥形，里面灌有铅珠、汞及其他重金属；中部是胖肚空腔，内有空气；尾部是一细长管，附有刻度标记。

（2）密度计的分类　普通密度计、锤度计、乳稠计、波美计等（见图 2-1）。

3. 注意事项

① 应根据被测液的相对密度或浓度的大小选择刻度范围适当的密度计。

② 量筒的选取应根据密度计的长度确定，量筒应水平放在桌面上，密度计要缓慢插入液体中，以防密度计与量筒底相碰受损。

③ 密度计使用前要洗涤干净，密度计浸入液体后，若弯月面不正常，应重新洗涤密度计。

④ 读数时以弯月面下缘最低点为准，密度计不得与量筒内壁及底部接触，对于颜色较深的液体，不易看清弯月面下缘时，则以弯月面上缘为准。

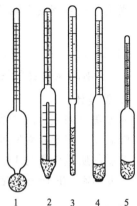

图 2-1　各种密度计
1—糖锤度密度计；2—附有
温度计的糖锤度密度计；
3，4—波美密度计；
5—酒精计

⑤ 该法操作简便迅速，但准确性差，需要样液量多，且不适用于极易挥发的样品。

四、相关知识

（一）密度计法测定相对密度的原理

密度计法测定密度的依据是阿基米德定律，浸在液体里的物体受到向上的浮力，浮力的大小等于被该物体排开的液体的重力。即：

$$F = \rho_{液} g V_{排}$$

密度计有一定质量，液体的密度越大，密度计就浮得越高，因此可以从密度计的刻度直接读取相对密度的数值或某种溶质的质量分数。

（二）密度与相对密度的概念

密度是指物质在一定温度下单位体积的质量，以符合 ρ 表示，其单位是 g/cm^3。

相对密度是指某一温度下物质的质量与同体积某一温度下水的质量之比，以 $d_{T_2}^{T_1}$ 表示，T_1 表示物质的温度，T_2 表示水的温度。相对密度是物质重要的物理常数，其无量纲（没有单位）。

工业上为方便起见，常用液体在 20℃时的质量与同体积的水在 4℃时的质量之比来表示物质的相对密度，用 d_4^{20} 表示：

$$d_4^{20} = \frac{20℃时物质的质量}{4℃时同体积的水的质量}$$

d_4^{20} 的数值与物质在 20℃时的密度相等。（水在 4℃时的密度为 1.000g/cm³）

密度与相对密度的区别在于：

① 有无单位的区别，密度是有单位的，而相对密度无量纲；

② 密度的数值某一温度下只有一个（ρ_T），而相对密度的数值某一温度下不止一个（$d_1^{T_1}$，$d_2^{T_1}$，$d_3^{T_1}$，$d_4^{T_1}$……）；

③ $d_4^{T_1}$ 是指相对 4℃水的相对密度，（以前称为真比重，现"比重"一词已废弃），其数值与ρ_{T_1}相同。

密度与相对密度不能任意换算，可按下式换算：

$$d_4^{20}=\rho_{T_2}\times d_{T_2}^{20}$$

同理，$d_4^{T_1}=\rho_{T_2}\times d_{T_2}^{T_1}$（$\rho_{T_2}$是温度 T_2 时水的密度，g/cm³）。

（三）不同密度计的读数与校正方法

1. 波美计

用波美度来表示液体浓度的大小，分为重表和轻表。重表用于测定相对密度大于 1 的溶液，轻表用于测定相对密度小于 1 的溶液。波美计的刻度符号用°Bé 表示，1°Bé 表示待测溶液中溶质的质量分数为 1%。其刻度方法是以 20℃ 为标准温度，在蒸馏水中为 0°Bé，在纯硫酸中为 66°Bé，在 15%氯化钠溶液中为 15°Bé。波美度与溶液相对密度的换算公式为：

轻表 $\qquad\qquad$ $°Bé=\dfrac{145}{d_{20}^{20}}-145$ 或 $d_{20}^{20}=\dfrac{145}{145+°Bé}$

重表 $\qquad\qquad$ $°Bé=145-\dfrac{145}{d_{20}^{20}}$ 或 $d_{20}^{20}=\dfrac{145}{145-°Bé}$

2. 酒精计

酒精计是用来测量酒精浓度的密度计，用已知酒精浓度的纯酒精溶液来标定。以 20℃ 时在蒸馏水中为 0，在 1%的酒精溶液中为 1，即 100mL 酒精溶液中含乙醇 1mL，从酒精计上可以直接读取酒精溶液的体积分数。酒精计分 0～30、30～60 和 60～100 三种，可在任何温度下测定。20℃时读数，读数即是酒精的体积分数，不在 20℃ 下读数时，读数应通过查酒精浓度温度校正表来校正。酒精浓度温度校正表见附表 1。

3. 糖锤度计

糖锤度计是专用于测定糖液浓度的密度计。20℃下标示，在蒸馏水中为 0°Bx，在 1%的蔗糖溶液中为 1°Bx。可在任何温度下测定，从锤度计上可直接读数，当测定温度不在标准温度 20℃时，读数应校正。

当温度高于标准温度时，糖液体积增大，相对密度降低，锤度降低；当温度低于标准温度时，相对密度增大，锤度升高。因此，前者需要加上相应的温度校正值；而后者需要减去相应的温度校正值。糖锤度温度校正表见附表 2。

4. 乳稠计

乳稠计是专用于测定牛乳相对密度的密度计，测量相对密度的范围是 1.015～1.045。它是将相对密度减去 1.000 后再乘以 1000 作为刻度，用度（°）表示，其刻度范围为15～45。

乳稠计分为两种：一种是按 20°/4°标定的，一种是按 15°/15°标定的，两者的关系是：$d_{15}^{15}=d_4^{20}+0.002$。

使用乳稠计时，如果测定温度不是标准温度，应将读数校正为标准温度下的读数。对于20°/4°乳稠计，在 10～25℃，温度每升高 1℃，乳稠计读数平均下降 0.2°，即相当于相对密度值平均减小 0.0002。当乳温高于标准温度时，每高 1℃，应在乳稠计读数上加 0.2°；乳温低于标准温度时，每低 1℃减去 0.2°。

对于 15°/15°乳稠计，可查牛乳相对密度换算表（见附表 3）进行温度校正。

(四) 密度瓶法测定相对密度 (比重瓶法)

在 20℃时分别测定充满同一密度瓶的水及试样的质量即可计算出相对密度。密度瓶法是测定液体相对密度最准确的方法,适用于测定各种液体食品的相对密度,特别适合于样品量较少的测定,对挥发性样品也适用,但操作较为烦琐。

1. 测定方法

(1) 称空瓶重　先把密度瓶洗干净,再依次用乙醇、乙醚洗涤,烘干并冷却后,连同温度计及侧管帽一起在分析天平上精密称重。

(2) 称样液　取下温度计及侧管帽,装满样液,插入温度计,置于 20℃恒温水浴中浸0.5h,使内容物的温度达到 20℃,用滤纸条吸去支管标线上的样液,盖上侧管帽后取出。用滤纸擦干其外壁的水,置于天平室内 30min 后称重。

(3) 称蒸馏水　将样液倾出,洗净密度瓶,装入煮沸 30min 并冷却至 20℃以下的蒸馏水,按上法操作。测出同体积蒸馏水的质量。

2. 仪器

密度瓶是测定液体食品相对密度的专用仪器,是容积固定的称量瓶 (有 20mL、25mL、50mL、100mL 等规格,常用的是 25mL 和 50mL),分为带温度计的精密密度瓶 (见图 2-2) 和带毛细管的普通密度瓶 (见图 2-3)。

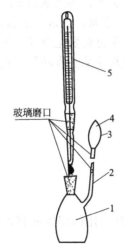

图 2-2　精密密度瓶　　　　　　　　　　图 2-3　普通密度瓶

1—密度瓶主体;2—侧管;3—侧孔;

4—侧管帽;5—温度计

3. 结果计算

$$d_{20}^{20} = \frac{m_2 - m_0}{m_1 - m_0}$$

$$d_4^{20} = d_{20}^{20} \times 0.99823$$

式中　m_0——空密度瓶质量,g;

m_1——空密度瓶与蒸馏水质量,g;

m_2——空密度瓶与试样溶液的质量,g;

0.99823——20℃时水的密度,g/cm³。

4. 注意事项

① 本法适用于测定各种液体食品的相对密度,结果准确,但操作较烦琐。

② 测定较黏稠样液时，宜使用具有毛细管的密度瓶。

③ 密度瓶使用前应恒重，检查瓶盖与瓶是否配套；水及样品必须装满密度瓶，瓶内不得有气泡。

④ 恒温时要注意及时用滤纸条吸去溢出的液体，不能让液体溢出到瓶壁上；拿取已达恒温的密度瓶时，不得用手直接接触密度瓶球部，以免液体受热流出，应戴隔热手套拿取瓶颈或用工具夹取。

⑤ 水浴用的水必须清洁无油污，防止瓶外壁被污染。

⑥ 天平室温度不得高于20℃，以免液体膨胀流出。

项目二　罐头食品可溶性固形物含量的测定

一、案例

折射率是物质的一种物理性质，通过测定液态食品的折射率，可以鉴别食品的组成，确定食品的浓度，判断食品的纯净程度及品质。例如：蔗糖溶液的折射率随浓度增大而升高，通过测定折射率可以确定糖液的浓度及饮料、糖水罐头等食品的糖度，还可以测定以糖为主要成分的果汁、蜂蜜等食品的可溶性固形物的含量。正常情况下，某些液态食品的折射率有一定的范围，如正常牛乳乳清的折射率在1.34199～1.34275之间，当这些液态食品因掺杂、浓度或品种改变等原因而引起食品的品质发生变化时，折射率也会发生改变，所以测定折射率是食品生产中常用的工艺控制指标，通过折射率可以初步判断某些食品是否正常。

二、选用的国家标准

GB/T 10786—2006 罐头食品的检验方法。

三、测定方法

1. 测试溶液的制备

（1）透明的液体制品　充分混匀待测样品后直接测定。

（2）非黏稠制品（果浆、菜浆制品）　充分混匀待测样品，用四层纱布挤出滤液，用于测定。

（3）黏稠制品（果酱、果冻等）　称取适量待测样品（40g以下，精确到0.01g）置于已称重的烧杯中，加100～150mL蒸馏水，用玻璃棒搅拌，并缓慢煮沸2～3min，冷却并充分混匀，20min后称重，精确到0.01g，然后用布氏漏斗过滤到干燥容器里，留滤液供测定用。

（4）固相和液相分开的制品　按固液相的比例，将样品用组织捣碎器捣碎后，用四层纱布挤出滤液用于测定。

2. 测定

① 折光计在测定前按说明书进行校正。

② 分开折光计的两面棱镜，以脱脂棉蘸乙醚或酒精擦净。

③ 用胶头滴管吸取制备好的样液，小心滴2～3滴于折光计棱镜平面中间位置（注意勿使玻璃棒触及棱镜）。

④ 迅速闭合上、下两棱镜，静置1min，要求液体均匀无气泡并充满视野。

⑤ 对准光源，由目镜观察，调节黑白视场；再转动微调旋钮，使两部分界线明晰，其

分界线恰好在物镜的十字交叉点上，读取读数。

⑥ 如折光计标尺刻度为百分数，则读数即为可溶性固形物的百分率，按可溶性固形物对温度校正表（见附表 4）换算成 20℃时标准的可溶性固形物百分率。

⑦ 如折光计读数标尺刻度为折射率，可读出其折射率，然后按折射率与可溶性固形物换算表（见附表 5）查得样品中可溶性固形物的百分率，再按可溶性固形物对温度校正表换算成标准温度下的可溶性固形物百分率。

3. 结果计算

如果是不经稀释的透明液体或非黏稠制品或固相和液相分开的制品，可溶性固形物含量与折光计上所读的数值相等。

如果是经稀释的黏稠制品，则可溶性固形物含量按下式计算：

$$X = \frac{D \times m_1}{m_0} \times 100$$

式中　X——可溶性固形物含量，%；

　　　D——稀释溶液中可溶性固形物的质量分数，%；

　　m_1——稀释后的样品质量，g；

　　m_0——稀释前的样品质量，g。

4. 仪器

① 阿贝折光计。

② 组织捣碎器。

5. 注意事项

① 测定时温度最好控制在 20℃左右，尽可能缩小校正范围。

② 由同一个分析者平行测定两次，测定结果之差应不超过 0.5%，如果测定的重现性满足要求，取两次测定的算术平均值作为结果。

③ 注意阿贝折射仪的维护和保养。

四、相关知识

（一）测定原理

在 20℃时用折光计测量待测溶液的折射率，并用折射率与可溶性固形物含量的换算表或从折光计上直接读出可溶性固形物的含量。用折光计法测定的可溶性固形物含量，在规定的制备条件和温度下，水溶液中蔗糖的浓度和所分析的样品有相同的折射率，此浓度以质量分数表示。

（二）折射率的基本概念

发生折射时，入射角正弦与折射角正弦之比恒等于光在两种介质中的传播速度之比，即

$$\frac{\sin\alpha_1}{\sin\alpha_2} = \frac{v_1}{v_2}$$

光在真空中的速度 C 和在介质中的速度 v 之比叫做介质的绝对折射率。真空的绝对折射率为 1，空气的绝对折射率为 1.000294，几乎等于 1，在实际应用中可将光线从空气中射入某物质的折射率称为绝对折射率。

折射率以 n 表示，则：

$$n = \frac{C}{v}$$

显然

$$n_1 = \frac{C}{v_1}, \quad n_2 = \frac{C}{v_2}$$

所以

$$\frac{\sin\alpha_1}{\sin\alpha_2} = \frac{n_2}{n_1}$$

式中　n_1——第一介质的绝对折射率；

　　　　n_2——第二介质的绝对折射率。

折射率是物质的特征常数之一，大小取决于入射光的波长、介质的温度和溶质的浓度，用 $n_{波长}^{温度}$ 来表示。

对同一物质的溶液，其他值不变，折射率大小与其浓度成正比，故可以通过测定折射率来确定待测液的浓度。

（三）常用的折光计

折光计是用于测定折射率的仪器，一般有阿贝折光计、手提式折光计、浸入式折光计。折光仪的原理是利用测定临界角以求得样品溶液的折射率，从折射率可以近似地换算出溶液可溶性固形物的含量。

1. 阿贝折光计

（1）原理　阿贝折光计是根据光折射定律，利用临界折射现象设计而成的，其主要部件是两块标准直角棱镜。

阿贝折光计由观察系统和读数系统通过支架、主轴相连而成，其中观察系统包括反射镜、进光棱镜、折射棱镜、恒温器、棱晶锁紧扳手、色散刻度盘、消色调节旋钮、分界线调节旋钮（方孔零点调节旋钮）、观察镜筒、目镜；读数系统包括棱镜调节旋钮（刻度调节旋钮）、圆盘组（内有刻度板）、小反光镜、读数镜筒、目镜。

（2）阿贝折光计的使用

① 校正　在开始测量前必须先用标准玻璃块校正读数，在标准玻璃块的抛光面上加1滴溴代萘，贴在折射棱镜的抛光面上，标准玻璃块的抛光面应向上，以接收光线。调节读数镜内刻度值与标准玻璃块的标示值一致后，观察观测系统望远镜内明暗分界线是否在十字线中间，若有偏离则用方孔调节扳手转动分界线调节旋钮，使明暗分界线调整至中央，校正完毕，在以后的测量过程中不允许再动。取下标准玻璃块，用乙醚溶液将折射棱镜面擦洗干净即可进行测量工作。

② 测量　将棱镜表面擦拭干净后，用滴管滴1～2滴被测液体在进光棱镜的磨砂面上，合上棱镜并旋转棱镜锁紧手柄扣紧两棱镜；调节两反射镜，使光线射入棱镜中；旋转棱镜旋钮，使视野形成明暗两部分；旋转补偿器旋钮，使视野中除黑、白两色外，无其他颜色；转动棱镜旋钮，使明暗分界线在十字交叉点上，由读数镜筒内读取读数。

（3）注意的事项

① 测量前必须先用标准玻璃块校正。

② 棱镜表面擦拭干净后才能滴加被测液体，洗棱镜时，不要把液体溅到光路凹槽中。

③ 滴在进光棱镜面上的液体要均匀分布在棱镜面上，并保持水平状态，合上两棱镜，保证棱镜缝隙中充满液体。

④ 手上沾有被测液体时不要触摸折光仪各部件，以免不好清洗。

⑤ 测量完毕，擦拭干净各部件后放入仪器盒中。

2. 手提折光计

（1）结构　手提折光计主要由折光棱镜、棱镜盖板、进光窗、镜筒、换挡旋钮、视度圈、视场内刻度组成。

（2）使用方法　打开棱镜盖板，用柔软的绒布仔细地将折光棱镜擦净，取一滴蒸馏水置于棱镜上调节零点，用擦镜纸擦净，再取待测糖液数滴，置于折光棱镜面上，合上盖板，使溶液均匀分布在棱镜面上。将仪器进光窗对准光源，调节目镜视度圈，使视场内刻度清晰可见，于视场中读取明暗分界线相应的读数，即为溶液含糖浓度（百分含量）。

（3）测定范围　仪器分为 0～50% 和 50%～80% 两挡。当被测糖液浓度低于 50% 时，将换挡旋钮向左旋转至不动，使目镜半圆视场中的 0～50 可见，即可观测读数。若被测糖液浓度高于 50%，则应将换挡旋钮向右旋至不动，使目镜半圆视场中的 50～80 可见，即可观测读数。

（4）注意的事项

① 测量前将棱镜盖板、折光棱镜清洗干净并拭干。

② 滴在折光棱镜面上的液体要均匀分布在棱镜面上，并保持水平状态，合上盖板。

③ 使用换挡旋钮时应旋到位，以免影响读数。

④ 要对仪器进行校正才能得到正确结果。

（5）说明　测量时若温度不是 20℃，应进行数值修正，修正的情况分为以下两种。

① 仪器在 20℃ 时调零，而在其他温度下进行测量时，则应进行校正，校正的方法是：温度高于 20℃ 时，加上查"糖量计读数温度修正表"得出的相应校正值，即为糖液的准确浓度数值。温度低于 20℃ 时，减去查"糖量计读数温度修正表"得出的相应校正值，即为糖液的准确浓度数值。

② 仪器在测定温度下调零，则不需要校正。方法是：测试纯蒸馏水的折射率，看视场中的明暗分界线是否对正刻线 0，若偏离，则可用小螺丝刀旋动校正螺钉，使分界线正确指示 0 处，然后对糖液进行测定，读取的数值即为正确数值。

项目三　测定味精中谷氨酸钠的含量

一、案例

随着我国食品工业的蓬勃发展，社会的进步和人民生活水平的提高，调味品在保留色、香、味的基础上更向着功能化、绿色化和方便化的方向发展。味精的化学成分为谷氨酸钠（又称麸氨酸钠），其分子式为 $C_5H_8NaO_4 \cdot H_2O$，相对分子质量为 187.13，国家标准对谷氨酸钠含量提出了明确的要求，只有谷氨酸钠含量在 99%（含 99%）以上的产品，才能称之为味精。近年来，一些厂家为降低成本，在味精中掺杂使假，牟取暴利，谷氨酸钠的成本价比盐高 10 倍，就以食盐替代谷氨酸钠，因此有必要对味精中谷氨酸钠的含量进行检测。

二、选用的国家标准

GB/T 5009.43—2003 味精卫生标准的分析方法。

三、测定方法

1. 测定步骤

① 称取约 5.0g 充分混匀的试样，置于烧杯中，加 20～30mL 水，再加 16mL 盐酸溶液（1+1），溶解后移入 50mL 容量瓶中加水至刻度，摇匀备用。

② 将该溶液置于 2dm 旋光管内观察旋光度，同时需要测定旋光管内溶液的温度，如温度低于或高于 20℃，需要校正后计算。

2. 试剂

盐酸溶液（1+1）。

3. 仪器

旋光计。

4. 结果计算

$$X = \frac{d_{20} \times 50 \times 187.13}{5 \times 2 \times 32 \times 147.13} \times 100$$

式中　X——试样中谷氨酸钠的含量（含 1 分子结晶水），g/100g；

　　d_{20}——20℃时观察所得的旋光度；

　　32——谷氨酸 20℃时的比旋光度；

187.13——谷氨酸钠含 1 分子结晶水的相对分子质量；

147.13——谷氨酸的相对分子质量；

　　2——旋光管的长度，dm。

5. 注意事项

如温度不在 20℃，测定结果应加以校正，谷氨酸校正值为 0.060。

四、相关知识

（一）测定原理

谷氨酸钠分子结构中含有一个不对称碳原子，具有旋转偏振光振动平面的能力，即具有光学活性，以角度表示旋光度，可用旋光计观察。

（二）基本概念

1. 自然光与偏振光

光是一种电磁波，它的振动方向垂直于前进的方向。

电磁波电矢量的振动方向可以取垂直于光传播方向上的任何方位，这种光叫自然光；自然光的光波在一切可能的平面上振动，当它通过尼科尔棱镜时，透过棱镜的光线只限于在一个平面上振动，这种仅在一个平面上振动的光叫偏振光。

2. 偏振光的产生与旋光活性

可以利用尼科尔棱镜和偏振片产生偏振光。

能把偏振光的偏振面旋转一定角度的物质称为旋光活性物质，它使偏振光振动平面旋转的角度叫做"旋光度"。

能把偏振光的振动平面向右旋转（顺时针方向）的称为"具有右旋性"，以（＋）号表示；使偏振光振动平面向左旋转（反时针方向）的称为"具有左旋性"，以（－）号表示。

3. 旋光度和比旋光度

偏振光通过光学活性物质的溶液时，其振动平面所旋转的角度叫做该物质溶液的旋光度，以 α 表示，单位为度。入射光波长、温度、旋光性物质的种类、溶液浓度及液层厚度都会影响旋光度的大小。在波长、温度一定时，旋光度与溶液浓度 c 及偏振光所通过的溶液厚度 L 成正比，即：

$$\alpha = KcL$$

当旋光质溶液的质量浓度为 100g/100mL，$L = 1$dm 时，所测得的旋光度为比旋光度（或称旋光率，旋光系数），用 $[\alpha]_\lambda^T$ 表示，单位为度。

$$[\alpha]_\lambda^T = K \times 100 \times 1 = 100K \Rightarrow K = \frac{[\alpha]_\lambda^T}{100}$$

所以，$\alpha = \dfrac{[\alpha]_\lambda^T}{100} cL \Rightarrow [\alpha]_\lambda^T = \dfrac{100\alpha}{cL} \Rightarrow c = \dfrac{100\alpha}{[\alpha]_\lambda^T L}$

式中　α——旋光度；

$[\alpha]_\lambda^T$——比旋光度；

λ——入射光波长，nm；

T——温度，℃；

L——溶液厚度（即旋光管长度），dm；

c——溶液浓度，g/100mL。

（三）旋光计

旋光计是测量物质旋光度的仪器，广泛应用于医药、制糖、食品、化工、农业和科研等各个领域，通过对样品旋光度的测量可以确定物质的浓度、含量和纯度等。

普通旋光计主要由两个尼科尔棱镜构成：第一个用于产生偏振光，称为起偏器；第二个用于检验偏振光振动平面被旋光质旋转的角度，称检偏器。

项目四　测定淀粉的黏度

一、案例

淀粉及淀粉制品是食品质量安全市场准入产品中的一类，而黏度是淀粉最重要的性质，不同品种的淀粉黏度差异很大，因此可通过黏度的测定判断产品的质量。

二、选用的国家标准

GB/T 22427.7—2008 淀粉黏度测定。

三、测定方法

1. 称样

称取适量的样品，使样品的干基为 6.0g，将样品置入四口烧瓶中，加入蒸馏水，使水的质量与所称取的淀粉的质量和为 100g。

2. 旋转黏度计及淀粉乳液的准备

按所规定的旋转黏度计的操作方法进行校正调零，并将仪器测定筒与超级恒温水浴装置相连，打开水浴装置。

将装有淀粉乳液的四口烧瓶放入超级恒温水浴中，在烧瓶上装上搅拌器、冷凝管和温度计，盖上取样口，打开冷凝水和搅拌器。

3. 测定

将测定筒和淀粉乳液的温度通过恒温装置分别同时控制在 45℃、50℃、55℃、60℃、65℃、70℃、75℃、80℃、85℃、90℃、95℃。在恒温装置到达上述每个温度时，从四口烧瓶中吸取淀粉乳液，加入到旋转黏度计的测量筒内，测定黏度，读取各个温度时的黏度值。

4. 作图

以黏度值为纵坐标，温度为横坐标，根据测定所得到的数据作出黏度值与温度的变化曲线。从曲线中，找出最高黏度值及对应温度值即为样品的黏度。

5. 仪器

① 旋转黏度计：能通过恒速旋转，使样品产生的黏滞阻力通过反作用的扭矩表达出黏度。与仪器相连的还有一个温度计，其刻度值为 0～100℃，并且有一个加热保温装置以保持仪器及淀粉乳液的温度在 45～95℃变化。

② 分析天平。

③ 搅拌器：搅拌速度为 120r/min。

④ 超级恒温水浴。

⑤ 四口烧瓶。

⑥ 冷凝管。

⑦ 温度计。

6. 试剂

蒸馏水或去离子水：电导率≤4μS/cm。

四、相关知识

（一）测定原理

在一定温度范围内，样品随温度的升高而逐渐糊化，通过旋转黏度计可测定黏度值，此黏度值即为当时温度下的黏度值。作出黏度值与温度曲线图，即可得到黏度的最高值及当时的温度。

（二）基本概念

黏度指液体的黏稠程度，是液体在外力下发生流动时，液体分子间所产生的内摩擦力，可分为绝对黏度与运动黏度。绝对黏度（也叫动力黏度）是指液体以 1cm/s 的流速流动时，在每平方厘米液面上所需切向力的大小，单位为"帕［斯卡］·秒（Pa·s）"；运动黏度（也叫动态黏度）是指在相同温度下液体的绝对黏度与其密度的比值，以平方米每秒（m^2/s）为单位。

黏度与液体的温度有关，温度低，黏度大；温度高，黏度小。

（三）绝对黏度检验法

液态食品的绝对黏度通常使用各种类型的旋转黏度计、落球黏度计进行检测。

1. 落球黏度计测定法

（1）原理　根据被测定溶液的相对密度、球体的相对密度和球体的体积，即可计算出溶液的黏度。

（2）仪器　黏度计、恒温水浴（20.00±0.01)℃、计时器。

（3）操作步骤　称量、溶解、定容→旋光计零点校正→测定。

（4）结果计算　如下：

$$\eta = \tau \times (\rho_0 - \rho) \times 10^{-3} \times k$$

式中　η——绝对黏度，Pa·s；

τ——球体下落时间，s；

ρ_0——球体相对密度，kg/m^3；

ρ——试液相对密度，kg/m^3；

k——球体系数，m^2/s^2。

2. 旋转黏度计测定法

（1）原理　旋转黏度计是用同步电机以一定速度旋转，带动刻度盘随之转动，通过游丝和转轴带动转子旋转。若转子未受到阻力，则游丝与圆盘同速旋转。若转子受到黏滞阻力，则游丝产生力矩与黏滞阻力抗衡，直到平衡。此时，与游丝相连的指针在刻度盘上指示出一数值，根据这一数值，结合转子号数及转速即可算出被测液体的绝对黏度。

（2）操作步骤　首先估计被测试液的黏度范围，然后根据仪器的量程表选择适当的转子和转速，使读数在刻度盘的 $20\%\sim80\%$ 范围内。

将选好的转子擦净后旋入连接螺杆，旋转升降旋钮，使仪器缓缓下降，转子逐渐浸入被测试样中，直至转子液位标线和液面相平为止。

将测试容器中的试样和转子恒温至 $(20.0\pm0.1)℃$，并保持试样温度均匀。

开启旋转黏度计，待指针稳定地停在读数窗内时读取读数。

（3）结果计算　如下：

$$\eta = ks$$

式中　η——绝对黏度，$Pa\cdot s$；

　　　k——换算系数；

　　　s——圆盘指针指示数值。

项目五　测定碳酸饮料中二氧化碳的含量

一、案例

二氧化碳气容量是碳酸饮料及某些瓶装或罐装食品的一个特征性指标，足够的二氧化碳气容量能够使饮料保持一定的酸度，具有一定的杀菌和抑菌作用，饮用后比较爽口，并且可以通过蒸发带走热量起到降温作用。国家标准规定，碳酸饮料中的二氧化碳气容量必须达到一定的含量，否则就不能称为碳酸饮料。

二、选用的国家标准

GB/T 10792—2008 碳酸饮料（汽水）。

三、测定方法

将碳酸饮料样品瓶（罐）用检压器上的针头刺穿瓶盖（或罐盖），旋开放气阀排气，待压力表指针回零后，立即关闭放气阀，将样品瓶（或罐）往复振摇 40s，待压力稳定后，记下兆帕数（取小数点后两位）。旋开放气阀，随即打开瓶盖（或罐盖），用温度计测量容器内液体的温度。

根据测得的压力和温度，查碳酸气吸收系数表，即得二氧化碳气容量的容积倍数（见附表6）。

四、相关知识

（一）测定原理

根据亨利定律，在一定温度下，溶解在饮料中的 CO_2 含量与瓶颈中的压力成正比，因此，测定瓶中 CO_2 的压力和温度后，查碳酸气吸收系数表，得到碳酸饮料中 CO_2 的气容量，即可得出 CO_2 含量。

（二）注意事项

① 使用减压计时，要剧烈摇动样品，使气压值稳定。

② CO_2 的含量与温度有关，测定时要测量样品当时的温度，查表换算为标准值。

③ 检测结束时，要先打开放气阀卸压，再取下样品瓶。

思 考 题

1. 相对密度和密度的定义分别是什么？二者有何区别？
2. 密度瓶法和密度计法测定样品相对密度的原理分别是什么？
3. 叙述使用密度计法测定液体样品相对密度的方法及注意事项。
4. 为什么测定牛乳密度可以判断牛乳是否掺水或脱脂？
5. 简述折光法测定罐头食品可溶性固形物含量的方法。
6. 旋光法测定味精中谷氨酸钠含量的原理是什么？
7. 简述用旋转黏度计测定淀粉黏度的方法。
8. 简述碳酸饮料中二氧化碳含量的测定方法。

任务三　测定食品中的水分

【技能目标】

　　1. 会用干燥法测定食品中的水分含量。

　　2. 会对样品进行恒量操作。

　　3. 会用卡尔·费休法测定食品中的微量水分。

【知识目标】

　　1. 明确常见食品的水分含量，以及重量法测定水分的原理。

　　2. 明确卡尔·费休法测定水分的原理。

项目　测定食品中水分

一、案例

　　面粉和老百姓的生活息息相关，但个别面粉厂为一己私利，将不合格面粉冒充合格面粉销售，不合格面粉的重要原因是面粉中水分含量超标，按照国家规定，小麦粉中水分含量应为≤14%，但有些厂家小麦粉水分含量却达到15.6%。小麦粉中水分含量高，对储存不利，易发热、发霉、变质、生虫，这要求我们严格执行国家标准，认真做好食品中水分含量的测定，保证食品品质。

二、选用的国家标准

　　GB 5009.3—2010 食品中水分的测定——直接干燥法。

三、测定方法

1. 测定步骤

　　(1) **固体试样**　取洁净铝制或玻璃制的扁形称量瓶，置于101~105℃干燥箱中，瓶盖斜支于瓶边，加热1.0h，取出盖好，置于干燥器内冷却0.5h，然后称量，重复干燥至恒量。准确称取2~10g（精确至0.0001g）切碎或磨细的试样，放入称量瓶中，试样厚度以不超过5mm为宜，加盖称量后，置于101~105℃干燥箱中，瓶盖斜支于瓶边，加热2~4h后，盖好取出，置于干燥器内冷却0.5h，然后称量，然后再放入101~105℃干燥箱中干燥1.0h左右，取出，置于干燥器内冷却0.5h，再称量，至前、后两次称量质量差不超过2mg，即为恒量。

　　(2) **半固体或液体试样**　取洁净的蒸发皿，内加10.0g海砂及一根小玻棒，置于101~105℃干燥箱中，加热1.0h后取出，放入干燥器内冷却0.5h，然后称量，重复干燥至恒量。精密称取5~10g试样（精确至0.0001g），置于蒸发皿中，用小玻棒搅匀放在沸水浴上蒸干，并随时搅拌，擦去皿底的水滴，置于101~105℃干燥箱中干燥4h后，盖好取出，置于干燥器内冷却 0.5h，然后称量，以下操作同上。

2. 结果计算

$$X = \frac{m_1 - m_2}{m_1 - m_3} \times 100$$

式中　X——样品水分质量分数，%；

　　　m_1——称量瓶（或蒸发皿加海砂、玻棒）和试样的质量，g；

　　　m_2——称量瓶（或蒸发皿加海砂、玻棒）和试样干燥后的质量，g；

　　　m_3——称量瓶（或蒸发皿加海砂、玻棒）的质量，g。

3. 试剂

（1）6mol/L 盐酸　量取 100mL 盐酸，加水稀释至 200mL。

（2）6mol/L 氢氧化钠溶液　称取 24g 氢氧化钠，加水溶解稀释至 100mL。

（3）海砂　取用水洗去泥土的海砂或河砂，先用 6mol/L 盐酸煮沸 0.5h，用水洗至中性，再用 6mol/L 氢氧化钠溶液煮沸 0.5h，水洗至中性，经 105℃干燥备用。

4. 仪器

① 扁形铝制或玻璃制称量瓶。内径 60～70mm，高 30mm 以下。

② 电热恒温干燥箱。

四、相关知识

（一）食品中水分测定——直接干燥法原理

食品中的水分在 100℃左右温度直接干燥的情况下，受热以后产生的蒸汽压高于电热干燥箱中的分压，使食品中的水分蒸发逸出，由于不断地加热和排走水蒸气，从而达到完全干燥，食品在加热前后的质量差即为水分含量。

本法摘自 GB 5009.3—2010，适用于在 101～105℃下，不含或含其他挥发性物质甚微的食品，主要包括谷类及其制品、淀粉及其制品、调味品、水产品、豆制品、乳制品、肉制品、发酵制品和酱腌菜等。

（二）注意事项

① 蔬菜、水果中常含有较多杂质，用清水洗去泥沙，再用蒸馏水冲洗一次，然后吸干表面水分。

② 从干燥箱中取出称量瓶后，要立即置于干燥器中冷却，避免样品重新吸水，影响干燥效果。干燥剂通常用硅胶，硅胶吸水后颜色减退或变红，要及时将硅胶干燥，干燥方法是将硅胶置于 135℃左右烘 2～3h 后再使用，硅胶受到污染后去湿能力大大降低，如吸附油脂等。

③ 浓稠态样品直接加热干燥，其表面易结硬壳焦化，内部水分蒸发受阻，在测定前需加入精制海砂或无水硫酸钠，搅拌均匀，以防食品结块，同时增大受热与蒸发面积，加速水分蒸发，缩短分析时间。

④ 对于水分含量在 16% 以上的样品，通常还可采用两步干燥法进行测定。首先将样品称出总质量后，在自然条件下风干 15～20h，使其达到安全水分标准（即与大气湿度大致平衡），再准确称重，将风干样品粉碎、过筛、混匀，储于洁净干燥的磨口瓶中备用。

⑤ 加热过程中，一些物质会发生化学反应，一些挥发性物质也会挥发，因此应选用适当的干燥方法。当样品中果糖含量较高时，在 >70℃ 温度下长时间加热，果糖会发生氧化分解作用产生明显误差，应该采用减压干燥法测定水分含量；含有较多氨基酸、蛋白质及羰基化合物的样品，长时间加热会发生羰氨反应，析出水分而导致误差；对于含挥发性组分较多

的样品，如香料油、低醇饮料等宜采用蒸馏法测定水分含量。

⑥ 测定时称样数量一般以控制在其干燥后的残留物质量为 1.5～3g 为宜；当样品为水分含量较低的固态、浓稠态食品时，称样量控制在 3～5g；果汁、牛乳等液态食品，通常样品量控制在 15～20g 为宜。

⑦ 称量皿分为玻璃称量皿和铝质称量皿两种。前者耐酸碱，不受样品性质的限制，常用于干燥法；铝质称量皿质量轻，导热性强，但不适合酸性食品，常用于减压干燥法。称量皿规格的选择，以样品置于其中水平铺开后，样品厚度不超过皿高的 1/3 为宜。

⑧ 干燥设备最好采用风量可调节的烘箱，当风量减小时，烘箱上隔板 1/3～1/2 面积的温度能保持在规定温度以上 1℃ 的范围内，即符合测定使用要求。温度计通常处于离上隔板 3cm 的中心处，为保证测定温度较恒定，并减少取出过程中因吸湿而产生的误差，一批测定的称量皿最好为 8～12 个。

⑨ 干燥温度一般控制在 101～105℃，对热稳定的谷物等，可提高到 120～130℃ 进行干燥；对含还原糖较多的食品应先用 50～60℃ 低温干燥 0.5h，再用 100～105℃ 干燥。干燥时间的确定有两种方法，一种是干燥到恒量，另一种是规定一定的干燥时间。

⑩ 在水分测定中，恒量的标准一般定为前后两次称量之差不超过 2mg。

五、测定食品中水分的方法

(一) 食品中水分的意义

水是生命活动不可缺少的物质之一，水分含量检测是食品分析的重要指标。食品中水分含量的多少对保证食品的品质极为重要，控制食品水分含量对于保持食品的感官性质，维持食品中其他组分的平衡关系，保证食品的稳定性都有重要意义。如水果糖的水分控制在 3.0%，否则会出现反砂和返潮现象；新鲜面包的水分含量若低于 28%～30%，其外观形态干瘪，失去光泽；乳粉水分含量控制在 2.5%～3.0% 以内，可抑制微生物的生长繁殖，延长保存期等。同时，食品水分含量对于食品企业的生产成本核算，质量监督管理，以及经济效益等都有重要意义。不同食物中水分含量也不相同，蔬菜含水量一般在 85%～97%、水果 80%～90%、鱼类 67%～81%、蛋类 73%～75%、乳类 87%～89%、猪肉 43%～59%、面粉 12%～14%、饼干 2.5%～4.5%。

食品中水分以结合水和非结合水两种形式存在。结合水指结晶水和吸附水，这类水分在比较难以从样品中逸出；非结合水包括润湿水分、渗透水分和毛细管水，这类水分相对容易从样品中分离，通常在食品检测中水分含量主要是非结合水。如果在水分测定中不加限制地延长加热干燥时间，往往样品分子间会发生一定的化学反应，对测定结果造成影响，故在测定水分含量时必须规定一定的温度、时间和操作条件。测定食品中水分含量的国家标准方法有直接干燥法、减压干燥法、蒸馏法、卡尔·费休法，出自 GB 5009.3—2010，除此之外还有红外线干燥法、化学干燥法和微波干燥法等。

(二) 减压干燥法

利用低压下水的沸点降低的原理，将样品置于减压低温真空干燥箱内加热至恒量，这样在一定的温度及减压的情况下失去物质的总质量即为样品中的水分含量。本法摘自 GB 5009.3—2010，适用于含糖、味精等易分解物质的食品。

1. 试样制备

粉末和结晶试样直接称取，硬糖果经乳钵粉碎；软糖用刀片切碎，混匀备用。

2. 测定方法

将 2～10g 试样放入恒重的称量瓶中，置于真空干燥箱，将干燥箱连接水泵，抽出干燥箱内空气至所需压力（一般为 40～53kPa），并同时加热至所需温度（60±5）℃，关闭通水泵或真空泵上的活塞，停止抽气，使干燥箱内保持一定的温度和压力，经 4h 后，打开活塞，使空气泵经干燥装置缓缓通入至干燥箱内，压力恢复常压后打开，将称量瓶置于干燥器 0.5h 后称量，重复操作至恒量。

3. 结果计算

同直接干燥法。

4. 实验仪器

真空干燥箱，其余同直接干燥法。

5. 注意事项

① 真空干燥箱内各部位温度要求均匀一致，若干燥时间短，更应严格控制。

② 减压干燥法选择的压力一般为 40～53kPa，温度为 50～60℃，但应根据实际情况选择压力和温度，如咖啡的干燥条件为 3.3Pa 和 98～100℃，乳粉为 13.3Pa 和 100℃，干果为 13.3Pa 和 70℃，坚果和坚果制品为 13.3Pa 和 95～100℃，糖和蜂蜜为 6.7Pa 和 60℃。

③ 第一次使用的铝皿要反复烘干两次，每次置于调节到规定温度的干燥箱内干燥 1～2h 后，移至干燥器内冷却 45min，称重（精确到 0.1mg）；第二次以后使用时，通常可采用前一次的恒量值。

④ 减压干燥法时间是自干燥箱内部压力降至规定真空度起计时。恒量一般以减量不超过 0.5mg 为标准，对受热后易分解的样品则可以不超过 1～3mg 的减量值为恒量标准。

（三）蒸馏法

食品中水分与甲苯或二甲苯共同蒸出，收集馏出液于接收管内，根据体积计算含量，本法摘自 GB 5009.3—2010，适用于油脂、香辛料等水分含量的测定。特别对于香辛料，此法是唯一公认的水分含量的标准分析法。

1. 测定方法

① 准确称取适量试样（含水量估计在 2～5mL），放入 250mL 锥形瓶中，加入新蒸馏的甲苯或二甲苯 75mL，连接冷凝管与水分接收管，从冷凝管顶端注入甲苯，装满水分接收管。

② 加热蒸馏，每秒得馏出液 2 滴，待大部分水分蒸出后，加速蒸馏约为每秒 4 滴，当接收管内水分体积不再增加时，表明水分全部蒸出，从冷凝管顶端加入甲苯冲洗，如冷凝管壁附有水滴，可用有橡皮头的铜丝擦一下，再蒸馏片刻至接收管上部及冷凝管壁无水滴附着，接收管水平面保持 10min 不变为蒸馏终点，读取接收管水层容积。

2. 结果计算

$$X = \frac{V}{m} \times 100$$

式中　X——样品水分含量，mL/100g；

　　　V——接收管内水的体积，mL；

　　　m——试样的质量，g。

3. 试剂

甲苯或二甲苯：取甲苯或二甲苯，先以水饱和后，分去水层，进行蒸馏，收集馏出液备用。

4. 仪器

蒸馏式水分测定器（见图 3-1）。

5. 注意事项

① 测定样品用量一般谷类、豆类约 20g，鱼、肉、蛋、乳制品为 5～10g，蔬菜、水果

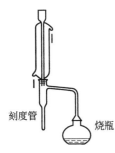

图 3-1　蒸馏式水分测定器

刻度管

烧瓶

约 5g。

② 测定食品不同，应选择最适宜的有机溶剂作为蒸馏剂，一般香辛料使用甲苯作蒸馏溶剂；对热不稳定样品，则用苯、甲苯或甲苯-二甲苯的混合液作蒸馏溶剂，但蒸馏的时间需延长；对于含有糖分，或可分解析出水分的样品，应选用苯作溶剂；测定奶酪的含水量时用正戊醇-二甲苯 1:1 混合溶剂；己烷可用于测定辣椒类、葱类、大蒜和其他含有大量糖的香辛料的水分含量。

③ 一般加热时要用石棉网，加热温度不宜太高，温度太高时冷凝管上端水气难以全部回收；如果样品含糖量高，用油浴加热较好；蒸馏时间一般为 2～3h，样品不同蒸馏时间各异。

④ 仪器洗涤应干净，可以避免水分接收管和冷凝管壁附着水滴。

（四）卡尔·费休法

卡尔·费休（Karl Fischer）法，简称费休法，属碘量法，被认为是最准确、最专一的测定水分的方法，对痕量水分也可以进行测定，被广泛应用于面粉、茶叶、砂糖、人造奶油、蜂蜜、乳粉等的检测中。（本法摘自 GB 5009.3—2010）卡尔·费休法不仅可测得样品中的自由水，而且可测出其结合水，此法所得结果能更客观地反映样品总水分含量。

费休法的基本原理是基于有定量的水参加的 I_2 和 SO_2 的氧化还原反应：

$$I_2 + SO_2 + 2H_2O \longrightarrow H_2SO_4 + 2HI$$

上述反应是可逆的，要使反应顺利地向右进行，需要加入吡啶（C_5H_5N）和甲醇，则反应可以彻底进行：

$$C_5H_5N \cdot I_2 + C_5H_5N \cdot SO_2 + C_5H_5N + H_2O \longrightarrow 2C_5H_5N \cdot HI + C_5H_5N \cdot SO_3$$
$$C_5H_5N \cdot SO_3 + CH_3OH \longrightarrow C_5H_5N \cdot HSO_4CH_3$$

费休法的滴定总反应式可写为：

$$I_2 + SO_2 + 3C_5H_5N + CH_3OH + H_2O \longrightarrow 2C_5H_5N \cdot HI + C_5H_5N \cdot HSO_4CH_3$$

滴定操作终点，一是当用费休试剂滴定样品达到化学计量点时，再过量 1 滴，费休试剂中的游离碘即会使体系呈现浅黄或微弱的黄棕色，作为终点而停止滴定，此法适用于含有 1% 以上水分的样品，由其产生的终点误差不大；二是双指示电极安培滴定法，也叫永停滴定法，是将两枚相似的微铂电极插在被滴样品溶液中，给两电极间施加 10～25mV 电压，从滴定直至化学计量点前，体系中无游离碘，电极间的极化作用使外电路中无电流通过（即微安表指针始终不动），当过量 1 滴费休试剂滴入体系后，游离碘的出现使体系去极化，溶液开始导电，外路有电流通过，微安表指针偏转至一定刻度并稳定不变，即为终点，此法适宜于测定深色样品及含微量、痕量水分的样品。

1. 测定步骤

准确称取样品 0.3～0.5g（含水量以在 20～40mg 为宜）置于样瓶中，固体样品，如糖果等必须事先粉碎均匀。

在水分测定仪的反应器中加入 50mL 无水甲醇，使其完全淹没电极，并用卡尔·费休试剂滴定 50mL 甲醇中的痕量水分，滴定至微安表指针的偏转程度与标定卡休试剂操作中的偏转情况相当，并保持 1min 不变时（不记录试剂用量），打开加料口迅速将称好的试样加入反应器中，立即塞上橡皮塞，开动电磁搅拌器使试样中的水分完全被甲醇所萃取，用卡休试剂滴定至原设定的终点并保持 1min 不变，记录试剂的用量（mL）。

2. 计算结果

$$X=\frac{T\times V}{m\times 1000}\times 100=\frac{T\times V}{10\times m}$$

式中　X——样品中水分质量分数，%；

　　　　T——卡尔·费休试剂对水的滴定度，mg/mL；

　　　　V——滴定所消耗的卡尔·费休试剂体积，mL；

　　　　m——样品的质量，g。

3. 仪器

卡尔·费休水分测定仪。

4. 试剂

（1）无水甲醇　含水量在 0.05% 以下。制备方法：量取甲醇约 200mL，置于干燥圆底烧瓶中，加光洁镁条 15g、碘 0.5g，接上冷凝装置，冷凝管的顶端和接收器支管上要装上无水氯化钙干燥管，以防空气中水的污染。加热回流至镁条开始转变为白色絮状的甲醇镁，加入甲醇 800mL，继续回流至镁条溶解。分馏，用干燥的抽滤瓶作接收器，收集 64～65℃ 馏分备用。

（2）无水吡啶　含水量在 0.1% 以下，吸取吡啶 200mL，置于干燥的蒸馏瓶中，加 40mL 苯，加热蒸馏，收集 110～116℃ 馏分备用。

（3）碘　将固体碘置于干燥器内干燥 48h 以上。

（4）无水硫酸钠　自备。

（5）硫酸　自备。

（6）二氧化硫　采用钢瓶装的二氧化硫或用硫酸分解亚硫酸钠而制得。

（7）水-甲醇标准溶液　每毫升含 1mg 水，准确吸取 1mL 水注入预先干燥的 1000mL 容量瓶中，用无水甲醇稀释至刻度，摇匀备用。

（8）卡尔·费休试剂　称取 85g 碘于干燥的 1L 具塞的棕色玻璃试剂瓶中，加入 670mL 无水甲醇，盖上瓶塞，摇动至碘全部溶解后，加入 270mL 吡啶混匀，然后置于冰水浴中冷却，通入干燥的二氧化硫气体 60～70g，通气完毕后塞上瓶塞，放置暗处至少 24h 后使用。

标定：预先加入 50mL 无水甲醇于水分测定仪的反应器中，接通仪器电源，启动电磁搅拌器，先用卡尔·费休试剂滴入甲醇中使其尚残留的痕量水分与试剂作用达到计量点，即为微安表的一定刻度值（45μA 或 48μA），并保持 1min 内不变，不记录卡尔·费休试剂的消耗量。再用 10μL 的微量注射器从反应器的加料口（橡皮塞处）缓缓注入 10μA 的蒸馏水（相当于 0.01g 水），此时微安表指针偏向左边接近零点，用卡尔·费休试剂滴定至原定终点，记录卡尔·费休试剂消耗量。

卡尔·费休试剂对水的滴定度 T（mg/mL）

$$T=\frac{G\times 1000}{V}$$

式中　G——水的质量，g；

　　　　V——滴定消耗卡尔·费休试剂的体积，mL。

5. 注意事项

① 本方法为测定食品中微量水分的方法，水分含量高且不均匀的食品不宜使用该方法。

② 食品中含有氧化剂、还原剂、碱性氧化物、氢氧化物、碳酸盐、硼酸等时，与卡

尔·费休试剂所含的组分起反应，对测定结果有影响。

③ 固体样品细度以 40 目为宜。为防止水分在磨碎过程中损失，应该用破碎机处理样品，而不用研磨机。

④ 5Å（1Å＝0.1nm）分子筛供装入干燥塔或干燥管中的干燥氮气或空气使用。

⑤ 无水甲醇及无水吡啶宜加入无水硫酸钠保存。

（五）水分快速测定法——红外线干燥法

以红外线灯管作为热源，利用红外线的辐射热加热试样，高效快速地将水分蒸发，水分逸散过程可以通过显示屏显示出水分变化过程，最后的恒定值即为水分含量，该方法简单、快速，但精密度较差，作为简易法适用于测定 2～3 份样品的大致水分，或快速检验在一定允许偏差范围内的样品水分含量。

1. 直读式简易红外水分测定仪使用步骤

准确称取适量（3～5g）试样在样品皿上摊平，在砝码盘上添加与被测试样质量完全相等的砝码使达到平衡状态。调节红外灯管的高度及电压，开启电源，进行照射，使样品的水分蒸发，此时样品的质量则逐步减轻，相应地，刻度板的平衡指针不断向上移动，随着照射时间的延长，指针的偏移越来越大，为使平衡指针回到刻度板零点位置，可移动装有重锤的水分指针，直至平衡指针恰好又回到刻度板零位，此时水分指针的读数即为所测样品的水分含量，试样以在 10～15min 内干燥完全为宜。

2. 仪器

直读式红外水分测定仪。

3. 注意事项

市售红外线水分测定仪有多种型号，具体操作方法可根据使用说明进行。

思 考 题

1. 说明直接干燥法、减压干燥法和蒸馏法的基本原理和适用范围。
2. 干燥器内用什么作干燥剂？干燥剂受潮后如何处理？
3. 卡尔·费休法的基本原理是什么？
4. 怎样标定卡尔·费休试剂？

任务四　测定食品中的灰分

【技能目标】

1. 会测定食品中的灰分含量。
2. 会测定食品中的水溶性、水不溶性、酸不溶性灰分。

【知识目标】

1. 明确总灰分的测定原理。
2. 了解食品灰分的种类。

项目一　测定食品中的总灰分

一、案例

灰分是衡量小麦粉加工精度的一项指标，通过灰分的高低可以直接评价一种小麦粉质量的好次，在生产方便面专用粉时，灰分则是小麦粉分级定等的一个硬性指标，如果灰分超出标准，所供的小麦粉就会被按比例进行降级、降等，甚至被拒收，所以应该控制好小麦粉中的灰分含量，在保证灰分含量合格的前提下最大限度地提高出粉率。

二、选用的国家标准

GB 5009.4—2010 食品中灰分的测定——灼烧称重法。

三、测定方法

1. 样品预处理

（1）液体样品（果汁、牛乳等）　准确称取适量试样于已知质量的瓷坩埚（或蒸发皿）中，置于水浴上蒸发至近干，再进行炭化，以防止直接炭化样品，造成溅失。

（2）含水分较多的样品（果蔬、动物组织等）　先制备成均匀的试样，再准确称取适量试样于已知质量的坩埚中，置烘箱中干燥，再进行炭化。也可取测定水分后的干燥试样直接进行炭化。

（3）水分含量较少的固体试样（谷类等）　取适量粉碎均匀试样于已知质量的坩埚中进行炭化。

（4）脂肪含量高的样品　制成均匀试样后　准确称取后先提取脂肪，再将残留物移入已知质量的坩埚中，进行炭化。

2. 测定

（1）坩埚恒量　取大小适宜的坩埚用 1∶4 的盐酸煮 1～2h，洗净晾干后，用三氯化铁与蓝墨水的混合液在坩埚外壁及盖上编号，然后将坩埚置于马弗炉内，在（550±25）℃下灼烧 0.5h，冷却至 200℃以下后，取出放入干燥器内冷却至室温，准确称量，反复灼烧至恒量（两次称量之差不超过 0.5mg）。

（2）**炭化**　准确称取预处理过的样品 2～3g（精确至 0.0001g）置于电炉或煤气灯上进行炭化，半盖坩埚盖，小心加热使试样在通气情况下逐渐炭化，直至无黑烟产生。炭化是为了防止灼烧时，高温使试样中的水分急剧蒸发造成试样飞扬；防止糖、蛋白质、淀粉等易发泡膨胀的物质在高温下发泡膨胀逸出；也防止直接灰化，出现炭粒被包住，灰化不完全的现象；对特别容易膨胀的试样（如含糖多的食品），可先于试样上加数滴辛醇或纯植物油，再进行炭化。

（3）**灰化**　将炭化好的样品及坩埚置于 (550±25)℃灼烧 4h，冷却至 200℃以下后取出放入干燥器中冷却 30min，在称量前如灼烧残渣中有炭粒，向试样中滴入少许水润湿，使结块松散，蒸出水分再次灼烧直至无炭粒即灰化完全，准确称量，重复灼烧至前后两次称量不超过 0.5mg 为恒量。

3. 结果计算

$$X = \frac{m_1 - m_2}{m_3 - m_2} \times 100$$

式中　X——样品灰分含量，g/100g；

m_1——坩埚和灰分的质量，g；

m_2——坩埚的质量，g；

m_3——坩埚和试样的质量，g。

4. 试剂

① 1∶4 盐酸溶液。

② 0.5% 氯化铁溶液和等量蓝墨水的混合液。

③ 36% 过氧化氢。

④ 辛醇或纯植物油。

5. 实验仪器

① 马弗炉。

② 分析天平。

③ 石英坩埚或瓷坩埚。

④ 干燥器。

四、相关知识

（一）食品中灰分的测定——灼烧称重法原理

食品经过灼烧后残留的无机物质称为灰分。将一定量的样品经炭化后放入高温炉内灼烧，其中的有机物质被氧化分解，以二氧化碳、氮的氧化物及水蒸气等形式逸出，而无机物质则以无机盐和金属氧化物的形式残留下来，称量残留物的质量即可计算出样品中总灰分的含量。

本法摘自 GB 5009.4—2010，适用于各种食品中总灰分的测定。

（二）注意事项

① 选择操作条件时，应注意以下几点。

a. 样品的取样量由灼烧后得到的灰分量为 10～100mg 来决定，灰分大于 10g/100g 的试样称取 2～3g，灰分小于 10g/100g 的试样称取 3～10g（均精确至 0.0001g）。通常是乳粉、豆粉、麦乳精、调味品、海产品等取 1～2g；谷类制品、肉类制品、糕点、牛乳等取样 3～5g；蔬菜及制品、砂糖及制品、淀粉及制品、蜂蜜、奶油等取 5～10g；水果及制品取 20g；

油脂取 50g。

b. 灰化温度一般在 500~600℃，多数样品以在（525±25）℃为宜，对于不同食物的灰化温度一般选择是：鱼类及海产品、酒、谷类及其制品、乳制品（奶油除外）不大于 550℃；水果、果蔬及其制品、糖及其制品、肉及肉制品不大于 525℃；奶油不大于 500℃。

c. 灰化时间以样品灼烧至灰分呈白色或浅灰色，无炭粒存在并达到恒量为止，一般需 2~5h。但对于含铁量高的样品灰化后，残灰呈褐色；含锰、铜高的样品，残灰呈蓝绿色，所以应根据样品的组成、性状注意观察残灰的颜色，正确判断灰化程度。有些样品有规定的灰化时间，如谷物饲料和茎秆饲料，要求在 600℃灰化 2h。

d. 灰化坩埚通常用瓷坩埚，它耐高温、耐酸、价格低，但耐碱性差，多次使用比较难以恒量。可根据情况选择铂坩埚或石英坩埚。

② 灰化中需要加快灰化速度，可用以下方法进行。

a. 添加助灰化剂，如加入乙酸镁、硝酸镁等助灰化剂，镁盐随着灰化的进行而分解，与过剩的磷酸结合，残灰不会发生熔融而呈松散状态，避免炭粒被包裹，可大大缩短灰化时间，但此法应做空白试验，以校正加入的镁盐灼烧后分解产生氧化镁（MgO）的量。

b. 添加惰性不溶物，如氧化镁、碳酸钙等，使炭粒不能被覆盖，便于灰化的进行，但需要做空白试验。

c. 经过初步灼烧，将坩埚取出冷却后，沿容器边缘加入几滴硝酸或双氧水，蒸干后再灼烧至恒量，利用硝酸或双氧水的氧化作用来加速炭粒的灰化。

d. 也可以将有炭粒出现的坩埚冷却后加少量水溶解炭粒表面的盐膜，使被包裹的炭粒重新游离出来，蒸发水分后，再灰化。

③ 预处理后的样品，在炭化时要注意热源强度，防止在灼烧时，因高温引起试样中的水分急剧蒸发，使试样飞溅；防止糖、蛋白质、淀粉等易发泡膨胀的物质在高温下溢出坩埚。

④ 把坩埚放入马弗炉或从炉中取出时，要放在炉口停留片刻，使坩埚预热或冷却，防止因温度剧变而使坩埚破裂。并且灼烧后的坩埚在炉口应冷却到 200℃以下再移入干燥器中，避免热对流作用造成残灰飞散。

⑤ 由干燥器内取出坩埚时，开盖恢复常压后，应该使空气缓缓流入，以防因内部成真空造成残灰飞散。

⑥ 灰化后所得残渣可留作钙、磷、铁等无机成分的分析时使用。

五、测定食品中总灰分的方法

（一）食品中灰分的意义

灰分是指食品经过高温灼烧后所残留的无机物，灰分是表示食品中无机成分总量的一项重要指标，但经过高温处理得到残留物与食品中原来存在的无机成分并不完全相同，食品在灰化时，易挥发元素（氯、碘、铅等）会挥发散失，磷、硫等也能以含氧酸的形式挥发散失，使这些无机成分减少；某些金属氧化物会吸收有机物分解产生的二氧化碳而形成碳酸盐，又使无机成分增多，故灰分并不能准确地表示食品中原来的无机成分的总量，通常把食品经高温灼烧后的残留物称为粗灰分。测定食品灰分除总灰分（即粗灰分）外，还包括水溶性灰分（大部分为钾、钠、钙、镁的氧化物和盐类等可溶性盐类）、水不溶性灰分（泥沙和铁、铝等氧化物及碱土金属的碱式磷酸盐等）和酸不溶性灰分（泥沙和食品中原来存在的微量氧化硅等）。

灰分是某些食品重要的质量控制指标，测定灰分具有十分重要的意义。不同的食品，因所用原料、加工方法及测定条件不同，各种灰分的组成和含量也不相同；灰分还可以评价食品的加工精度和食品的品质，如在面粉加工中，常以总灰分评价面粉等级，面粉的加工精度越高，灰分含量越低；总灰分含量还可说明果胶、明胶等胶质品的胶冻性能；水溶性灰分含量可反映果酱、果冻等制品中果汁的含量。常见食品中灰分含量为鲜肉 0.5%～1.2%、鲜鱼（可食部分）0.8%～2.0%、全脂乳粉 5.0%～5.7%、新鲜水果 0.2%～1.2%、小麦 1.6%、大豆 4.7%、玉米 1.5%。

食品中总灰分的测定方法包括灼烧称重法、乙酸镁法。

（二）乙酸镁法测定总灰分

乙酸镁法测定总灰分的实验原理同灼烧称重法，试样经过干燥、炭化、灼烧、冷却后测定残留物的质量，本法适合于谷物食品、肉制品、乳及乳制品、水产品、果蔬制品、淀粉及淀粉制品、蛋制品、茶叶、调味品、发酵制品等灰分测定，不适合于糖及糖制品中灰分的测定。

1. 试样预处理

同灼烧称重法。

2. 测定

含磷较高样品如豆类及其制品、肉禽制品、蛋制品、水产品、乳及乳制品等，称取适量试样，加入 1.00mL 24% 四水乙酸镁溶液或 3.00mL 8% 四水乙酸镁溶液，使试样完全润湿，放置 10min 后，在电热板上缓慢加热，将水分完全蒸干，炭化、将炭化好的样品及坩埚置于（550±25）℃灼烧 4h，冷却至 200℃ 以下后取出放入干燥器中冷却至室温，迅速拿出称量，再将坩埚移入高温炉中按上述步骤灼烧 1h，冷却，反复灼烧 1h 的操作，直至恒量（连续两次称量不超过 2mg），如残渣中有炭粒，向试样中滴入少许水润湿，使结块松散，蒸出水分，再次灼烧直至无炭粒即灰化完全。

量取 3 份相同浓度和体积的四水乙酸镁溶液，做 3 次试剂空白试验，3 次试验结果标准偏差小于 3mg，取算术平均值，如果标准偏差超过 3mg，重新做空白试验。

对于含磷较少的试样如谷物食品、果蔬制品等，可以直接炭化、灰化直至恒量，无需加入四乙酸镁试剂及空白试验。

3. 结果计算

$$X_1 = \frac{m_2 - m_1}{m} \times 100$$

$$X_2 = \frac{(m_2 - m_1) - m_0}{m} \times 100$$

式中　X_1——（测定时未加四水乙酸镁溶液）含磷较低的食品中的灰分含量，g/100g；

X_2——（测定时加入四水乙酸镁溶液）含磷较高的食品中的灰分含量，g/100g；

m——样品质量，g；

m_0——坩埚与氧化镁（四水乙酸镁灼烧后生成物）的质量，g；

m_1——坩埚的质量，g；

m_2——坩埚与试样灼烧后的质量，g。

4. 试剂

① 8% 四水乙酸镁溶液：称取 8g 四水乙酸镁溶于 92g 水中，混匀。

② 24% 四水乙酸镁溶液：称取 24g 四水乙酸镁溶于 76g 水中，混匀。

③ （1+5）盐酸溶液。

5. 仪器

同灼烧法总灰分的测定。

项目二　水溶性灰分和水不溶性灰分的测定

　　向测定总灰分所得残留物中加入 25mL 去离子水，加热至沸腾，用无灰滤纸过滤，用 25mL 热的去离子水分多次洗涤坩埚、滤纸及残渣，将残渣连同滤纸移回原坩埚中，在水浴上蒸干，放入干燥箱中干燥，再进行灼烧、冷却、称重，直至恒量。分别代入下式计算水溶性灰分和水不溶性灰分含量。

$$X_3 = \frac{m_4 - m_1}{m_2 - m_1} \times 100$$

式中　X_3——水不溶性灰分含量，g/100g；
　　　m_4——不溶性灰分和坩埚质量，g；
　　　m_1——坩埚的质量，g；
　　　m_2——样品加坩埚的质量，g。
　　　水溶性灰分(g/100g)＝总灰分(g/100g)－水不溶性灰分(g/100g)

项目三　酸不溶性灰分测定

　　向总灰分或水不溶性灰分中加入 25mL 0.1moL 盐酸。以下操作同水溶性灰分的测定，按下式计算酸不溶性灰分含量。

$$X_4 = \frac{m_5 - m_1}{m_2 - m_1} \times 100$$

式中　X_4——酸不溶性灰分含量，g/100g；
　　　m_5——酸不溶性灰分和坩埚质量，g；
　　　m_1——坩埚的质量，g；
　　　m_2——样品加坩埚的质量，g。

思　考　题

1. 食品总灰分测定为什么要进行炭化处理？
2. 总灰分、水不溶性灰分和酸不溶性灰分主要成分有哪些？
3. 含磷高的样品用哪种测定方法比较适宜？
4. 如何判定样品是否灰化彻底？

任务五　测定食品中的蛋白质及氨基酸

【技能目标】

1. 会测定食品中粗蛋白的含量。
2. 会测定食品中氨基酸的含量。
3. 会测定食品中不同氨基酸的含量。

【知识目标】

1. 明确常见的食品蛋白质含量，以及测定原理。
2. 明确食品氨基酸总含量，以及测定原理。

项目一　测定食品中的蛋白质

一、案例

2003 年，在我国部分地区，一些营养成分严重不足的伪劣乳粉充斥农村市场，这些被封查的乳粉脂肪、蛋白质和碳水化合物等基本营养物质不及国家标准的 1/3，其中蛋白质含量仅为 1％，食用这样的乳粉三个月就会给婴儿发育带来重大损失，食用五个月就会给婴儿带来终身影响，食用七八个月后对婴儿的影响是现有医疗水平无法救治的，由于食用这些乳粉，当地出现了营养严重不足的"大头娃娃"。按照 GB 5410—1999《全脂乳粉、脱脂乳粉、全脂加糖乳粉和调味乳粉》理化标准要求，乳粉中蛋白质含量应该不少于非脂乳固体的 34％。

二、选用的国家标准

GB 5009.5—2010 食品中蛋白质的测定——凯氏定氮法。

三、测定方法

1. 样品消化

准确称取固体样品 0.2～2g，半固体样品 2～5g，液体样品 10～25g，使试样中含氮 30～40mg，精确至 0.001g，小心移入干燥洁净的 100mL 或 500mL 凯氏烧瓶中，然后依次加硫酸铜 0.2g、硫酸钾 6g、浓硫酸 20mL、玻璃珠数粒，轻轻摇匀后，按图 5-1 安装消化装置。将凯氏烧瓶 45°斜放在电炉上，于瓶口放一漏斗，缓慢加热，待内容物全部炭化，泡沫停止后，加大火力，保持液面微沸至溶液呈蓝绿色透明时，继续加热 0.5～1h，取下凯氏烧瓶冷却后，缓慢加入 20mL 水，冷却至室温。

2. 蒸馏、吸收

(1) 常量蒸馏　按图 5-2 装好蒸馏装置。接收瓶内加入 10mL 4％硼酸溶液及 4～5 滴甲基红-溴甲酚绿混合指示液，置于蒸馏装置的冷凝管下口，并使冷凝管下口浸入硼酸溶液中。

放松夹子，沿漏斗向凯氏烧瓶中缓慢加入 70～80mL 40％氢氧化钠溶液，摇动凯氏瓶，至瓶内溶液变为深蓝色，或产生黑色沉淀，再从漏斗加入 100mL 蒸馏水，夹紧夹子。加热蒸馏，蒸馏 30min（始终保持液面沸腾），至氨全部蒸出（约 250mL 蒸馏液）。降低接收瓶的位置，使冷凝管口离开液面，继续蒸馏 1～3min，用表面皿接几滴馏出液，以奈氏试剂检查，如无红棕色生成，表示蒸馏完毕。停止加热，用少量水冲洗冷凝管管口，洗液并入接收瓶内，取下接收瓶，用 0.1000mol/L 的盐酸标准溶液滴定至终点；同时做空白实验，记录空白滴定消耗盐酸标准溶液的体积。

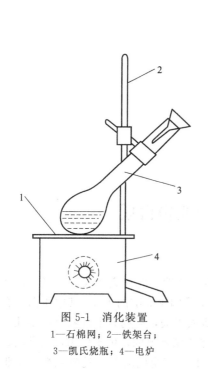

图 5-1 消化装置
1—石棉网；2—铁架台；
3—凯氏烧瓶；4—电炉

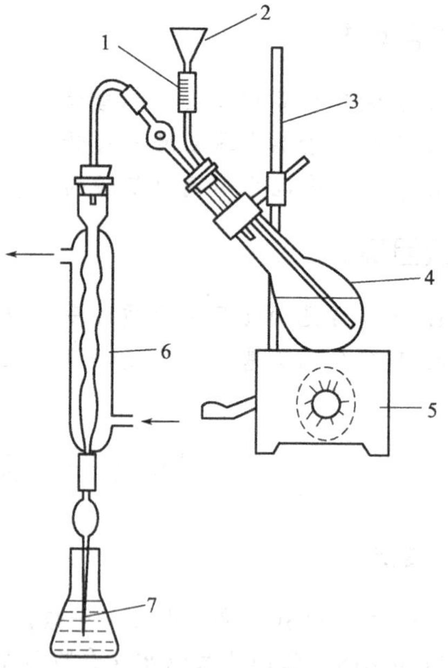

图 5-2 凯氏定氮装置
1—玻璃珠；2—进样器；3—铁架台；
4—蒸馏烧瓶；5—电炉；6—冷凝管；7—吸收液

（2）微量蒸馏 按图 5-3 安装好定氮蒸馏装置。在水蒸气发生瓶中装水至 2/3 容积处，加甲基橙指示剂数滴及硫酸数毫升，保持水呈酸性（淡红色），加热煮沸，将样品消化液转移到 100mL 容量瓶中并定容、摇匀。接收瓶内加入 10mL 4％硼酸溶液和 1 滴混合指示剂，置于蒸馏装置的冷凝管下口，浸入硼酸溶液中，取 2～10mL 稀释样液，移入反应室，并用少量蒸馏水冲洗，塞紧玻璃塞，然后向反应室加入 10mL 400g/L 氢氧化钠溶液，立即塞紧玻璃塞，加水密封。蒸馏至硼酸吸收液中指示剂变为绿色开始计时，继续蒸馏 10min 后，将冷凝管尖端提离液面再蒸馏 1min，冲洗冷凝管管口。取下接收瓶，用 0.1000mol/L 的盐酸标准溶液滴定至终点，同时做空白实验，记录空白滴定消耗盐酸标准溶液的体积。

3. 结果计算

常量蒸馏按下式计算：

$$X = \frac{(V-V_0) \times 0.014 \times c}{m} \times F \times 100$$

微量蒸馏按下式计算：

$$X = \frac{(V-V_0) \times 0.014 \times c}{m \times \frac{10}{100}} \times F \times 100$$

式中 X——食品中蛋白质质量分数，％；

V——滴定试样时消耗盐酸标准滴定
　　溶液的体积，mL；

V_0——空白试验时消耗盐酸标准滴定
　　溶液的体积，mL；

c——盐酸标准滴定溶液的浓度，
　　mol/L；

0.014——氮的毫摩尔质量，g/mmol；

m——试样的质量，g；

F——氮换算为蛋白质的系数。

4. 试剂

① 硫酸铜 $CuSO_4 \cdot 5H_2O$。

② 硫酸钾。

③ 硫酸（密度为 1.8149g/L）。

④ 40g/L 硼酸溶液。

⑤ 混合指示剂：1g/L 甲基红乙醇溶液与
1g/L 亚甲基蓝乙醇溶液，用时按 2：1 的比例混
合；或者 1g/L 甲基红乙醇溶液与 1g/L 溴甲酚
绿乙醇溶液，用时按 1：5 的比例混合。

⑥ 400g/L 氢氧化钠。

⑦ 0.1000mol/L 盐酸标准溶液。

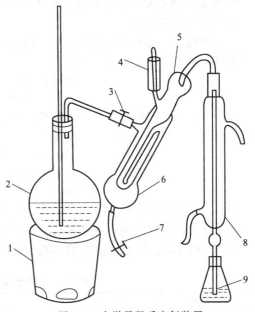

图 5-3　半微量凯氏定氮装置
1—电炉；2—水蒸气发生器；3—螺旋夹；
4—小玻璃杯及棒状玻璃塞；5—反应室；
6—反应室外层；7—橡皮管及螺旋夹；
8—冷凝管；9—蒸馏液接收瓶

5. 实验仪器

① 凯氏烧瓶（100mL 或 500mL）。

② 可调式电炉。

③ 定氮蒸馏装置。

四、相关知识

（一）食品中蛋白质含量的测定——凯氏定氮法原理

将被检样品加入浓硫酸，以硫酸铜、硫酸钾为催化剂共同加热消化，食品中蛋白质分解为
氨，并与硫酸结合成硫酸铵，通过碱化蒸馏，使氨分离出来，用硼酸吸收形成硼酸铵后，再用盐
酸标准溶液滴定，根据消耗的标准盐酸的体积，通过换算系数，可测定食品中蛋白质的含量。

本法摘自 GB 5009.5—2010，适用于所有动、植物食品蛋白质含量的测定。

（二）样品消化反应过程

1. 样品消化、蒸馏、滴定反应过程

消化反应方程式：

$$2NH_2(CH_2)_2COOH + 13H_2SO_4 \longrightarrow (NH_4)_2SO_4 + 6CO_2 + 12SO_2 + 16H_2O$$

$$2H_2SO_4 + C \longrightarrow CO_2 + 2SO_2 + 2H_2O$$

$$H_2SO_4 + 2NH_3 \longrightarrow (NH_4)_2SO_4$$

蒸馏反应方程式：

$$(NH_4)_2SO_4 + 2NaOH \longrightarrow 2NH_3 + Na_2SO_4 + 2H_2O$$

吸收与滴定：

$$2NH_3 + 4H_3BO_3 \longrightarrow (NH_4)_2B_4O_7 + 5H_2O$$

$$(NH_4)_2B_4O_7 + 5H_2O + 2HCl \longrightarrow 2NH_4Cl + 4H_3BO_3$$

2. 食品消化过程中为了加快反应速度需加入不同化学物质

其作用与反应如下。

（1）硫酸钾 硫酸钾可以提高溶液的沸点而加快有机物分解，它与硫酸作用生成硫酸氢钾可提高反应温度，反应方程式为：

$$K_2SO_4 + H_2SO_4 \longrightarrow 2KHSO_4$$

$$2KHSO_4 \longrightarrow K_2SO_4 + SO_2\uparrow + H_2O$$

（2）硫酸铜 起催化剂作用，使用时常加入少量过氧化氢、次氯酸钾等作为氧化剂以加速有机物氧化，硫酸铜的作用机理如下：

$$2CuSO_4 \longrightarrow Cu_2SO_4 + SO_2\uparrow + O_2\uparrow$$

$$C + 2CuSO_4 \longrightarrow Cu_2SO_4 + SO_2\uparrow + CO_2\uparrow$$

$$Cu_2SO_4 + 2H_2SO_4 \longrightarrow 2CuSO_4 + 2H_2O + SO_2\uparrow$$

此反应不断进行，待有机物全部被消化完后，不再有硫酸亚铜（褐色）生成，溶液呈现清澈的蓝绿色，故硫酸铜除起催化剂的作用外，还可指示消化终点的到达。

（三）不同食品的蛋白质换算系数（如表 5-1 所列）

表 5-1 不同食物的蛋白质折算系数

食品种类	F	食品种类	F	食品种类	F
小麦	5.83	花生	5.46	芝麻、向日葵	5.4
小麦粉及其制品	5.7	大豆及其制品	5.71	南瓜子	5.4
大麦、燕麦、黑麦	5.83	畜禽肉及其制品	6.25	栗子、胡桃	5.3
米	5.95	乳及乳制品	6.38	其他食品	6.25

（四）注意事项

① 本实验对蛋白质含量进行测定，因样品中常含有核酸、生物碱、含氮类脂以及含氮色素等非蛋白质的含氮化合物，故结果称为粗蛋白质含量。

② 为减少实验误差，所有试剂溶液应用无氨蒸馏水配制。

③ 消化过程要不断转动凯氏烧瓶，以利于附着在瓶壁上的固体残渣被洗下，促进其消化；同时为防止造成氨损失，不要用强火，应保持缓和沸腾。

④ 样品中含脂肪或糖较多，消化过程中易产生大量泡沫，为防止泡沫外溢，在消化开始时用小火加热，并时时摇动，也可以加入少量辛醇、液体石蜡或硅油消泡剂，并控制热源强度。

⑤ 一般消化至呈透明后，继续消化 30min 即可，但对于含有特别难以氨化的氮化合物的样品，如含赖氨酸、组氨酸、色氨酸、酪氨酸或脯氨酸等时，需适当延长消化时间，有机物如分解完全，则消化液呈蓝色或浅绿色，但含铁量多时，呈较深绿色。

⑥ 当样品消化液不易澄清透明时，可将凯氏烧瓶冷却，加入 30％过氧化氢 2～3mL 后继续加热消化。

⑦ 蒸馏装置应该密封，防止漏气，蒸馏过程中不得停火断气，防止发生倒吸；消化液呈蓝色不生成氢氧化铜沉淀，说明蒸馏前加碱量不足，要再增加氢氧化钠用量；蒸馏完毕后，应先将冷凝管下端提高液面，清洗管口，再蒸馏 1min，而后关掉热源，否则可能造成吸收液倒吸。

⑧ 硼酸吸收液的温度不应超过 40℃，否则对氨的吸收作用减弱而造成损失，此时可置于冷水浴中。

⑨ 混合指示剂在碱性溶液中呈绿色，在中性溶液中呈灰色，在酸性溶液中呈红色。

五、测定食品中蛋白质的方法

（一）食品中蛋白质的意义

蛋白质是生命的物质基础，是构成人体的主要物质，没有蛋白质就没有生命，人和其他动物只能从食品中得到蛋白质及其分解产物，来构成生物体自身的蛋白质，所以食品蛋白质是人体最重要的营养素，测定食品蛋白质的含量有利于评价食品的营养价值，合理开发利用食品资源，同时对于提高产品质量、优化食品配方具有重要意义。常见食品中蛋白质的含量如表5-2所示。

表5-2　常见食品中蛋白质的含量　　　　　　　单位：g/100g

食物名称	含量	食物名称	含量	食物名称	含量
小麦面粉(标准粉)	15.7	韭菜	2.4	猪肉(后臀尖)	14.2
粳米(小站稻米)	6.9	大白菜	1.0	午餐肉	9.0
籼米	7.5	油菜	1.3	牛肉(臀部)	22.6
玉米粒	8.0	芹菜	0.4	羊肉(后腿)	18.0
玉米面	8.5	平菇	1.7	鸡腿	20.2
小米	8.9	螺旋藻(干)	64.7	牛乳(液态光明)	3.1
马铃薯	2.6	海带	1.4	全脂乳粉(伊利)	22.0
甘薯	0.7	蜜桃	0.6	奶油	1.1
黄豆	33.1	冬枣	1.8	鸡蛋(红皮)	12.2
白萝卜	0.7	香蕉(海南)	1.1	草鱼	17.7
胡萝卜	1.0	西瓜(地雷瓜)	0.8	带鱼	17.6
四季豆	2.0	山核桃	8.3	巧克力(牛乳)	8.2
番茄	0.9	栗子(山东)	4.4	蜂蜜	0.4
辣椒(青、尖)	0.8	松子(熟)	12.9	花生油	(0)
南瓜	1.4	花生(烤)	26.4	大豆色拉油	(0)

　　食品蛋白质的测定方法分为两种：一种是利用蛋白质的共性，即含氮量、肽键和折射率等测定蛋白质含量；另一种方法是利用蛋白质中特定的氨基酸残基、酸性和碱性基团以及芳香基团等测定蛋白质含量。凯氏定氮法作为国家标准检测蛋白质的方法，是目前最常用的方法，是测定总有机氮较准确和操作较简便的方法之一，国家标准检测方法还有分光光度法、燃烧法，此外还有双缩脲法、染料结合法、紫外线吸收法、酚试剂法等，现在还有的采用红外检测仪对蛋白质进行快速定量分析。

(二) 双缩脲法

　　当脲被小心加热至150～160℃时，两分子间脱去一个氨分子形成双缩脲，双缩脲在碱性条件下，能与硫酸铜生成紫红色配合物，称为双缩脲反应，由于蛋白质分子中有肽键（—CO—NH—），与双缩脲结构相似，故也能呈现此反应而生成紫红色配合物，在一定条件下其颜色深浅与蛋白质含量成正比，据此可用吸光光度法来测定蛋白质含量，该配合物的最大吸收波长为560nm。

1. 标准曲线的绘制

　　以采用凯氏定氮法测出蛋白质含量的样品作为标准蛋白质样品。按蛋白质含量40mg、50mg、60mg、70mg、80mg、90mg、100mg、110mg分别称取混合均匀的标准蛋白质样于8支50mL纳氏比色管中，然后各加入1mL四氯化碳，再用碱性硫酸铜溶液（①或②）准确稀释至50mL，振摇10min，静置1h，取上层清液离心5min（2000r/min），取离心分离后的透明液于比色皿中，在560nm波长下以蒸馏水作参比液，调节仪器零点并测定各溶液的吸光度值，以蛋白质的含量为横坐标，吸光度值为纵坐标绘制标准曲线。

2. 样品的测定

　　准确称取样品适量（即使得蛋白质含量在40～110mg）于50mL纳氏比色管中，加1mL四氯化碳，按上述步骤显色后，在相同条件下测其吸光度值。用测得的吸光度值在标准曲线上可查得蛋白质的质量（mg），由此求得蛋白质含量。

3．结果计算

$$X = \frac{m \times 100}{m_1}$$

式中　X——样品中蛋白质的含量，mg/100g；

　　　m——由标准曲线上查得的蛋白质含量，mg；

　　　m_1——样品质量，g。

4．试剂

① 碱性硫酸铜溶液。

a. 以甘油为稳定剂，将 10mL 10mol/L 氢氧化钾和 3.0mL 甘油加到 937mL 蒸馏水中，剧烈搅拌（以免生成氢氧化铜沉淀），同时慢慢加入 40mL 14％硫酸铜溶液。

b. 以酒石酸钾钠作稳定剂，将 10mL 10mol/L 氢氧化钾和 20mL 25％酒石酸钾钠溶液加到 930mL 蒸馏水中，剧烈搅拌（否则将生成氢氧化铜沉淀），同时慢慢加入 40mL 4％硫酸铜溶液。

② 四氯化碳。

5．仪器

① 分光光度计。

② 离心机。

6．注意事项

① 蛋白质的种类不同，对发色程度的影响不大。

② 标准曲线做完整之后，无需每次再做标准曲线。

③ 含脂肪高的样品应预先用醚脱脂。

④ 样品中有不溶性成分存在时，会给比色测定带来困难，此时可预先将蛋白质抽出后再进行测定。

⑤ 当肽链中含有脯氨酸时，若有大量糖类共存，则显色不好，测定值偏低。

⑥ 本法灵敏度较低，但操作简单快速，故在生物化学领域中测定蛋白质含量时常用此法。本法亦适用于豆类、油料、米谷等作物种子及肉类等样品的测定。

项目二　测定食品中的氨基酸态氮

一、案例

酱油是百姓家庭不可缺少的调味品，经黄豆等发酵制成的酱油富含人体所需的 18 种氨基酸及多种维生素，但是目前市场上销售的酱油中有一部分是以水加味精及合成色素勾兑而成的，长期食用这种勾兑酱油对肝、肾有毒副作用，合成色素还会影响儿童智力发育，如何鉴别伪劣酱油，测定酱油中氨基酸态氮是一个重要方法。

二、选用的国家标准

GB/T 5009.39—2003 酱油卫生标准的分析方法——甲醛值法。

三、测定方法

1．分析步骤

① 吸取酱油 5.0mL 于 100mL 容量瓶中，用蒸馏水稀释至刻度，吸取混合液 20.0mL

于 200mL 烧杯中，加水 60mL，开动磁力搅拌器，用 0.050mol/L 氢氧化钠滴定至酸度计指示 pH 值为 8.2，记录消耗氢氧化钠标准溶液的体积。

② 向烧杯中继续加入 10.0mL 36％甲醛，混匀后用氢氧化钠标准溶液继续滴定至 pH 值为 9.2，记录消耗氢氧化钠标准溶液的体积。

③ 做空白实验，取实验用水 80mL，其余步骤同上，记录消耗氢氧化钠标准溶液的体积。

2. 结果计算

$$X = \frac{(V_1 - V_2) \times 0.014 \times c}{5 \times V_3 / 100} \times 100$$

式中　X——食品中氨基酸态氮的含量，g/100mL；

　　V_1——测定用试样稀释液加入甲醛后消耗氢氧化钠标准滴定溶液的体积，mL；

　　V_2——试液空白试验加入甲醛后消耗氢氧化钠标准滴定溶液的体积，mL；

　　V_3——试样稀释液取用量，mL；

　　c——氢氧化钠标准滴定溶液的浓度，mol/L；

　0.014——氮的毫摩尔质量，g/mmol。

3. 试剂

① 36％甲醛溶液（不含聚合物）。

② 0.050mol/L 氢氧化钠标准滴定溶液。

4. 实验仪器

① 酸度计。

② 磁力搅拌器。

③ 10mL 微量滴定管。

四、相关知识

（一）食品中氨基酸态氮含量的测定——甲醛值法原理（电位滴定法）

利用氨基酸含有—COOH 显示酸性，又含有—NH₂ 显示碱性的两性性质，当加入甲醛溶液时，—NH₂ 与甲醛结合，固定氨基的碱性，使羧基显示出酸性，就可用氢氧化钠标准溶液滴定—COOH，以间接方法测定氨基酸的量。

本法摘自 GB/T 5009.39—2003《酱油卫生标准的分析方法》，适用于食品中游离氨基酸含量的测定，是国家用于以粮食和其副产品豆饼、麸皮等为原料酿造或配制的酱油中氨基酸态氮分析的方法。

（二）注意事项

① 氨基酸态氮是指以氨基酸形式存在的氮元素的含量。对于酱油来说，该指标越高，说明酱油中的氨基酸含量越高，鲜味越好。

② 固体样品要先进行粉碎，准确称样后用水萃取，然后测定萃取液，萃取在 50℃水浴中进行；液体样品可以直接测定。

五、测定食品中氨基酸态氮的方法

（一）食品中氨基酸态氮的意义

氨基酸态氮是食品检测的一项重要指标，可以作为食品分级的依据，如酱油的等级，按照 GB 18186—2000《酿造酱油》理化标准要求，氨基酸态氮含量如表 5-3 所示。

表 5-3 酱油氨基酸态氮含量要求

项　目	指　标							
	高盐稀态发酵酱油(含固稀发酵酱油)				低盐固态发酵酱油			
	特级	一级	二级	三级	特级	一级	二级	三级
氨基酸态氮（以氮计）/(g/100mL)　≥	0.80	0.70	0.55	0.40	0.80	0.70	0.60	0.40

食品中氨基酸态氮测定的方法包括甲醛值法、比色法。甲醛值法除用电位滴定法进行操作外，还可以用指示剂法进行测定，用指示剂作为反应终点。

（二）双指示剂甲醛法

指示剂分为单指示剂甲醛滴定法和双指示剂甲醛滴定法，前者分析结果稍偏低，后者更为准确，二者实验原理同电位滴定法。

1. 实验步骤

移取含氨基酸为 20～30mg 的样品 2 份，分别置于 250mL 锥形瓶中，各加 50mL 蒸馏水，其中 1 份加入数滴 1g/L 中性红乙醇指示剂，用 0.1mol/L NaOH 标准溶液滴定至琥珀色为终点；另 1 份加入数滴 1g/L 百里酚酞乙醇指示剂及中性甲醛 20mL，摇匀，静置 1min，用 0.1mol/L NaOH 标准溶液滴定至淡蓝色为终点。分别纪录 2 次所消耗的 NaOH 标准溶液的体积（mL）。

2. 结果计算

$$X = \frac{(V_2 - V_1) \times c \times 0.014}{m} \times 100$$

式中　X——氨基酸态氮的质量分数，%；

　　　c——氢氧化钠标准溶液的浓度，mol/L；

　　　V_1——用中性红作指示剂滴定时消耗氢氧化钠标准溶液的体积，mL；

　　　V_2——用百里酚酞作指示剂滴定时消耗氢氧化钠标准溶液的体积，mL；

　　　m——测定用样品溶液相当于样品的质量，g；

　0.014——氮的毫摩尔质量，g/mmol。

3. 注意事项

① 此法中样品颜色较深时，可加适量活性炭脱色后再测定。

② 单指示剂甲醛滴定法，只用百里酚酞指示剂。

（三）比色法简介

在 pH＝4.8 的乙酸钠-乙酸缓冲溶液中，氨基酸态氮与乙酰丙酮和甲醛反应生成黄色的 3,5-二乙酰-2,6-二甲基-1,4-二氢化吡啶氨基衍生物，在波长 400nm 处测定吸光度，与标准系列比较定量。

项目三　测定食品中的氨基酸

一、案例

目前市场上有众多氨基酸保健食品，随着人们生活水平的不断提高，氨基酸类保健食品逐渐成为保健品市场的畅销产品，人体氨基酸模式决定了人们对不同氨基酸的需要量不同，如何能够更好地吸收保健食品中的氨基酸，防止必需氨基酸补充的不合理，需要我们对食品中不同种类的氨基酸含量进行测定，很多国家和地区都采用氨基酸自动分析仪法对食品中各类氨基酸进行定量分析。

二、选用的国家标准

GB/T 5009.124—2003 食品中氨基酸的测定——自动分析仪测定法。

三、测定方法

1. 试样处理

试样用匀浆机匀浆后在低温冰箱中冷冻保存，需要时解冻使用。

2. 称样

准确称取匀浆好的试样，试样蛋白质含量在 10～20mg 范围内。

3. 水解

在水解管中加入 6mol/L 盐酸 10～20mL，含水量高的试样可加入等体积的浓盐酸，加入新蒸馏的苯酚 3～4 滴，再将水解管放入冷冻剂中冷冻 3～5min，然后连接真空泵，抽真空后充入高纯氮气，反复三次拧紧螺丝盖，将充满氮气封口的水解管放在（110±1）℃恒温干燥箱内，水解 22h 后，取出冷却。过滤水解液，多次冲洗水解管，将水解液移入 50mL 容量瓶中定容，吸取 1mL 滤液于 5mL 容量瓶中，用真空干燥器在 40～50℃下干燥，残留物用 1～2mL 水溶解，再干燥，反复两次，最后蒸干，用 1mL pH=2.2 的缓冲溶液溶解，待测。

4. 测定

准确吸取 0.200mL 混合氨基酸标准溶液，用 pH=2.2 的缓冲溶液稀释到 5mL，此标准溶液稀释浓度为 5.00nmol/μL，作为测定用的氨基酸标准溶液，用氨基酸自动分析仪以外标法测定试样液的氨基酸含量。

5. 结果计算

$$X = \frac{c \times 1/50 \times F \times V \times M}{m \times 10^9} \times 100$$

式中　X——试样氨基酸的含量，g/100g；

　　　c——试样测定液中氨基酸的含量，nmol/50μL；

　　　F——试样稀释倍数；

　　　V——水解后试样定容体积，mL；

　　　M——氨基酸的相对分子质量；

　　　m——试样质量，g；

　　1/50——折算成每毫升试样测定的氨基酸含量，μmol/L；

　　10^9——将试样含量由纳克折算成克的系数。

6. 标准图谱

如图 5-4、表 5-4 所示。

表 5-4　氨基酸出峰顺序及保留时间

出峰顺序		保留时间/min	出峰顺序		保留时间/min
1	天冬氨酸	5.55	9	蛋氨酸	19.63
2	苏氨酸	6.60	10	异亮氨酸	21.24
3	丝氨酸	7.09	11	亮氨酸	22.06
4	谷氨酸	8.72	12	酪氨酸	24.52
5	脯氨酸	9.63	13	苯丙氨酸	25.75
6	甘氨酸	12.24	14	组氨酸	30.41
7	丙氨酸	13.10	15	赖氨酸	32.57
8	缬氨酸	16.65	16	精氨酸	40.75

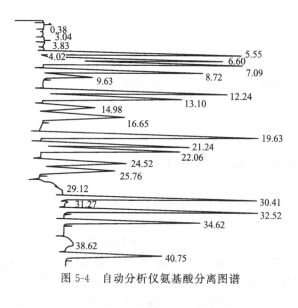

图5-4 自动分析仪氨基酸分离图谱

7. 试剂

① 浓盐酸。

② 6mol/L 浓盐酸：浓盐酸与水 1＋1 混合。

③ 苯酚：需重蒸馏。

④ 0.0025mol/L 混合氨基酸标准溶液。

⑤ 缓冲溶液：pH＝2.2 的柠檬酸钠缓冲溶液，pH＝3.3 的柠檬酸钠缓冲液，pH＝4.0 的柠檬酸钠缓冲溶液，pH＝6.4 的柠檬酸钠缓冲溶液。

⑥ 茚三酮溶液。

a. pH＝5.2 的乙酸锂溶液：氢氧化锂（LiOH·H_2O）168g，加冰乙酸 279mL，加水稀释到 1000mL，用浓盐酸或 500g/L 氢氧化钠溶液调至 pH＝5.2。

b. 茚三酮溶液：取 150mL 二甲基枫（C_2H_6OS）和乙酸锂溶液 50mL 加入 4g 水和茚三酮（$C_9H_4O_3·H_2O$）及 0.12g 还原茚三酮（$C_{18}H_{10}O_6·2H_2O$）搅拌至完全溶解。

⑦ 高纯氮气：纯度 99.99％。

⑧ 冷冻剂：市售食盐与冰 1＋3 混合。

8. 实验仪器

① 真空泵。

② 恒温干燥箱。

③ 水解管：耐压螺盖玻璃管或硬质玻璃管，体积 20～30mL，用去离子水冲洗干净并烘干。

④ 真空干燥器。

⑤ 氨基酸自动分析仪。

四、相关知识

（一）氨基酸自动分析仪检测氨基酸法原理

食品中的蛋白质经过盐酸水解成为氨基酸经氨基酸分析仪的离子交换柱交换后，与茚三酮反应生成蓝紫色化合物，通过分光光度计比色测定氨基酸含量。本法适合天冬氨酸、苏氨酸、丝氨酸、谷氨酸、脯氨酸、甘氨酸、丙氨酸、缬氨酸、蛋氨酸、异亮氨酸、亮氨酸、酪氨酸、苯丙氨酸、组氨酸、赖氨酸和精氨酸共十六种氨基酸的测定，最低检出限为 10pmol。

（二）十六种氨基酸的相对分子质量

天冬氨酸——133.1；苏氨酸——119.1；丝氨酸——105.1；谷氨酸——147.1；脯氨酸——115.1；甘氨酸——75.1；丙氨酸——89.1；缬氨酸——117.2；蛋氨酸——149.2；异亮氨酸——131.17；亮氨酸——131.18；酪氨酸——181.2；苯丙氨酸——165.2；组氨酸——155.2；赖氨酸——146.2；精氨酸——174.2。

（三）常见食品中必需氨基酸、半必需氨基酸含量（如表 5-5 所列）

表 5-5　常见食品中必需氨基酸、半必需氨基酸含量　　　　单位：mg/100g

食物名称	异亮氨酸	亮氨酸	赖氨酸	蛋氨酸	胱氨酸	苯丙氨酸	酪氨酸	苏氨酸	色氨酸	缬氨酸
小麦粉(标准)	500	1060	350	260	330	760	410	110	590	660
粳米	290	510	190	150	180	400	200	190	60	320
玉米面	280	1110	170	190	160	480	270	270	40	460
黄豆	1250	2370	1190	240	540	1860	1330	1190	450	1140
小枣(干)	50	70	50	10	50	60	40	50	10	50
花生(烤)	940	1810	910	300	330	1490	990	750	210	110
猪肉(后臀肉)	700	1470	1560	480	190	750	760	810	60	790
牛肉(臀部)	885	1730	1875	515	210	860	735	985	200	1020
午餐肉	410	700	670	240	80	460	350	390	70	420
羊肉(后腿)	820	1560	1660	600	190	790	740	890	140	1070
鸡腿	610	1320	1410	490	180	580	540	740	140	710
鸡蛋(红皮)	720	1080	840	440	50	680	510	600	200	700
牛乳(光明)	133	271	217	83	23	151	129	110	53	171
带鱼	660	1220	1380	530	180	580	560	730	100	760
草鱼	600	1190	1350	460	150	640	500	660	150	710

思　考　题

1. 为什么用凯氏定氮法测定的蛋白质含量称为粗蛋白？
2. 在样品消化过程中加入的硫酸铜和硫酸钾试剂有什么作用？
3. 在凯氏定氮法测定蛋白质中，为什么要保证仪器连接时要防止漏气？
4. 样品消化过程中颜色发生什么变化？为什么？
5. 蛋白质计算结果为什么要乘以蛋白质换算系数？
6. 在食品中氨基酸态氮含量的测定中为什么用双指示剂甲醛法比单指示剂甲醛法更准确？

任务六　测定食品中的脂类

【技能目标】

1. 会测定食品中的粗脂肪。
2. 会测定食品中的 DHA、EPA。
3. 会测定食品中的磷脂。

【知识目标】

1. 明确常见食品中的脂肪含量，以及测定原理。
2. 明确常见 DHA、EPA 含量较高的食品，以及测定原理。
3. 明确食品中磷脂含量水平，以及测定原理。

项目一　测定食品中粗脂肪

一、案例

豆粉是以大豆为主要原料，采用先进的超微粉碎设备加工而成，它保留了大豆的绝大部分营养，而且富含优质蛋白质、膳食纤维、矿物质，无豆腥味，不含胆固醇，强化补充钙质，豆粉对于现代人来讲更具营养价值；豆粉可以作为制作豆腐、豆浆等产品的原料，也可作为营养强化剂，用于米线、配方乳粉、糊状食品、麦片、烘烤食品、营养粉、糖果、膨化小食品、挂面、方便面、豆乳粉中，不仅提高了产品的营养价值，而且可以利用大豆蛋白的一些功能特性，改善产品的感观，延长保存期。

二、选用的国家标准

GB/T 5009.6—2003 食品中脂肪的测定——索氏提取法。

三、测定方法

1. 滤纸筒制备

用 20cm×8cm 脱脂滤纸卷在直径为 1.5～2cm 的试管外，将下端折叠封口成筒状，在下部置入一块脱脂棉，然后在 (100±5)℃ 干燥箱中烘至恒量。

2. 样品制备

精密称取干燥并研细的固体样品 2～5g，必要时拌以海砂，全部移入滤纸筒内，用一小块脱脂棉擦拭干净所使用的仪器后，放入滤纸筒上部，折叠封口，用脱脂棉线扎紧，防止样品泄漏。

3. 抽提

将包埋好的滤纸筒放入索氏提取筒内，连接已干燥至恒重的脂肪接收瓶，由冷凝管上方注入乙醚或石油醚，至虹吸管高度以上，提取液回流，继续加量至接收瓶体积的 2/3，将接收瓶置于水浴中加热（夏天 65℃，冬天 80℃左右），用一小块脱脂棉轻轻塞入冷凝管上口，进行回流提取，控制每分钟回流液的速度在 120 滴左右（或回流 6～8 次/h），提取时间视试样中粗脂肪含量而定，一般样品提取 6～12h。

4. 回收溶剂、称重

将提脂管下口滴下的乙醚或石油醚滴在滤纸或毛玻璃上，挥发后不留下痕迹表明抽提完全，回收溶剂，取下接收瓶，水浴上蒸干并除尽残余提取液，将接收瓶置于（100±5）℃的干燥箱内干燥 2h，放干燥器内冷却 0.5h 后称重，反复以上操作至恒量（两次称量之差不超过 2mg）。

5. 结果计算

$$X = \frac{m_2 - m_1}{m} \times 100$$

式中　X——脂肪的质量分数，％；

　　　m_1——接收瓶的质量，g；

　　　m_2——接收瓶和粗脂肪的质量，g；

　　　m——试样的质量，g。

6. 试剂

① 无水乙醚（或无水石油醚）。

② 海砂：用水洗去海砂和河砂的泥土，先用盐酸（1+1）煮沸 30min，水洗至中性，再用氢氧化钠（240g/L）煮沸 30min，水洗至中性，经（100±5)℃干燥即可。

7. 实验仪器

① 索氏提取器（见图 6-1）。

② 分析天平。

③ 恒温干燥箱。

④ 恒温水浴锅。

⑤ 脱脂棉、脱脂滤纸、脱脂棉线。

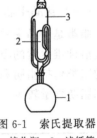

图 6-1　索氏提取器
1—接收瓶；2—滤纸筒；
3—抽提管；4—冷凝管

四、相关知识

（一）食品中脂肪的测定——索氏提取法原理

样品经处理后，用无水乙醚或石油醚等溶剂回流抽提，样品中的脂肪完全溶解于溶剂，将溶剂回收后剩余的残留物即为脂肪，由于提取物中含有磷脂、色素、树脂、固醇、芳香油、糖脂等，用此法测得的脂肪称为粗脂肪；由于结合态脂肪不能溶于乙醚或石油醚，所以测定的脂肪是食品中的游离态脂肪。

本法摘自 GB/T 5009.6—2003，适用于肉制品、豆制品、谷物、坚果、油炸果品、中西式糕点中粗脂肪的测定。此法是经典方法，对大多数样品结果比较可靠，但费时间，溶剂用量大，且需专门的索氏抽提器。

（二）注意事项

① 用溶剂提取食品中的脂类时，要对食品样品进行烘干、防结处理，掺入海砂和加入适量无水硫酸钠都可以使样品成粒状，增加样品的表面积，减小样品含水量，提高提取效率；样品干燥处理，可以提高溶剂的提取效果。

a. 固体样品处理：研磨成细颗粒。

b. 半固体或液体样品：5.0～10.0g 样品于蒸发皿中，加入海砂约 20g，于沸水浴蒸干后，再于 95～105℃干燥箱中烘干、研细。

② 装样品的滤纸筒一定要严密，但勿包扎得太紧，避免影响溶剂渗透；样品放入滤纸筒时高度不要超过回流弯管，防止部分样品中的脂肪不能完全提取，产生误差。

③ 对含糖及糊精高的样品，要先以冷水将糖及糊精溶解，过滤后将残渣连同滤纸一起烘干，再放入抽提管中。

④ 由于乙醚、石油醚属于低沸点、易燃有机溶剂，操作时注意防火，除不能用明火直接加热外，在干燥前也要用水浴除去全部的残余乙醚或石油醚，防止在干燥箱中发生爆炸。

⑤ 乙醚或石油醚要求是无水、无醇、无过氧化物，挥发性残渣含量低，因为水和醇可溶解水溶性盐类、糖类，测定结果偏高；过氧化物导致脂肪氧化，在烘干时也有引起爆炸的危险。

过氧化物的检查：取 6mL 乙醚，加 2mL 10％ KI 溶液，用力振荡，放置 1min 后，若出现黄色，表明有过氧化物存在，应该另选乙醚或处理后再用。

乙醚的处理：乙醚中加入(1/20)～(1/10)体积的 200g/L 硫代硫酸钠溶液洗涤，再用水洗，然后加入少量无水氯化钙或无水硫酸钠脱水，置于水浴蒸馏，蒸馏温度略高于溶剂沸点，至烧瓶内沸腾即可，弃去最初和最后的 1/10 馏出液，收集中间馏出液即可。

⑥ 在抽提时，冷凝管上端最好连接氯化钙干燥管，防止空气中的水分进入，同时避免乙醚的挥发，也可在冷凝管上方塞一团干燥的脱脂棉球。

⑦ 反复加热会因脂类氧化而增重，质量增加时，以增重前的质量作为恒量。

⑧ 蒸发皿及黏附有样品的玻璃棒都用沾有乙醚的脱脂棉擦净，将脱脂棉一同放进滤纸筒内，减小测定误差。

五、测定食品中脂肪的方法

（一）食品中脂类的意义

脂类是食品中重要的营养成分之一，是人体主要的能量来源，提供人体必需脂肪酸，促进脂溶性维生素的吸收，对人体生理功能有重要的意义，同时还赋予食品特殊的风味。食品中的脂类包括脂肪和类脂，脂肪的存在形式有游离态，也有结合态，以游离态脂肪为主，结合态脂肪含量较少。常见食物中的脂肪含量见表 6-1。

表 6-1 常见食物中的脂肪含量　　　　　　　　　　单位：g/100g

食物名称	含量	食物名称	含量	食物名称	含量
小麦面粉(标准粉)	2.5	韭菜	0.4	猪肉(后臀尖)	30.4
粳米(小站稻米)	0.7	大白菜	0.1	午餐肉	30.1
籼米	1.1	油菜	0.5	牛肉(臀部)	2.6
玉米粒	0.8	芹菜	0.2	羊肉(后腿)	4.0
玉米面	1.5	平菇	0.1	鸡腿	7.2
小米	3.0	螺旋藻(干)	3.1	牛乳(液态光明)	3.2
马铃薯	0.2	海带	7.5	全脂乳粉(伊利)	26.0
甘薯	0.2	蜜桃	0.1	奶油	86.0
黄豆	15.9	冬枣	0.2	鸡蛋(红皮)	10.5
白萝卜	0.1	香蕉(海南)	0.2	草鱼	2.6
胡萝卜	0.2	西瓜(地雷瓜)	0.1	带鱼	4.2
四季豆	0.2	山核桃	64.5	巧克力(牛乳)	39.2
番茄	0.2	栗子(山东)	1.0	蜂蜜	1.9
辣椒(青、尖)	0.3	松子(熟)	40.4	花生油	99.9
南瓜	0.1	花生(烤)	46.3	大豆色拉油	99.9

由于脂类不溶于水，溶于有机溶剂，测定脂类的方法常用萃取法，选择低沸点有机溶剂，如乙醚、石油醚、氯仿-甲醇溶剂等。食品脂肪测定的国家标准方法包括索氏提取法、酸水解法，除此之外经常用到的还有罗斯-哥特里氏法、巴布科克氏法和盖勃氏法、氯仿-甲醇提取法等，其中酸水解法可以测定包括结合态脂在内的全部脂肪，罗斯-哥特里氏法适用于乳及乳制品中脂肪的测定。为适应对脂肪快速检测的需要，目前还有仪器法等。

(二) 酸水解法

样品与盐酸溶液一同加热水解，结合或包藏在组织里的脂肪游离出来，再用乙醚或石油醚提取脂肪，蒸发回收溶剂，干燥后称量，提取物的质量即为脂肪含量（游离态及结合态脂肪的总量）。本法摘自 GB/T 5009.6—2003，适用于各类食品中脂肪的分析检测，特别是不能采用索氏提取法的加工后的混合食品，以及容易吸湿、结块、不易烘干的食品，用此法效果较好，测定时间短，在一定程度上可以防止脂类物质的氧化。但对于含磷脂丰富的食品如鱼类、贝类、蛋及蛋制品、多糖类食品不适合，因为磷脂类食物在盐酸溶液中易分解，而多糖遇强酸易炭化，都会影响测定结果。

1. 样品处理

称取固体样品约 2.00g，置于 50mL 大试管内，加 8mL 水，混匀后再加 10mL 盐酸（液体样品则称取 10.00g 置于 50mL 大试管内，加入 10mL 盐酸）。

2. 水解

将试管放入 70～80℃水浴中，每 5～10min 用玻璃棒搅拌一次，经 40～50min 至样品消化完全为止。

3. 提取

取出试管后加 10mL 乙醇，混合促使蛋白质沉淀，冷却后将混合物移入 100mL 具塞量筒中，以 20mL 乙醚分数次洗试管，并将乙醚全部倒入量筒，然后加塞振摇 1min，小心开塞放出气体，再加塞静置 12min，小心开塞，用石油醚-乙醚等量混合液冲洗塞及筒口附着的脂肪，静置 10～20min，上部液体清晰，吸上清液于已恒重的锥形瓶内，再加 5mL 乙醚于具塞量筒内，振摇，静置后，仍将上层乙醚吸出，放入原锥形瓶内。

4. 回收溶剂、称重

将锥形瓶置于水浴上蒸干后，置于 (100±5)℃干燥箱中干燥 2h，取出放入干燥器内冷却 30min 后称量，重复上述操作至恒量。

5. 结果计算

$$X = \frac{m_2 - m_1}{m} \times 100$$

式中　X——样品中脂肪的质量分数，%；

　　m_2——锥形瓶和脂类的质量，g；

　　m_1——空锥形瓶的质量，g；

　　m——试样的质量，g。

6. 试剂

① 乙醇（95%）。

② 乙醚（不含过氧化物）。

③ 石油醚（30～60℃沸程）。

④ 盐酸。

7. 仪器

① 100mL 具塞刻度量筒。

② 50mL 大试管。

③ 锥形瓶。

8. 注意事项

① 待测样品充分磨细，液体样品需充分混合均匀，便于样品水解，如果结合性脂肪不能完全游离，则影响测定结果。

② 水解时应防止大量水分损失，使酸浓度升高，影响测定结果。

③ 水解后加入乙醇，可使蛋白质沉淀，同时促进脂肪球聚合，但乙醇会溶解部分碳水化合物和有机酸。后面用乙醚提取脂肪时，因乙醇可溶于乙醚，故需加入石油醚，降低乙醇在醚中的溶解度，使乙醇溶解物残留在水层，并使分层清晰。

④ 挥干溶剂后，残留物中若有黑色焦油状杂质，是分解物与水一同混入所致，则测定值增大，可用等量的乙酸及石油醚溶解后过滤，再次进行挥干溶剂的操作。

（三）罗斯-哥特里氏法

本法是国际标准化组织（ISO），联合国粮农组织和世界卫生组织（FAO/WHO）为乳及乳制品定量检测的国际标准方法，适用于各种液状乳（生乳、加工乳、部分脱脂乳、脱脂乳等）、各种炼乳、乳粉、奶油及冰淇淋等在碱性溶液中溶解的乳制品，也适用于豆乳或加水后呈乳状的食品。本法利用氨-乙醇溶液将乳类胶体性状及脂肪球膜破坏，将其中非脂成分溶解于氨-乙醇溶液中，使脂肪游离出来，再用乙醚-石油醚提取出脂肪，回收溶剂后，残留物恒量即为乳脂肪。

1. 操作步骤

牛乳 10.00mL 或精密称取乳粉约 1.00g，用 10mL 60℃水，分数次溶解于抽脂瓶中，加入 1.25mL 氨水，充分混匀，置于 60℃水浴中加热 5min，再振摇 2min，加入 10mL 乙醇，充分摇匀，于冷水中冷却后，加入 25mL 乙醚，振摇 30s，加入 25mL 石油醚，再振摇 30s，静置 30min，待上层液澄清时，读取醚层体积，放出一定体积醚层于已恒量的烧瓶中，蒸馏回收乙醚和石油醚，挥干残余醚后，放入（100±5）℃烘箱中干燥 1.5h，取出放入干燥器中冷却至室温后称重，重复操作直至恒量。

2. 结果计算

$$X = \frac{m_2 - m_1}{m} \times \frac{V}{V_1} \times 100$$

式中　X——样品中脂肪的质量分数，%；

m_2——烧瓶和脂肪的质量，g；

m_1——烧瓶质量，g；

m——样品质量，g（或 mL/相对密度）；

V——读取醚层总体积，mL；

V_1——放出醚层体积，mL。

3. 试剂

① 25g/L% 氨水（相对密度 0.91）。

② 96% 乙醇。

③ 乙醚（不含过氧化物）。

④ 石油醚（沸程 30～60℃）。

4. 仪器

具塞量筒或抽脂瓶（见图 6-2）。

图 6-2　抽脂瓶

5. 注意事项

① 乳类脂肪因脂肪球被乳中酪蛋白钙盐包裹，存在于高度分散的胶体分散系中，不能直接被乙醚、石油醚提取，需先用氨水处理，再用乙醚提取，故此法也称为碱性乙醚提取法。

② 乙醇的作用是沉淀蛋白质以防止乳化，并溶解醇溶性物质，使其留在水中避免进入醚层，影响结果。

③ 加入石油醚可以降低乙醚的极性，避免乙醚与水混溶，便于乙醚提取脂肪，并可使分层清晰。

④ 对已结块的乳粉，用本法测定脂肪，其结果往往偏低。

（四）巴布科克氏法和盖勃氏法

这两种方法都是测定乳脂的标准方法，具有操作简便、迅速的特点，由于样品不需要事先烘干，也叫湿法提取，适用于鲜乳及乳制品脂肪的测定。对含糖多的乳品由于硫酸可以使糖发生焦化现象，结果误差较大，不宜采用。本法的基本原理是用浓硫酸溶解乳中的乳糖和蛋白质，同时硫酸使乳中的酪蛋白钙盐转变成可溶性的重硫酸酪蛋白，包裹脂肪球的膜被软化破坏，脂肪游离出来，再通过加热离心，使脂肪完全分离，直接读取脂肪层得到被测乳的含脂率。

1. 测定方法

（1）巴布科克氏法　准确吸取 17.6mL 均匀鲜乳，置于巴布科克氏乳脂瓶中，沿瓶颈壁缓缓注入 17.5mL 浓硫酸，手持瓶颈回旋，使液体充分混匀，直至无凝块并呈均匀的棕色。将乳脂瓶放入离心机，以约 1000r/min 的速度离心 5min，取出加入 60℃ 以上的热水，直至液面达瓶颈基部，于离心机中离心 2min，取出后再加入 60℃ 以上的热水，至液面接近瓶颈刻度标线约 4% 处，再离心 1min。将乳脂瓶置于 55～60℃ 水浴中，待脂肪柱稳定，取出读取脂肪柱最高点与最低点所占的格数，即为样品含脂的百分率。

（2）盖勃氏法　在乳脂计中加入 10mL 硫酸（颈口勿沾湿硫酸），沿管壁缓缓地加入混匀的牛乳 11mL，使样品和硫酸不要混合，再加 1mL 异戊醇，用橡皮塞塞紧，用布包裹瓶口，将瓶口向外向下用力振摇成无颗粒棕色均匀液；瓶口向下静置数分钟后，于 65～70℃ 水浴中放 5min，取出擦干，调节橡皮塞使脂肪柱在乳脂计的刻度内，以 800～1000r/min 的转速离心 5min，取出乳脂计，再置于 65～70℃ 水浴中（注意水浴水面应高于乳脂计脂肪层），5min 后取出立即读数，脂肪层上下弯月形下缘数字之差，即为脂肪的质量分数。

2. 试剂

① 浓硫酸：相对密度 1.813～1.819（20℃），相当于 90%～91% 的硫酸。

② 异戊醇：相对密度 0.809～0.813（20℃），沸程 128～132℃。

3. 仪器

① 巴布科克氏乳脂瓶（见图 6-3）。

② 盖勃氏乳脂计（见图 6-4）。

③ 盖勃氏离心机。

④ 17.6mL 及 11mL 标准移乳管。

4. 注意事项

① 硫酸除可破坏脂肪球膜，使脂肪游离出来外，还可增加液体相对密度，使脂肪容易浮出。但硫酸浓度过高会使乳炭化成黑色溶液而影响读数，浓度过低则不能使酪蛋白完全溶解，使测定值偏低或脂肪层混浊，因此必须按照规定浓度操作。

② 盖勃氏法中所用异戊醇的作用是促使脂肪析出，并能降低脂肪球的表面张力，以利

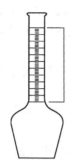

图 6-3　巴布科克氏乳脂瓶

图 6-4　盖勃氏乳脂计

于形成连续的脂肪层。

③ 65～70℃水浴和离心的目的是促使脂肪离析。

④ 巴布科克法中采用 17.6mL 标准吸管取样，实际上注入巴氏瓶中的样品只有 17.5mL，牛乳的相对密度为 1.03，故样品质量为 17.5×1.03＝18g。盖勃氏法所用移乳管为 11mL，实际注入的样品为 10.9mL，样品的质量为 11.25g。

⑤ 罗斯-哥特里氏法、巴布科克法和盖勃氏法都是测定乳脂肪的标准分析方法，其准确度依次降低。

（五）氯仿-甲醇提取法简介

本法适合于结合态脂类，特别是磷脂含量高的食品，如鱼、肉类、贝类、禽、蛋及其制品。其方法是将样品分散于氯仿-甲醇混合溶液中，在水浴中轻微沸腾，氯仿、甲醇和试样中的水分形成三种成分的溶剂，可以把全部脂类提取出来，经过滤除去非脂成分，回收溶剂，再用石油醚提取残留的脂类，蒸馏除去石油醚后定量称重即可得到脂类含量。

（六）仪器法简介

① 乳脂快速测定仪是测定牛乳脂肪比较先进的方法，其原理是螯合剂破坏牛乳中悬浮的酪蛋白胶束，使其溶解，故悬浮物中只有脂肪球，用均质机将脂肪球大小调整均匀（2μm 以下），再稀释达到能够应用朗伯-比尔定律测定的浓度范围，因而可以和通常的光吸收分析一样测定脂肪的浓度。

② 牛乳成分综合分析仪，它是利用红外线分光分析仪同时测定牛乳中的脂肪、蛋白质、乳糖及固体成分和水分的仪器。此仪器的原理是，样品在样品池中恒温、均化后，各成分均匀一致，由于各种成分在红外光谱区域中有各自特定的吸收波长，当红外光束通过不同的滤光片和样品溶液时被选择性地吸收，通过电子转换及参比值和样品值的对比，直接显示出样品中各成分的百分含量。

项目二　测定食品中的 DHA（二十二碳六烯酸）和 EPA（二十碳五烯酸）

一、案例

近年来，被消费者争先购买的"深海鱼油"之类的营养品，其标签上往往可看到"DHA"和"EPA"这两类成分，DHA 为二十二碳六烯酸，EPA 为二十碳五烯酸，均属于多不饱和脂肪酸，深海鱼油中 DHA 和 EPA 含量较高。EPA 和 DHA 能促进神经系统的发育，乳粉中加入 EPA 可抑制脂质在小肠的吸收和胆汁酸的吸收，抑制肝脏脂质和脂蛋白合成，促进胆固醇排泄，降低血液中的甘油三酯、VLDL、LDL 和胆固醇含量，同时增高有益的 HDL 含量，有效防止高脂血症的发生，并可抑制血小板凝聚，减少血栓的形成，DHA 和 EPA 还可以有效增强记忆力，预防老年性痴呆，延缓衰老，改善视力。

二、选用的国家标准

GB/T 5009.168—2003 食品中二十碳五烯酸和二十二碳六烯酸的测定——气相色谱法。

三、测定方法

1. 皂化

取鱼油制品或经过处理的鱼油脂 1g 于 50mL 具塞容量瓶中，加入 10mL 正己烷轻摇使之溶解，并定容，然后吸取 1.00～5.00mL 于另一 10mL 具塞比色管中，再加入 2mol/L 氢氧化钠-甲醇溶液 1mL，振荡 10min，置于 60℃ 水浴中加热 1～2min，皂化完全后，冷却到室温。

2. 甲酯化

将皂化后的样品加入 2mol/L 盐酸-甲醇溶液 2mL，振荡 10min，于 50℃ 水浴中加热 2min，进行甲酯化，弃去下层液体，再加约 2mL 蒸馏水洗净并除去水层，用滴管吸出正己烷层，移至另一装有无水硫酸钠的漏斗中脱水，将脱水后的溶液在 70℃ 水浴上加热浓缩，定容至 1mL，待上机测试用。

标准溶液系列：准确吸取配制好的标准溶液（此溶液含 EPA 和 DHA 各 0.50mg/mL）1.0mL、2.0mL、5.0mL 分别移入 10mL 具塞比色管中，再加入 2mol/L 盐酸-甲醇溶液 2mL，充分振荡 10min，以下步骤同上处理后，此系列标准溶液中 EPA 或 DHA 的浓度依次为 0.5mg/mL、1.0mg/mL、2.5mg/mL，待上机测试用。

3. 气相色谱分析

色谱柱：玻璃柱 1m×4mm (id)，填充涂有 10%DEGS/Chromosorb W DMCS80～100 目的载体。

气体及气体流速：氮气 50mL/min、氢气 70mL/min、空气 100mL/min。

系统温度：色谱柱 185℃、进样口 210℃、检测器 210℃。

4. 测定

（1）标准曲线的制作　分别吸取处理后的标准溶液 1.0μL，注入色谱仪，测得不同浓度 EPA 甲酯、DHA 甲酯的峰高，以浓度为横坐标，相应峰高响应值为纵坐标，得标准曲线。

（2）测定样液　把处理后的样品溶液 1.0～5.0μL 注入气相色谱仪，以保留时间定性，以测得的峰高响应值与标准曲线比较定量。

5. 结果计算

$$X = \frac{A \times V_3 \times V_1}{m \times V_2}$$

式中　X——试样中二十碳五烯酸或二十二碳六烯酸的含量，mg/g；

　　　A——被测定样液中二十碳五烯酸或二十二碳六烯酸的含量，mg/mL；

　　　V_1——鱼油或海鱼类试样皂化前定容体积，mL；

　　　V_2——鱼油或海鱼类试样用于皂化样液体积，mL；

V_3——样液最终定容体积，mL；

m——样品的质量，g。

6. 试剂

① 正己烷。

② 甲醇。

③ 2mol/L 氢氧化钠-甲醇溶液：称取 8g 氢氧化钠溶于 100mL 甲醇中即可。

④ 2mol/L 盐酸-甲醇溶液：把浓硫酸小心滴加在约 100g 氧化钠上，把产生的氯化氢气体通入事先量取好的约 470mL 甲醇中，按质量增加量换算，调制成 2mol/L 盐酸-甲醇溶液，密封保存在冰箱中。

⑤ 二十碳五烯酸和二十二碳六烯酸标准溶液：精密称取 EPA、DHA 各 50.0mg，加入正己烷溶解并定容至 100mL，此溶液含 EPA 和 DHA 各 0.50mg/mL。

7. 仪器

① 气相色谱仪（附有氢火焰离子化检测器）。

② 索氏提取器。

③ 氯化氢发生系统（启谱发生器）。

④ 刻度试管（带分刻度）：2mL、5mL、10mL。

⑤ 组织捣碎机。

⑥ 旋涡式振荡混合器。

⑦ 旋转蒸发仪。

四、相关知识

（一）食品中 EPA 和 DHA 含量测定——气相色谱法原理

油脂经过皂化处理后产生的游离脂肪酸中的 EPA 和 DHA 经过甲酯化后挥发性高，通过色谱柱有效分离，用氢火焰离子化检测器检测，然后用外标法定量可得样液中二者的含量。

本法摘自 GB/T 5009.82—2003，适用于海鱼类食品、鱼油产品和添加 EPA 和 DHA 的食品中二者含量的测定，本方法检出限为 0.1mg/kg。

（二）注意事项

1. 对于食品中添加 EPA 和 DHA 的测定

（1）样品制备　称取样品 10g，置于 60mL 分液漏斗中，用 60mL 正己烷分三次萃取（每次振荡萃取 10min），合并提取液，在 70℃ 水浴中挥发至近干备用。

（2）皂化　正己烷 2～3mL 分两次将处理的浓缩液小心转移到 10mL 具塞比色管中，再加入 2mol/L 氢氧化钠-甲醇溶液 1mL，振荡 10min，置于 60℃ 水浴中加热 1～2min，皂化完全后，冷却到室温即可。

（3）甲酯化　同上操作。

2. 结果计算（食品添加剂）

$$X = \frac{A \times V_3}{m}$$

式中　X——试样中二十碳五烯酸或二十二碳六烯酸的含量，mg/g；

A——被测定样液中二十碳五烯酸或二十二碳六烯酸的含量，mg/mL；

V_3——样液最终定容体积，mL；

m——样品的质量，g。

项目三 测定食品中的磷脂

一、案例

磷脂，是含有磷酸基团的脂类，是生命基础物质，它由卵磷脂、肌醇磷脂、脑磷脂等组成，磷脂是人体细胞中的基本成分，细胞膜含有 30％左右的磷脂，所以磷脂是维持生命活动的基础物质。大豆磷脂是一种混合磷脂，它是由磷脂酰胆碱（卵磷脂）、磷脂酰乙醇胺（脑磷脂）、磷脂酰肌醇（肌醇磷脂）、磷脂酰丝氨酸（丝氨酸磷脂）等成分组成，其中前三种最为典型，具有很高的营养价值和医用价值。

二、选用的国家标准

GB/T 21493—2008 大豆磷脂中磷脂酰胆碱、磷脂酰乙醇胺、磷脂酰肌醇的测定——高效液相色谱法。

三、测定方法

1. 液相系统的平衡

在进样分析前，用流动相平衡液相系统，控制流速为 0.5mL/min，保持基线平稳，样品保留时间稳定。

2. 标准溶液配制

配制浓度为 2mg/mL 的磷脂酰胆碱、磷脂酰乙醇胺和 1mg/mL 的磷脂酰肌醇标准混合液：分别精确称取约 20mg 磷脂酰胆碱、磷脂酰乙醇胺和 10mg 磷脂酰肌醇，用体积比为 8：8：1 的正己醇、异丙醇和 1％乙酸混合液溶解并定容至 10mL，即成标准混合液。

配制不同浓度标准混合液：分别量取上述标准混合溶液 0.25mL、1.25mL、2.50mL、3.75mL、5.00mL，再用混合溶剂定容至 5mL，配制成含磷脂酰胆碱、磷脂酰乙醇胺为 0.1mg/mL、0.5mg/mL、1.0mg/mL、1.5mg/mL、2.0mg/mL，磷脂酰肌醇为 0.05mg/mL、0.25mg/mL、0.50mg/mL、0.75mg/mL、1.00mg/mL 的标准混合液，于低于－16℃密封保存备用。

3. 制作标准工作曲线

分别取上述不同浓度的混合标准溶液各 10μL 注入液相色谱，以各组浓度为横坐标，各组峰值面积为纵坐标，绘制磷脂酰胆碱、磷脂酰乙醇胺和磷脂酰肌醇的标准工作曲线。

4. 样品预处理

称取样品 15～50mg，用体积比为 8：8：1 的正己醇、异丙醇和 1％乙酸混合液溶解并定容至 5mL，于低于－16℃密封保存。

5. 测定条件

色谱条件：Si-60 柱子，长 250mm，内径 4.6mm，填充物粒度 5μm。

流动相流速：1mL/min。

柱温：30℃。

紫外检测波长：205nm。

6. 进样

样液经 0.45μm 微孔膜过滤后，取样液 10μL，注入液相色谱仪，比较样液与标准样品的高效液相色谱图谱，取与标准样品图谱中磷脂酰胆碱、磷脂酰乙醇胺、磷脂酰肌醇相同时间的峰面积与标准曲线比较定量，每一样品测两次以上。

7. 结果计算

$$X = \frac{c \times 5}{m} \times 100$$

式中　X——样品中磷脂酰胆碱、磷脂酰肌醇或磷脂酰乙醇胺含量，g/100g；

　　　c——由标准曲线查出的样液中各被测物浓度，mg/mL；

　　　5——样品定容体积，mL；

　　　m——样品质量，mg。

8. 试剂

① 正己烷：色谱纯。

② 异丙醇：色谱纯。

③ 1%冰醋酸。

④ 磷脂酰胆碱（纯度≥99%）。

⑤ 磷脂酰乙醇胺（纯度≥99%）。

⑥ 磷脂酰肌醇（纯度≥98%）。

9. 仪器

① 液相色谱仪。

② 液相色谱柱：Si-60 柱子，长 250mm，内径 4.6mm，填充物粒度 5μm。

③ 容量瓶：5mL、10mL、100mL。

④ 刻度吸管：0.5mL、1mL、5mL。

⑤ 量筒：100mL、500mL、1000mL。

⑥ 氮气瓶。

四、相关知识

（一）大豆磷脂中磷脂酰胆碱、磷脂酰乙醇胺、磷脂酰肌醇含量测定——高效液相色谱法原理

用多元流动相等度洗脱分配于色谱柱两相中的磷脂酰胆碱、磷脂酰乙醇胺、磷脂酰肌醇组分，在固定相中各组分滞留时间不同，从而进行分离，再用紫外检测器在线检测流出组分，与标准系列溶液进行比较定量。

本法摘自 GB/T 21493—2008，适用于含油大豆磷脂、脱油大豆磷脂中磷脂酰胆碱、磷脂酰乙醇胺和磷脂酰肌醇的测定。

（二）注意事项

① 本实验色谱柱长度和内径可根据实验进行选择。

② 本实验选用的磷脂酰胆碱、磷脂酰乙醇胺和磷脂酰肌醇标准样品来源与所测样品一致。如所测是大豆磷脂，则标准样品也应该来自大豆。

思　考　题

1. 为什么索氏提取法测定的脂肪结果是粗脂肪？测定中需要注意什么问题？

2. 哪些食品适合用酸水解法测定脂肪？为什么？

3. 脂肪测定中使用的乙醚有什么要求？为什么？

4. 气相色谱检测 EPA 和 DHA 的原理是什么？

任务七　测定食品中的碳水化合物

【技能目标】

1. 会测定食品中的还原糖。
2. 会测定食品中的总糖。
3. 会测定食品中的淀粉。
4. 会测定食品中的纤维。
5. 会测定食品中的果胶。

【知识目标】

1. 明确常见的食品中碳水化合物含量，以及营养学意义。
2. 明确食品中还原糖、总糖、淀粉的测定原理。
3. 明确常见食品纤维含量，以及测定原理。
4. 明确食品果胶的测定原理。

项目一　测定食品中的还原糖

一、案例

还原糖是果汁及饮品中较重要的参数之一，其含量的多少是水果原汁的表征指标，该指标可以衡量果汁饮品中原果汁含量的多少，以及鉴别果汁饮品的真伪，因此快速准确地测定果汁饮品中的还原糖，对果汁饮品的质量控制、果汁饮料的食品安全及果汁饮品质量体系标准的建立具有重要的意义。果汁饮品中的还原糖主要来自水果原汁中的果糖、葡萄糖、山梨糖醇等。还原糖是指具有还原性的糖类，包括葡萄糖、果糖、乳糖和麦芽糖分子中含有游离的醛基和游离酮基的糖；其他双糖（如蔗糖）、三糖乃至多糖（如糊精、淀粉等），其本身虽然不具还原性，但可以通过水解而生成相应的还原性单糖，通过测定水解液的还原糖含量可以求得样品中相应糖类的含量，还原糖的测定是一般糖类定量的基础。

二、选用的国家标准

GB/T 5009.7—2008 食品中还原糖的测定——直接滴定法。

三、测定方法

1. 样品处理

（1）乳类、乳制品及含蛋白质的冷食类（雪糕、冰淇淋、豆乳等）　固体样品 2.50～5.00g（液体样品 25.00～50.00mL），置于 250mL 容量瓶中，加 50mL 水摇匀，分别缓慢加入 5mL 乙酸锌和 5mL 铁氰化钾溶液，加水定容后混匀，静置 30min 沉淀，过滤，弃去初滤液，收集滤液待测。

（2）含酒精的饮料 样品 100mL，置于蒸发皿中，用 1mol/L 氢氧化钠溶液中和至中性，水浴蒸发至原体积的 1/4 后，移入 250mL 容量瓶中，加水定容待测。

（3）淀粉含量高的食品 样品 10.00～20.00g，置于 250mL 容量瓶中，加 200mL 水，45℃水浴中加热 1h，时时振摇，冷却后加水定容，混匀，静置，沉淀，吸取 200mL 上清液于另一 250mL 容量瓶中，慢慢加入 5mL 乙酸锌和 5mL 铁氰化钾溶液，加水定容后混匀，静置 30min 沉淀，过滤，弃去初滤液，收集滤液待测。

（4）含 CO_2 的饮料（汽水） 样品 100mL，置于蒸发皿中，水浴除去二氧化碳后，移入 250mL 容量瓶中，用蒸馏水洗涤蒸发皿，洗液并入容量瓶中，加水定容后，待测。

2. 碱性酒石酸铜溶液标定

准确吸取碱性酒石酸铜甲液和碱性酒石酸铜乙液各 5mL 置于 250mL 锥形瓶中，加水 10mL 和玻璃珠数粒，预先从滴定管中滴加约 9mL 葡萄糖标准溶液，加热在 2min 内沸腾，保持沸腾 1min，在沸腾状态以 0.5 滴/s 的速度继续滴加葡萄糖标准溶液，直至蓝色溶液刚好褪去为滴定终点，记录葡萄糖标准溶液消耗的总体积，平行操作三次，取平均值。

计算 10mL 酒石酸铜溶液（甲液、乙液各 5mL）相当于葡萄糖的质量。

$$A = \rho v$$

式中　A——10mL 碱性酒石酸铜溶液（甲液、乙液各 5mL）相当于还原糖的质量，mg；

ρ——葡萄糖标准溶液的浓度，mg/mL；

v——标定时平均消耗葡萄糖标准溶液的总体积，mL。

3. 样品溶液预测定

准确吸取碱性酒石酸铜甲液和碱性酒石酸铜乙液各 5mL 置于 250mL 锥形瓶中，加水 10mL 和玻璃珠数粒，加热在 2min 内沸腾，趁沸以先快后慢的速度从滴定管中滴加样液，滴定时始终保持溶液呈沸腾状态，待溶液蓝色变浅时，以 0.5 滴/s 的速度继续滴定，至溶液蓝色刚好褪去为终点，记录样品溶液消耗的总体积。

4. 样品溶液测定

准确吸取碱性酒石酸铜甲液和碱性酒石酸铜乙液各 5mL 置于 250mL 锥形瓶中，加水 10mL 和玻璃珠数粒，从滴定管中加入比预测时样品溶液消耗总体积少 1mL 的样品溶液，加热在 2min 内沸腾，在沸腾状态以 0.5 滴/s 的速度继续滴加样品溶液，直至蓝色溶液刚好褪去为滴定终点，记录样品溶液消耗的总体积，平行操作三次，取平均值。

5. 结果计算

$$X = \frac{A}{m \times \dfrac{V}{250} \times 1000} \times 100$$

式中　X——试样中还原糖（以葡萄糖计）的含量，g/100g；

m——样品质量，g；

A——10mL 碱性酒石酸铜溶液相当于还原糖（以葡萄糖计）的质量，mg；

V——测定时平均消耗样品溶液的体积，mL；

250——样品溶液的总体积，mL。

6. 试剂

（1）碱性酒石酸铜甲液 15g 硫酸铜（$CuSO_4 \cdot 5H_2O$）及 0.05g 次甲基蓝，溶于水，稀释至 1000mL。

（2）碱性酒石酸铜乙液 50g 酒石酸钾钠及 75g 氢氧化钠，溶于水，再加 4g 亚铁氰化钾，完全溶解后，用水稀释至 1000mL，储存于橡皮塞玻璃瓶中。

（3）乙酸锌溶液 21.9g 乙酸锌，加 3mL 冰乙酸，加水溶解并稀释至 100mL。

（4）亚铁氰化钾溶液（106g/L） 称取 10.6g 亚铁氰化钾，加水溶解稀释至 100mL。

（5）1g/L 葡萄糖标准溶液 取 1.0000g 于（96±2）℃ 干燥 2h，加水溶解后移入 1000mL 容量瓶中，加入 5mL 盐酸，用水定容，此溶液每毫升相当于 1mg 葡萄糖。

7. 仪器

① 碱式滴定管：25mL。

② 可调式电炉：带石棉板。

四、相关知识

（一）食品中还原糖含量测定——直接滴定法原理

一定量的碱性酒石酸铜甲液、乙液等量混合，生成天蓝色的氢氧化铜沉淀，沉淀很快与酒石酸钾钠反应，生成深蓝色的可溶性酒石酸钾钠铜络合物。在加热条件下，以次甲基蓝作为指示剂，用样液滴定经过标定的碱性酒石酸铜溶液，样液中的还原糖与酒石酸钾钠铜反应，生成红色的氧化亚铜沉淀，待二价铜全部被还原后，稍过量的还原糖把次甲基蓝还原，溶液蓝色消失，即为滴定终点，根据样液消耗量可计算还原糖含量。

本法摘自 GB/T 5009.7—2008，是在蓝-爱农容量法的基础上发展起来的，其特点是试剂用量少，操作和计算都比较简便、快速，滴定终点明显，适用于各类食品中还原糖的测定，但在分析测定酱油等深色样品时，因色素干扰，滴定终点常常模糊不清，影响准确性。

（二）滴定反应过程

$$CuSO_4 + 2NaOH \Longrightarrow Cu(OH)_2 + Na_2SO_4$$

还原糖在碱性硫酸铜溶液中的反应比上述反应要复杂得多，并非以上反应式那么简单。由上述反应方程式可以看出，1mol 葡萄糖可以将 6mol Cu^{2+} 还原为 Cu^+，而实际实验结果表明，1mol 葡萄糖只能还原 5mol 多点的 Cu^{2+}，且随反应条件而变化，故不能简单地根据化学反应式直接计算出还原糖含量，而是用已知浓度的葡萄糖标准溶液标定的方法，或利用通过实验编制出的还原糖检索表来计算。

（三）注意事项

① 碱性酒石酸铜的氧化能力较强，醛糖和酮糖都能被氧化，所测得的结果是总还原糖量。

② 本法对糖进行定量分析的基础是确定了碱性酒石酸铜溶液中 Cu^{2+} 的量，据此来确定

消耗的样液量，换算出样液中还原糖的含量，所以在样品处理时，不能使用铜盐作为澄清剂，以免样液中引入 Cu^{2+}，得到错误的结果。

③ 次甲基蓝本是一种氧化剂，其氧化型为蓝色，还原型为无色；但在测定条件下，它的氧化能力比 Cu^{2+} 弱，故还原糖先与 Cu^{2+} 反应，Cu^{2+} 完全反应后，稍微过量一点的还原糖则将次甲基蓝指示剂还原，使之由蓝色变为无色，指示滴定终点。

④ 碱性酒石酸铜甲液和乙液应分别配制储存，用时才混合，因为酒石酸钾钠铜络合物长期在碱性条件下会慢慢分解析出氧化亚铜沉淀，使试剂有效浓度降低。

⑤ 在碱性酒石酸铜乙液中加入少量亚铁氰化钾，它同 Cu_2O 生成可溶性的无色配合物，而不析出红色沉淀，可以消除氧化亚铜沉淀对滴定终点观察的干扰，其反应式如下：

$$Cu_2O + K_4Fe(CN)_6 + H_2O = K_2Cu_2Fe(CN)_6 + 2KOH$$

⑥ 滴定时要保持在沸腾状态，加热可以加快还原糖与 Cu^{2+} 的反应速度；同时次甲基蓝的变色反应是可逆的，还原型次甲基蓝遇到空气中的氧时又会被氧化为其氧化型，再变为蓝色，而氧化亚铜也极不稳定，容易与空气中的氧结合而被氧化，从而增加还原糖的消耗量，加热使反应速度加快，同时防止空气进入，避免次甲基蓝和氧化亚铜的氧化。

⑦ 测定中还原糖液浓度、滴定速度、热源强度、煮沸时间等都对测定的精密度有很大的影响。一般要求样液中还原糖浓度在 0.1% 左右，与标准葡萄糖溶液的浓度相近，预测可了解样液浓度是否合适，通过调整，使预测时消耗样品溶液量在 10mL 左右，预测可知样液的大概消耗量，正式测定时，预先加入比实际用量少 1mL 左右的样品溶液，只留下 1mL 左右样液继续滴定时滴入，可以在短时间内完成滴定工作，提高测定的准确度。热源温度控制在反应液 2min 内达到沸腾状态，避免加热至沸腾所需时间不同，引起蒸发量不同，使反应液碱度发生变化，引入误差。

五、测定食品中还原糖的方法

（一）食品中碳水化合物的意义

碳水化合物是食品工业的主要原料和辅助材料，是大多数食品的主要成分之一。碳水化合物存在的形式多种多样，包括单糖、双糖和多糖，食品工业中的单糖主要有葡萄糖、果糖和半乳糖，它们都是含有 6 个碳原子的多羟基醛或多羟基酮，还有核糖、阿拉伯糖、木糖等戊醛糖等。食品中的双糖主要有蔗糖、乳糖和麦芽糖，其中蔗糖是食品工业中最重要的甜味物质。食品中的多糖主要有淀粉、纤维素、果胶等，淀粉广泛存在于谷类、豆类及薯类中，纤维素集中于谷类的谷糠和果蔬的表皮中，果胶存在于各类植物的果实中。常见食品中碳水化合物含量见表 7-1。

测定食品中糖类的方法很多，常用的有物理法、化学法、色谱法和酶法等。物理法适用于某些特定的样品，如旋光法测定糖浓度，番茄酱中固形物的含量等。化学法是应用最广泛的常规分析法，它包括还原糖法（裴林氏法、高锰酸钾法、铁氰化钾法等）、碘量法、缩合反应等。食品中还原糖、蔗糖、总糖的测定多采用化学法，但此法测定的多是糖的总量，不能确定糖的种类及每种糖的含量。目前利用色谱法可以对样品中的各种糖分进行分离和定量，但未作为常规分析法。

（二）高锰酸钾滴定法

将一定量的样品溶液与过量的碱性酒石酸铜溶液反应，还原糖将 Cu^{2+} 还原为 Cu_2O，抽滤后得到 Cu_2O 沉淀，向 Cu_2O 沉淀中加入过量的酸性硫酸铁溶液，Cu_2O 被氧化溶解，而 Fe^{3+} 被定量地还原为 Fe^{2+}；再用高锰酸钾标准溶液滴定所生成的 Fe^{2+}，根据高锰酸钾溶液的消耗量可计算出 Cu_2O 的量，从附表 7 中查出与氧化亚铜量相当的还原糖量，即可计

表 7-1　常见食品中碳水化合物含量　　　　　　　　　　单位：g/100g

食物名称	含量	食物名称	含量	食物名称	含量
小麦面粉(标准粉)	70.9	韭菜	4.5	猪肉(后臀尖)	0.9
粳米(小站稻米)	79.2	大白菜	2.9	午餐肉	3.3
籼米	78.0	油菜	2.0	牛肉(臀部)	0.9
玉米粒	79.2	芹菜	3.1	羊肉(后腿)	2.4
玉米面	78.4	平菇	3.2	鸡腿	0
小米	77.7	螺旋藻(干)	18.2	牛乳(液态光明)	5.0
马铃薯	17.8	海带	15.3	全脂乳粉(伊利)	45.5
甘薯	15.3	蜜桃	11.0	奶油	1.7
黄豆	37.3	冬枣	27.8	鸡蛋(红皮)	0
白萝卜	4.0	香蕉(海南)	20.8	草鱼	0.5
胡萝卜	8.1	西瓜(地雷瓜)	6.7	带鱼	0
四季豆	6.0	山核桃	21.3	巧克力(牛乳)	49.9
番茄	3.3	栗子(山东)	36.3	蜂蜜	75.6
辣椒(青、尖)	5.2	松子(熟)	40.3	花生油	0.1
南瓜	8.8	花生(烤)	21.2	大豆色拉油	0.1

算出样品中还原糖的含量。

本法摘自 GB/T 5009.7—2008，又称贝尔德蓝（Bertrand）法，适用于各类食品中还原糖的测定，有色样品溶液也不受限制，此法准确度和重现性都优于直接滴定法；但操作复杂、费时，计算测定结果时，需使用特制的高锰酸钾法糖类检索表，反应式如下。

$$Cu_2O + Fe_2(SO_4)_3 + H_2SO_4 === 2CuSO_4 + 2FeSO_4 + H_2O$$
$$10FeSO_4 + 2KMnO_4 + 8H_2SO_4 === 5Fe_2(SO_4)_3 + 2MnSO_4 + K_2SO_4 + 8H_2O$$

Cu_2O 生成过程同直接滴定法。

1. 样品处理

（1）乳类、乳制品及含蛋白质的冷食类　2.00～5.00g 固体样品（液体样品 25.00～50.00mL），置于 250mL 容量瓶中，加 50mL 水，摇匀后加 10mL 碱性酒石酸铜甲液和 4mL 的 1mol/L 氢氧化钠溶液，加水定容后混匀，静置 30min，用干燥滤纸过滤，弃初滤液后其余滤液待测。

（2）含酒精饮料　100mL 样液，置于蒸发皿中，用 1mol/L 氢氧化钠溶液中和至中性，在水浴上蒸发至原体积的 1/4 后，移入 250mL 容量瓶中，加 50mL 水，混匀，以下步骤同上类样品中"加 10mL 碱性酒石酸铜甲液"相同操作。

（3）含淀粉量高的食品　10.00～20.00g 样品，置于 250mL 容量瓶中，加水 200mL，45℃水浴中加热 1h，并不断振摇，取出冷却后定容，混匀，静置，吸取 200mL 上清液于另一个 250mL 容量瓶中，以下步骤同上类样品中"加 10mL 碱性酒石酸铜甲液"相同操作。

（4）含有二氧化碳的饮料（汽水）　100mL 样品，置于蒸发皿中，在水浴上蒸发除去二氧化碳后，移入 250mL 容量瓶中，并用水洗涤蒸发皿，洗液并入容量瓶中，加水至刻度，混匀后待测。

2. 测定

吸取 50mL 处理后的样品溶液于 400mL 烧杯中，加碱性酒石酸铜甲液、乙液各 25mL，盖上表面皿，置电炉上加热，4min 内沸腾，再准确沸腾 2min，趁热用铺好石棉的古氏坩埚或 G₄ 垂熔坩埚抽滤，并用 60℃热水洗涤烧杯及沉淀，至洗液不呈碱性反应为止。将坩埚放回原 400mL 烧杯中，加 25mL 硫酸铁溶液及 25mL 水，用玻璃棒搅拌至氧化亚铜完全溶解，以高锰酸钾标准溶液滴定至微红色为终点，记录高锰酸钾标准溶液的消耗量。

另取 50mL 水代替样品溶液，按上述方法做试剂空白试验，记录空白试验消耗高锰酸钾标准溶液的量。

3. 结果计算

① 根据滴定时消耗高锰酸钾标准溶液的体积，计算相当于样品中还原糖的氧化亚铜的量。

$$X = (V - V_0) \times c \times 71.54$$

式中　X——样品中还原糖的质量相当于氧化亚铜的质量，mg；

V——测定用样品溶液消耗高锰酸钾标准溶液的体积，mL；

V_0——试剂空白消耗高锰酸钾标准溶液的体积，mL；

c——高锰酸钾标准溶液的实际浓度，mol/L；

71.54——1mL 高锰酸钾标准溶液 $[c(1/5KMnO_4) = 1.000mol/L]$ 相当于氧化亚铜的质量，mg。

② 根据上式中计算所得的氧化亚铜质量，查附表 7 得出相当于还原糖的量，再按下式计算样品中还原糖的含量。

$$X = \frac{A}{m \times \dfrac{V_1}{250} \times 1000} \times 100$$

式中　X——样品中还原糖的含量，g/100g；

A——查表得还原糖质量，mg；

m——样品质量（或体积），g(或 mL)；

V_1——测定用样液的体积，mL；

250——样品处理后的总体积，mL。

4. 试剂

（1）碱性酒石酸铜甲液　34.639g 硫酸铜（$CuSO_4 \cdot 5H_2O$），加适量水溶解，加入 0.5mL 硫酸，再加水稀释至 500mL，用精制石棉过滤。

（2）碱性酒石酸铜乙液　173g 酒石酸钾钠和 50g 氢氧化钠，加适量水溶解并稀释到 500mL，用精制石棉过滤，储存于橡胶塞玻璃瓶中。

（3）精制石棉　取石棉先用 3mol/L 盐酸浸泡 2～3 天，用水洗净，再用 400g/L 氢氧化钠浸泡 2～3 天，倾去溶液，再用热碱性酒石酸铜乙液浸泡数小时，用水洗净，再以 3mol/L 盐酸浸泡数小时，用水洗至不呈酸性，加水振荡，使之成为微细浆状软纤维，用水浸泡并储存于玻璃瓶中，即可填充古氏坩埚用。

（4）高锰酸钾标准溶液　0.1000mol/L。

（5）氢氧化钠溶液　1mol/L。

（6）硫酸铁溶液　50g 硫酸铁，加入 200mL 水溶解后，慢慢加入 100mL 硫酸，冷却后加水稀释至 1000mL。

（7）盐酸　3mol/L。

5. 仪器

① 25mL 古氏坩埚或 G_4 垂熔坩埚。

② 真空泵或水泵。

6. 注意事项

① 还原糖能在碱性溶液中将二价铜离子还原为棕红色的氧化亚铜沉淀，而糖本身被氧化为相应的羧酸，这是还原糖定量检测的基础。

② 本法以反应过程中产生的定量的 Fe^{2+} 为结果计算的依据，因此，在样品处理时，不

能用乙酸锌和亚铁氰化钾作为澄清剂，避免引入 Fe^{2+}，造成误差。

③ 操作过程必须严格按规定的操作条件进行，加入碱性酒石酸铜甲液、乙液后，必须控制好热源强度，保证在 4min 内加热至沸，并使每次测定的沸腾时间为 2min，否则误差较大，实验时可先取 50mL 水，碱性酒石酸铜甲液、乙液各 25mL，使其在 4min 内加热至沸，维持热源强度不变，再正式测定。

④ 抽滤和洗涤过程防止氧化亚铜沉淀暴露在空气中，避免氧化，造成误差。

⑤ 实验中所用碱性酒石酸铜溶液是过量的，即保证把所有的还原糖全部氧化后，还有多余 Cu^{2+} 存在，故煮沸后的反应液应呈蓝色，如不呈蓝色，说明样品溶液含糖浓度过高，应调整样品溶液浓度。

（三）葡萄糖氧化酶-比色法

在有氧条件下葡萄糖氧化酶（GOD）催化 β-D-葡萄糖（葡萄糖水溶液状态）氧化，生成 D-葡萄糖酸-δ-内酯和过氧化氢。受过氧化物酶（POD）催化，过氧化氢与 4-氨基安替吡啉和苯酚生成红色醌亚胺，在波长 505nm 处测定醌亚胺的吸光值，可计算出食品中葡萄糖的含量。

$$C_6H_{12}O_6 + O_2 \xrightarrow{\text{GOD}} C_6H_{10}O_6 + H_2O_2$$

$$H_2O_2 + C_6H_5OH + C_{11}H_{13}N_3O \xrightarrow{\text{POD}} C_6H_5NO + H_2O$$

1. 样品处理

（1）不含蛋白质的样品　$1\sim10$g 样品（精确至 0.001g）置于 100mL 烧杯中，加少量重蒸馏水，移至 250mL 容量瓶中，稀释定容，摇匀后用快速滤纸过滤，弃去最初滤液 30mL，收集滤液待测。

（2）含蛋白质的试样　$1\sim10$g 样品（精确至 0.001g）置于 100mL 烧杯中，加少量重蒸馏水，移至 250mL 容量瓶中，加入 0.085mol/L 亚铁氰化钾溶液 5mL、0.25mol/L 硫酸锌溶液 5mL 和 0.1mol/L 氢氧化钠溶液 10mL，用重蒸馏水定容，摇匀后用快速滤纸过滤，弃去最初滤液 30mL，收集滤液待测。

2. 试液吸光度的测定

用微量移液管吸取 $0.50\sim5.00$mL 试液（依试液中葡萄糖的含量而定），置于 10mL 比色管中，加入 3mL 酶试剂溶液，摇匀，在 (36 ± 1)℃的水浴锅中恒温 40min，冷却至室温，用重蒸馏水定容至 10mL，摇匀，用 1cm 比色皿，以等量试液调整分光光度计的零点，在波长 505nm 处，测定溶液的吸光值。

3. 标准曲线的绘制

移取 0、0.20mL、0.40mL、0.60mL、0.80mL、1.00mL 葡萄糖标准溶液，分别置于 10mL 比色管中，各加入 3mL 酶试剂溶液，摇匀，在 (36 ± 1)℃的水浴锅中恒温 40min。冷却至室温，用重蒸馏水定容至 10mL，摇匀，用 1cm 比色皿，以葡萄糖标准溶液含量为 0 的试剂溶液调零点，在波长 505nm 处，测定各比色管中溶液的吸光值，然后以葡萄糖含量为纵坐标，吸光值为横坐标，绘制标准曲线。

4. 结果计算

$$X = \frac{c}{m \times \dfrac{V_2}{V_1}} \times \frac{1}{1000 \times 1000} \times 100$$

式中　X——样品中还原糖的含量，g/100g；

　　　c——标准曲线上查出的试液中葡萄糖的含量，μg；

　　　m——试样的质量，g；

V_1——试液的定容体积，mL；

V_2——测定时吸取试液的体积，mL。

5. 试剂

(1) 组合试剂盒

① 1号瓶：内含 0.2mol/L 磷酸盐缓冲溶液（pH＝7）100mL，其中4-氨基安替吡啉为 0.00154mol/L。

② 2号瓶：内含 0.022mol/L 苯酚溶液 100mL。

③ 3号瓶：内含葡萄糖氧化酶 400U（活力单位）、过氧化物酶 1000U（活力单位）。

1~3号瓶须在 4℃左右保存。

(2) 酶试剂溶液 将1号瓶和2号瓶内容物混合均匀，再将3号瓶的物质溶解其中，轻轻摇动（勿剧烈摇动），使葡萄糖氧化酶和过氧化酶完全溶解，此溶液须在 4℃左右保存，有效期1个月。

(3) 0.085mol/L 亚铁氰化钾溶液 称取 3.7g 亚铁氰化钾 [$K_4Fe(CN)_6 \cdot 3H_2O$]，溶于 100mL 重蒸馏水中，摇匀。

(4) 0.25mol/L 硫酸锌溶液 称取 7.7g 硫酸锌（$ZnSO_4 \cdot 7H_2O$），溶于 100mL 重蒸馏水中，摇匀。

(5) 氢氧化钠溶液 0.1mol/L。

(6) 葡萄糖标准溶液 称取经（100±2）℃烘烤 2h 的葡萄糖 1.0000g，溶于重蒸馏水中，定容至 100mL，摇匀，将此溶液 2mL 用重蒸馏水稀释至 100mL，即为 200μg/mL 葡萄糖标准溶液。

6. 仪器

① 恒温水浴锅。

② 可见光分光光度计。

7. 注意事项

① 本方法为仲裁法，由于本方法中使用的葡萄糖氧化酶（GOD）具有专一性，只能催化葡萄糖水溶液中 β-D-葡萄糖被氧化，因此测定结果比直接滴定法和高锰酸钾滴定法准确，适用于各类食品中葡萄糖的测定，也适合于食品中其他组分转化为葡萄糖的测定，其最低检测限量为 0.01μg/mL。

② 本方法对使用的各种酶的活力有严格的技术要求。

葡萄糖氧化酶酶活力（U/mg）≥20g。

过氧化物酶酶活力（U/mg）≥50g。

葡萄糖氧化酶和过氧化物酶中不得含有纤维素酶、淀粉葡萄糖苷酶、β-果糖苷酶、半乳糖苷酶和过氧化氢酶。

酶活力的检验方法：吸取 0.50mL 葡萄糖标准溶液，置于 10mL 比色管中，加入 100μg 可溶性淀粉、100μg 纤维二糖（生化试剂）、100μg 乳糖和 100μg 蔗糖，再加入 3mL 酶试剂溶液，摇匀，置于在（36±1）℃的水浴锅中恒温 40min。冷却至室温，用重蒸馏水定容至 40mL 摇匀，用 1cm 比色皿，以葡萄糖标准溶液含量为 0 的试剂溶液调整分光光度计的零点，在波长 505nm 处，测定比色管中溶液的吸光值。测定吸光值后，在标准曲线上查出对应的葡萄糖含量，按下式计算葡萄糖的回收率。

$$F = \frac{c}{0.5 \times 200} \times 100$$

式中 F——葡萄糖的回收率，%；

c——葡萄糖含量的实测值，μg。

若测得葡萄糖的回收率在 $95\% \sim 105\%$，则判定葡萄糖氧化酶和过氧化物酶符合要求。

③ 样品处理中，如果试液中葡萄糖含量大于 $300\mu g/mL$ 时，应适当增加定容体积。

（四）蓝-爱农法

蓝-爱农（Lane-Eynon）法是国际上常用的还原糖的标准分析方法，我国制定的标准直接滴定法就是以此方法为基础改良的，此法广泛应用于科研、生产中糖的定量，其实验原理同直接滴定法。

1. 样品处理

同直接滴定法。

2. 样液预测

取费林试剂甲液、乙液各 $5.00mL$ 于 $250mL$ 锥形瓶中，从滴定管中加入样液约 $15mL$，把锥形瓶放在石棉网上加热使其在 $2min$ 内沸腾，维持沸腾 $2min$，加入 3 滴次甲基蓝（如蓝色立即消失，表明糖液浓度太高，应适当增大稀释倍数后再预测），继续滴加样液（滴加速度控制在使糖液维持沸腾状态）至溶液蓝色刚好褪去为终点，继续滴加应控制在 $1min$ 内完成，记录样液消耗总量（包括预先放入的 $15mL$ 样液）。

3. 样液的测定

吸取费林试剂甲液、乙液各 $5.00mL$ 于 $250mL$ 锥形瓶中，预先从滴定管中加入比预测时所消耗的样液总量少 $1mL$ 的样液，加热锥形瓶使之在 $2min$ 内至沸，维持沸腾 $2min$，加入 3 滴次甲基蓝指示剂，再以 0.5 滴/s 的速度继续滴加样液，直至蓝色褪去即为终点，续滴工作应控制在 $1min$ 内完成，记录样液消耗总量。

4. 结果计算

$$X = \frac{F}{m \times \dfrac{V_1}{V} \times 100} \times 100$$

式中　X——试样中还原糖含量，$g/100g$；

　　　V_1——滴定时消耗样液量，mL；

　　　V——样液总量，mL；

　　　m——样品质量，g；

　　　F——还原糖因数，即与 $10mL$ 费林试剂（甲液、乙液各 $5mL$）相当的还原糖量，mg。

5. 试剂

① 费林试剂（碱性酒石酸铜）甲液：同高锰酸钾滴定法。

② 费林试剂乙液：同高锰酸钾滴定法。

③ 其他试剂同直接滴定法。

6. 仪器

① 酸式滴定管。

② 可调电炉。

7. 注意事项

① 本法测定结果用哪种还原糖表示，就应该用哪种还原糖标准溶液标定碱性酒石酸铜溶液；或用蓝-爱农法专用的"还原糖因数表"查得。

② 如果是测定加糖乳制品，蔗糖会使测定结果偏高，故当蔗糖与乳糖的含量比超过 $3:1$ 时，要加以校正。

③ 本法对操作条件要求严格，操作过程注意事项同直接滴定法。

（五）其他方法简介

1. 碘量法

样品经处理后，取一定量样液于碘量瓶中，加入一定量过量的碘液和过量的氢氧化钠溶液，样液中的醛糖在碱性条件下被碘氧化为醛糖酸钠；反应液中过量的碘和氢氧化钠作用生成次碘酸钠，加入盐酸反应液呈酸性时碘析出。用硫代硫酸钠标准溶液滴定析出的碘，则可计算出氧化醛糖消耗的碘量，从而计算出样液中醛糖的含量。

$$I_2 + 2NaOH \rule{0pt}{0pt} = NaIO + NaI + H_2O$$
$$NaIO + NaI + 2HCl \rule{0pt}{0pt} = I_2 + 2NaCl + H_2O$$
$$I_2 + 2Na_2S_2O_3 \rule{0pt}{0pt} = Na_2S_4O_6 + 2NaI$$

在一定范围内，上述反应是完全按化学反应式定量进行的，因此，可以利用化学反应式进行定量计算，而不用经验检索表。从反应式可计算出 1mmol 碘相当于葡萄糖 180mg；麦芽糖 342mg；乳糖 360mg。本法适用于各类食品，如硬糖、异构糖、果汁等样品中葡萄糖的测定，用于醛糖和酮糖共存时单独测定醛糖。

注意事项

① 本法自使用以来，在碱性试剂的选择、反应体系的碱度、反应温度等方面进行了多次改进，主要是为防止酮糖氧化，降低共存的酮糖的影响，同时使碱性条件下醛糖与碘的反应完全按当量反应式进行，以便于计算。

② 当样品中含有乙醇、丙酮等成分时，会消耗碘，影响测定结果，应对样品进行处理。

③ 碘量法分常量法和微量法，主要区别在于测定时样液用量、试剂浓度及用量不同。常量法用样液量 20～25mL，样液含醛糖 0.02%～0.45%；微量法用样液量 5mL，检出量为 0.25～1mg。

④ 此法配合直接滴定法，也可用于葡萄糖和果糖共存时果糖的测定。先用碘的碱性溶液把葡萄糖氧化，过量的碘用硫代硫酸钠溶液滴定除去，然后再用直接滴定法测定果糖的含量。

2. 3,5-二硝基水杨酸（DNS）比色法

还原糖在氢氧化钠和丙三醇存在时，将 3,5-二硝基水杨酸中的硝基还原为氨基，形成 3-氨基-5-硝基水杨酸，在过量氢氧化钠碱性溶液中，该物质呈橘红色，并在 540nm 波长处有最大吸收值，其吸光度与还原糖含量呈线性关系。

本法适用于各类食品中还原糖的测定，具有准确度高、操作简单、快速等特点，特别适合大批样品的测定，分析结果与直接滴定法基本一致。

注意事项

① 本方法自提出后，对 3,5-二硝基水杨酸试剂的组成和配制比例进行了多次改进，现在普遍使用的配方是：6.5g 3,5-二硝基水杨酸溶于少量水中，移入 1000mL 容量瓶中，加入 2mol/L 氢氧化钠溶液 325mL，再加 45g 丙三醇，摇匀，冷却定容。

② 对于酸性样品可用 2% 氢氧化钠溶液调制中性。

③ 试剂不宜放置过久，以免影响结果准确性。

项目二　测定食品中的蔗糖

一、案例

由于糖尿病患者人数的增加，"无糖食品"需求量的市场不断扩大，但是在对无糖食品的检

测中发现，某些无糖食品中蔗糖含量超标在十几倍以上，在国家《预包装特殊膳食用食品标签通则》中规定，"无糖"的要求是指每 100g 或 100mL 的固体或液体食品中含糖量不高于 0.5g，含糖量超标，而且超标 10 多倍，会给食用它的糖尿病患者带来严重后果。

二、选用的国家标准

GB/T 5009.8—2008 食品中蔗糖的测定——酸水解法。

三、测定方法

1. 样品处理

同直接滴定法测定还原糖进行操作。

2. 测定

吸取处理后的样品溶液 2 份各 50mL，分别放入 100mL 容量瓶中，一份加入 5mL (1+1) 盐酸溶液（200g/L），置 68～70℃ 水浴中加热 15min，取出迅速冷却至室温，加 2 滴甲基红指示剂，用 20% NaOH 溶液中和至中性，加水定容，混匀；另一份直接用水稀释到 100mL。

然后按直接滴定法测定还原糖含量进行操作。

3. 结果计算

$$X = \frac{F\left(\dfrac{100}{V_2} - \dfrac{100}{V_1}\right)}{m \times \dfrac{50}{250} \times 1000} \times 100 \times 0.95$$

式中　X——蔗糖质量分数，%；

F——10mL 酒石酸钾钠铜溶液相当于转化糖的质量，mg；

V_2——测定时消耗未经水解的样品稀释液的体积，mL；

V_1——测定时消耗经过水解的样品稀释液的体积，mL；

m——样品质量，g；

0.95——转化糖换算为蔗糖的系数。

4. 试剂

① (1+1) 盐酸溶液。

② 甲基红指示剂：0.1g 甲基红，用 60% 乙醇溶解并定容到 100mL。

③ 氢氧化钠溶液（200g/L）。

④ 0.1% 转化糖标准溶液：纯蔗糖 1.900g（105℃ 烘干至恒重的蔗糖），用水溶解并移入 1000mL 容量瓶中，定容，混匀后，取 50mL 于 100mL 容量瓶中，加 (1+1) 盐酸溶液 5mL，在 68～70℃ 水浴中加热 15min，取出迅速冷却，加甲基红指示剂 2 滴，用 20% NaOH 溶液调至中性，加水定容，混匀，此溶液含转化糖 1mg/mL。

⑤ 其他试剂同还原糖测定中的直接滴定法。

5. 仪器

同还原糖测定。

四、相关知识

(一) 食品中蔗糖含量测定——酸水解法原理

脱脂后的样品，用水或乙醇提取，提取液经澄清处理除去蛋白质等杂质后，用稀盐酸进行水解,使蔗糖转化为还原糖,再按还原糖测定方法分别测定水解前后样液中还原糖的含量,两者之差即为由蔗糖水解产生的还原糖量,再乘以换算系数 0.95 即为蔗糖含量。

本法适用于各种食品蔗糖含量的测定,本法规定的水解条件,只能使蔗糖完全水解,而其他双糖和淀粉水解很少,可忽略不计。

(二) 注意事项

① 本法的水解条件一定要严格控制,因为果糖在酸性条件下容易分解,所以样品溶液体积,酸的浓度及用量,水解温度和水解时间都不能随意改动,到达规定时间后应迅速冷却。

② 根据蔗糖的水解反应,水解后生成两分子单糖,其相对分子质量之和为 360,而蔗糖相对分子质量为 342,故 1g 转化糖相当于 0.95g 蔗糖。

③ 用还原糖法测定蔗糖时,为减少误差,测得的还原糖含量应以转化糖表示,选用直接滴定法,应采用 0.1% 标准转化糖溶液标定碱性酒石酸铜溶液。

五、测定食品中蔗糖的方法

(一) 食品中蔗糖的意义

在食品生产中,测定蔗糖的含量可以判断食品加工原料的成熟度,鉴别白糖、蜂蜜等食品原料的品质,以及控制糖果、果脯、加糖乳制品等产品的质量指标。但蔗糖是葡萄糖和果糖组成的双糖,没有还原性,不能用碱性铜盐直接测定,通过一定条件处理,蔗糖水解为具有还原性的葡萄糖和果糖,可以用还原糖测定方法测定蔗糖含量。食品中蔗糖的测定方法除酸水解方法外,还有酶-比色法。

(二) 酶-比色法

在 β-D-果糖苷酶(β-FS)催化下,蔗糖被酶解为葡萄糖和果糖。葡萄糖氧化酶(GOD)在有氧条件下,催化 β-D-葡萄糖(葡萄糖水溶液状态)氧化,生成 D-葡萄糖酸-δ-内酯和过氧化氢。受过氧化物酶(POD)催化,过氧化氢与 4-氨基安替吡啉和苯酚生成红色醌亚胺。在波长 505nm 处测定醌亚胺的吸光度,计算食品中蔗糖的含量。本法适用于各类食品中蔗糖的测定,由于 β-D-果糖苷酶具有专一性,只能催化蔗糖水解,不受其他糖干扰,因此比盐酸水解法准确,最低检出限量为 $0.04\mu g/mL$。

$$C_{12}H_{22}O_{11} + H_2O \xrightarrow{\beta\text{-FS}} C_6H_{12}O_6(G) + C_6H_{12}O_6(F)$$

$$C_6H_{12}O_6(G) + O_2 \xrightarrow{GOD} C_6H_{10}O_6 + H_2O_2$$

$$H_2O_2 + C_6H_5OH + C_{11}H_{13}N_3O \xrightarrow{POD} C_6H_5NO + H_2O$$

1. 试液的制备

同葡萄糖氧化酶比色法中样液的制备。

2. 标准曲线的绘制

用微量移液管取 0、0.20mL、0.40mL、0.60mL、0.80mL、1.00mL 蔗糖标准溶液,分别置于 10mL 比色管中,各加入 1mL β-D-果糖苷酶试剂溶液,摇匀,在 (36 ± 1)℃的水浴锅中恒温 20min,取出后加入 3mL 葡萄糖氧化酶-过氧化物酶试剂溶液,在 (36 ± 1)℃的水浴锅中恒温 40min,冷却至室温,用重蒸馏水定容,摇匀。用 1cm 比色皿,以蔗糖标准溶液含量为 0 的试剂溶液调整分光光度计的零点,在波长 505nm 处,测定各比色管中溶液的吸光度,以蔗糖含量为纵坐标,吸光度为横坐标,绘制标准曲线。

3. 试液吸光度的测定

0.20～5.00mL 试液（依试液中蔗糖的含量而定），置于 10mL 比色管中，加入 1mL β-D-果糖苷酶试剂溶液，摇匀，在（36±1）℃的水浴锅中恒温 20min，取出后加入 3mL 葡萄糖氧化酶-过氧化物酶试剂溶液，在（36±1）℃的水浴锅中恒温 40min，冷却至室温，用重蒸馏水定容，摇匀。用 1cm 比色皿，以等量试液调整分光光度计的零点，在波长 505nm 处，测定比色管中溶液的吸光度。测出试液吸光度后，以蔗糖含量为纵坐标，吸光度为横坐标，绘制标准曲线，在标准曲线上查出对应的蔗糖含量。

4. 结果计算

$$X = \frac{c}{m \times \dfrac{V_2}{V_1}} \times \frac{1}{1000 \times 1000} \times 100$$

式中　X——样品中蔗糖的质量分数，%；

　　　c——在标准曲线上查出的试液中蔗糖的含量，μg；

　　　m——试样的质量，g；

　　　V_1——试液的定容体积，mL；

　　　V_2——测定时吸取试液的体积，mL。

5. 试剂

（1）组合试剂

1 号瓶：内含 β-D-果糖苷酶 400U（活力单位）、柠檬酸、柠檬酸三钠。

2 号瓶：内含 0.2mol/L 磷酸盐缓冲液（pH=7.0）100mL，其中含 4-氨基安替吡啉 0.00154mol/L。

3 号瓶：内含 0.022mol/L 苯酚溶液 200mL。

4 号瓶：内含葡萄糖氧化酶 800U（活力单位）、过氧化物酶 2000U（活力单位）。

1～4 号瓶须在 4℃左右保存。

（2）酶试剂溶液

① 将 1 号瓶中的物质用重蒸馏水溶解，使其体积为 66mL，轻轻摇动，使酶完全溶解，此溶液即为 β-D-果糖苷酶试剂，其中柠檬酸（缓冲溶液）浓度为 0.1mol/L，pH=4.6，在 4℃左右保存，有效期 1 个月。

② 将 2 号瓶与 3 号瓶中的溶液充分混合。

③ 将 4 号瓶中的酶溶解在上述混合液中，轻轻摇动（勿剧烈摇动），使酶完全溶解，即为葡萄糖氧化酶-过氧化物酶试剂溶液，在 4℃左右保存，有效期 1 个月。

（3）0.85mol/L 亚铁氰化钾溶液　称取 3.7g 亚铁氰化钾，溶于 100mL 重蒸馏水中，摇匀。

（4）0.25mol/L 硫酸锌溶液　称取 7.7g 硫酸锌（$ZnSO_4 \cdot 7H_2O$），溶于 100mL 重蒸馏水中，摇匀。

（5）氢氧化钠溶液　0.1mol/L。

（6）蔗糖标准溶液　称取经（100±2）℃烘烤 2h 的蔗糖 0.4000g，溶于重蒸馏水中，定容至 100mL，摇匀。将此溶液 10mL 用重蒸馏水稀释至 100mL，即为 400μg/mL 蔗糖标准溶液。

6. 仪器

① 分析筛。

② 研钵或粉碎机。

③ 组织捣碎机。

④ 恒温水浴锅。

⑤ 可见光分光光度计。

⑥ 微量移液管。

7. 注意事项

① 本方法对 β-D-果糖苷酶、葡萄糖氧化酶、过氧化物酶有严格的技术要求。酶活力要求如下：β-D-果糖苷酶酶活力（U/mg）$\geqslant$100；葡萄糖氧化酶酶活力（U/mg）$\geqslant$20；过氧化物酶酶活力（U/mg）$\geqslant$50。

② 各种酶都不得含有纤维素酶、淀粉葡萄糖苷酶、半乳糖苷酶和过氧化氢酶。

项目三 测定食品中的总糖

一、案例

食品中的总糖含量是反应食品质量的一个重要标准，一些企业为降低产品成本，在食品生产中用甜味剂代替总糖，增加食品的甜度，按照中华人民共和国行业标准 SB/T 10088—92《苹果酱》要求，苹果酱中总糖含量（以转化糖计％)$\geqslant$45％。

二、选用的国家标准

总糖的测定通常以还原糖的测定方法为基础，因此选用 GB/T 5009.7—2008 食品中还原糖的测定。

三、测定方法

1. 样品处理
同直接滴定法测定还原糖的操作。

2. 测定
按测定蔗糖的方法水解样品，然后按直接滴定法测定还原糖含量操作进行。

3. 结果计算

$$X（以转化糖计）= \frac{F}{m \times \dfrac{50}{V_1} \times \dfrac{V_2}{100} \times 1000} \times 100$$

式中 X——试样中总糖（以转化糖计）的质量分数，％；

F——与 10mL 碱性酒石酸铜溶液相当的转化糖的质量，mg；

V_1——样品处理液的总体积，mL；

V_2——测定时消耗样品水解液的体积，mL；

m——样品质量，g。

4. 试剂
同蔗糖试剂。

5. 仪器
同蔗糖测定。

四、相关知识

（一）食品中总糖含量测定——直接滴定法原理
样品经处理除去蛋白质等杂质后，加入盐酸，在加热条件下蔗糖水解为还原性单糖，可利用直接滴定法测定水解后样品中的还原糖总量。

本法适用于各种食品中总糖的测定，但总糖中不包括淀粉，因为在本测定条件下，淀粉的水解非常微弱，故忽略不计。

（二）注意事项

① 总糖的水解条件同蔗糖一样，必须严格控制水解时间，以保证还原糖能完全水解，而其他多糖不水解，单糖不分解。

② 总糖测定结果一般以转化糖或葡萄糖计，要根据产品的质量指标要求而定。如用转化糖表示，应该用标准转化糖溶液标定碱性酒石酸铜溶液；如用葡萄糖表示，则应该用标准葡萄糖溶液标定碱性酒石酸铜溶液。

五、测定食品中总糖的方法

（一）食品中总糖的意义

食品中含有多种糖类，食品中的总糖通常是指具有还原性的糖（葡萄糖、果糖、乳糖、麦芽糖等）和在测定条件下能水解为还原性单糖的蔗糖的总量。作为食品生产中的常规分析项目，总糖反映的是食品中可溶性单糖和低聚糖的总量，总糖的含量对产品的感官质量、组织形态、营养价值、成本等有一定影响，因此许多食品如麦乳精、糕点、果蔬罐头、饮料等的质量指标中都有总糖这一项。

食品中总糖测定方法包括直接滴定法、蒽酮比色法等。

（二）蒽酮比色法

单糖类遇浓硫酸时，脱水生成糠醛衍生物，它与蒽酮缩合成蓝绿色的化合物，当糖的量在 20～200mg 范围内时，其呈色强度与溶液中糖的含量成正比，故可比色定量。该法是微量法，适合于含微量碳水化合物的样品，具有灵敏度高、试剂用量少等特点。

1. 标准曲线的制作

称取 1.0000g 葡萄糖，用水定容到 1000mL，从中吸取 1mL、2mL、4mL、6mL、8mL、10mL 分别移入 100mL 容量瓶中，用水定容，即得 10mg/mL、20mg/mL、40mg/mL、60mg/mL、80mg/mL、100mg/mL 葡萄糖系列标准溶液。吸取系列标准溶液和蒸馏水各 2mL，分别放入 7 支具塞比色管中，沿管壁各加入蒽酮试剂 10mL，立即摇匀。放入沸水浴中准确加热 10min，取出并迅速冷却至室温，在暗处放置 10min，用 1cm 比色杯，以零管调零点，在 620nm 波长下测定吸光度，绘制标准曲线。

2. 样液测定

吸取样品溶液（含糖 20～80mg/mL）和蒸馏水各 2mL，分别放入 2 支具塞比色管中，其余方法同上，测定吸光值，根据样品溶液的吸光值查标准曲线，得出含糖量。

3. 结果计算

$$X = c \times 稀释倍数 \times 10^{-4}$$

式中　X——样品总糖（以葡萄糖计）的质量分数，%；

　　　c——从标准曲线查得的糖浓度，mg/mL；

　　10^{-4}——将 mg/mL 换算为%的系数。

4. 试剂

① 10～100mg/mL 葡萄糖系列标准溶液。

② 0.1%蒽酮溶液：0.1g 蒽酮和 1.0g 硫脲，溶于 100mL 72%硫酸中，储存于棕色瓶中，于 0～4℃下存放。

5. 注意事项

① 该法有几种不同的操作步骤，主要差别在于蒽酮试剂中硫酸的含量（66%～95%）、取样液量（1～5mL）、蒽酮试剂用量（5～20mL）、沸水浴中反应时间（6～15min）和显色时间（10～30min），这几个操作条件之间是有联系的，不能随意改变其中任何一个，以免影响分析结果。

② 反应液中硫酸的含量高达60%以上，在此酸度条件下，于沸水浴中加热，样品中的双糖、淀粉等会发生水解，再与蒽酮发生显色反应。因此测定结果是样品溶液中单糖、双糖和淀粉的总量。

③ 蒽酮试剂不稳定，易被氧化变为褐色。一般蒽酮试剂应现用现配，加入硫脲是作为稳定剂，在冷暗处可保存48h。

④ 本法要求控制条件严格，防止误差出现，同时要求样品溶液必须清澈透明，加热后不应有蛋白质沉淀，如样品溶液色泽较深，可用活性炭脱色。

项目四　测定食品中的淀粉

一、案例

火腿肠是人们日常生活中经常食用的一种肉类食品，它以畜禽肉为主要原料，辅以填充剂如淀粉、植物蛋白粉等，然后再加入调味品、香辛料、品质改良剂、护色剂、保水剂、防腐剂等物质，采用腌制、斩拌、高温蒸煮等加工工艺制成。具有肉质细腻、鲜嫩爽口、携带方便、食用简单、保质期长的特点。火腿肠里加淀粉，有助于降低成本，但却影响质感。火腿肠国家标准就是按照蛋白质、脂肪和淀粉的含量来对火腿肠进行分级的，等级越高含有的脂肪和淀粉就越少。GB/T 20712—2006《火腿肠》对淀粉的要求是，特级火腿肠≤6%，优级≤8%，普通级≤10%，无淀粉≤1%。

二、选用的国家标准

GB/T 5009.9—2008 食品中淀粉的测定——酶水解法。

三、测定方法

1. 试样的制备

2.00～5.00g 试样，置于放有折叠滤纸的漏斗内，先用50mL乙醚分5次洗除脂肪，再用约100mL乙醇（85%）洗去可溶性糖类，将残留物移入250mL烧杯内，并用50mL水洗滤纸及漏斗，洗液并入烧杯中，将烧杯置于沸水浴中15min，使淀粉糊化，放冷至60℃以下，加20mL淀粉酶溶液，在55～60℃保温1h，并不时搅拌，然后取1滴此液加1滴碘溶液，应不显蓝色，如果显蓝色，再加热糊化并加20mL淀粉酶溶液，继续保温，直至加碘不显蓝色为止。加热至沸，冷却后移入250mL容量瓶中，加水定容，混匀，过滤，弃去初滤液，取50mL滤液，置于250mL锥形瓶中，加5mL盐酸（1+1），装上回流冷凝器，在沸水浴中回流1h，冷却后加2滴甲基红指示液，用氢氧化钠溶液（200g/L）中和至中性，溶液转入100mL容量瓶中，洗涤锥形瓶，洗液并入100mL容量瓶中，加水定容，混匀待测。

2. 测定方法

按GB/T 5009.7—2008中直接滴定法测定还原糖操作进行。同时量取50mL水及与试样处理时相同量的淀粉酶溶液，按同一方法做试剂空白试验。

3. 结果计算

$$X = \frac{(A_1 - A_2) \times 0.9}{m \times \dfrac{50}{250} \times \dfrac{V}{100} \times 1000} \times 100$$

式中　X——试样中淀粉的含量，g/100g；

　　　A_1——测定用试样中还原糖的质量，mg；

　　　A_2——试剂空白中还原糖的质量，mg；

　　0.9——还原糖（以葡萄糖计）换算成淀粉的换算系数；

　　　m——称取试样的质量，g；

　　　V——测定用试样处理液的体积，mL。

4. 试剂

① 乙醚。

② 淀粉酶溶液（5g/L）：淀粉酶 0.5g，加 100mL 水溶解，加入数滴甲苯或三氯甲烷，防止长霉，储于冰箱中。

③ 碘溶液：3.6g 碘化钾溶于 20mL 水中，加入 1.3g 碘，溶解后加水稀释至 100mL。

④ 85%乙醇。

⑤ 盐酸（1+1）。

⑥ 200g/L 氢氧化钠溶液。

⑦ 甲基红指示液：甲基红 0.10g，用少量乙醇溶解后，稀释至 100mL。

⑧ 其余试剂同还原糖直接滴定法。

5. 仪器

同还原糖直接滴定法。

四、相关知识

(一) 食品中淀粉含量的测定——酶水解法原理

试样经除去脂肪和可溶性糖类后，其淀粉用淀粉酶水解成双糖，再用盐酸将双糖水解成单糖，最后按照还原糖测定，并折算成淀粉。

本法摘自 GB/T 5009.9—2008 食品中淀粉的测定，适用于食品中淀粉含量的测定。

(二) 注意事项

① 在重复性条件下获得的两次独立测定结果的绝对差值不得超过算术平均值的 10%。

② 脂肪会抑制酶对淀粉的作用及对可溶性糖类的去除，所以脂肪含量高的样品需要用乙醚脱脂。

③ 加热糊化破坏了淀粉的晶格结构，有利于被淀粉酶水解。已经加热处理过的食品，测定淀粉前还需要将样品再次糊化，因为老化淀粉不易被酶水解。

④ 使用淀粉酶前，应预先确定淀粉酶的活力及水解时的加入量，具体方法是用已知浓度的淀粉溶液，加一定量的淀粉酶溶液，置于 55~60℃ 水浴中保温 1h，用碘液检验淀粉是否水解完全，从而确定酶活力和加入量。

五、测定食品中淀粉的方法

(一) 食品中淀粉的意义

淀粉是一种多糖，它广泛存在于植物的根、茎、叶、种子等组织中，是人类食物的重要组成部分，也是供给人体热能的主要来源。淀粉在食品工业中用途广泛，常作为食品的原辅料，如糖果制造中作为填充剂，雪糕等冷饮食品中作为稳定剂，午餐肉、香肠等肉类罐头中作为增稠剂，以增加制品的结着性和持水性，在面包、饼干、糕点生产中用来调节面筋浓度和胀润度，使面团具有适合于工艺操作的物理性质等，因此淀粉含量作为某些食品主要的质量指标，是食品生产管理中常做的分析检测项目。

测定食品中淀粉含量的方法包括酶水解法、酸水解法。

（二）酸水解法

样品经乙醚除去脂肪、乙醇除去可溶性糖类后，用酸水解淀粉为葡萄糖，按还原糖测定方法测定还原糖含量，再折算为淀粉含量。

本法摘自 GB/T 5009.9—2008，适用于淀粉含量较高，而半纤维素和多缩戊糖等其他多糖含量较少的样品。对富含半纤维素、多缩戊糖及果胶质的样品，因水解时它们也被水解为木糖、阿拉伯糖等还原糖，使测定结果偏高。该法操作简单、应用广泛，但选择性和准确性不及酶法。

1. 样品处理

（1）粮食、豆类、糕点、饼干等较干燥、易研细的样品　称取 2.00～5.00g（含淀粉 0.5g 左右）磨碎，过 40 目筛的样品，置于放有慢速滤纸的漏斗中，用 30mL 乙醚分 3 次洗去样品中的脂肪，弃去乙醚，再用 150mL 85％乙醇分数次洗涤残渣除去可溶性糖类，以 100mL 水把漏斗中的残渣全部转移至 250mL 锥形瓶中。

（2）蔬菜、水果、粉皮、凉粉等水分较多、不易研细、分散的样品　洗净、晾干、取可食部分按 1∶1 加水在组织捣碎机中捣成匀浆，称取 5.00～10.00g（含淀粉 0.5g 左右）匀浆，于 250mL 锥形瓶中，加 30mL 乙醚振荡提取脂肪，用滤纸过滤除去乙醚，再用 30mL 乙醚分两次洗涤滤纸上的残渣，然后以 150mL 85％乙醇分数次洗涤残渣，以除去可溶性糖类，以 100mL 水把残渣转移到 250mL 锥形瓶中。

2. 水解

上述 250mL 锥形瓶中加入 30mL 盐酸（1＋1），装上冷凝管，置沸水浴中回流 2h。回流完毕，立即用流动水冷却。待样品水解液冷却后，加入 2 滴甲基红指示液，先用氢氧化钠溶液（400g/L）调至黄色，再用盐酸（1＋1）调至水解液刚好变为红色，再用氢氧化钠溶液（100g/L）调到红色刚好褪去，若水解液颜色较深，可用精密 pH 试纸测试，使样品水解液的 pH 值约为 7，然后加入 20mL 乙酸铅溶液（200g/L），摇匀后放置 10min，使蛋白质、果胶等杂质沉淀，再加入 20mL 硫酸钠溶液（100g/L），以除去过多铅，摇匀后用水转移至 500mL 容量瓶中，用水洗涤锥形瓶，洗液合并于容量瓶中，加水定容，过滤，弃去初滤液 20mL，收集滤液待测。

空白试验：取 100mL 水和 30mL 盐酸（1＋1）于锥形瓶中，按上述方法操作，得试剂空白液。

3. 样品测定

按 GB/T 5009.7—2008 食品中还原糖的测定——直接滴定法进行。

4. 结果计算

$$X = \frac{(A_1 - A_2) \times 0.9}{m \times \dfrac{V}{500} \times 1000} \times 100$$

式中　X——试样中淀粉的含量，g/100g；

　　　A_1——测定用试样中水解液还原糖的质量，mg；

　　　A_2——试剂空白中还原糖的质量，mg；

　　m——称取试样的质量，g；

　　V——测定用试样水解液的体积，mL；

　0.9——还原糖（以葡萄糖计）换算成淀粉的换算系数；

　500——测定用试样水解液的体积，mL。

5. 试剂

① 乙醚。

② 85%乙醇。

③ 盐酸（1+1）。

④ 氢氧化钠溶液（100g/L）。

⑤ 氢氧化钠溶液（400g/L）。

⑥ 甲基红指示液。

⑦ 乙醇溶液（2g/L）。

⑧ 乙酸铅溶液（200g/L）。

⑨ 硫酸钠溶液（100g/L）。

⑩ 精密pH试纸（6.8～7.2）。

⑪ 其余试剂同测定还原糖直接滴定法。

6. 仪器

① 水浴锅。

② 高速组织捣碎机。

③ 回流装置并附250mL锥形瓶。

7. 注意事项

① 样品中脂肪含量较高时，会妨碍乙醇溶液对可溶性糖类的提取，可用乙醚除去。

② 对半纤维素含量高的食品如食物壳皮等，由于盐酸水解淀粉的专一性较差，它可同时将样品中的半纤维素水解，生成一些还原物质，引起测定的误差，因而不宜采用此法。

③ 样品中加入乙醇溶液后，混合液中乙醇的含量应在80%以上，应防止糊精随可溶性糖类一起被洗掉。如要求测定结果不包括糊精，则用10%乙醇洗涤。

④ 因水解时间较长，应采用回流装置，同时保证水解过程中盐酸不会挥发，保持一定的浓度。

⑤ 水解条件要严格控制。加热时间要适当，既要保证淀粉水解完全，又要避免加热时间过长，因为加热时间过长，葡萄糖会形成糠醛聚合体，失去还原性，影响测定结果的准确性。

项目五　测定食品中的纤维

一、案例

　　高纤维食物能有效预防癌症，降低心血管疾病的发病率，帮助排除身体内的有害物质和废物；随着人们对膳食纤维功能的认识，市场中高膳食纤维食品越来越多，成为食品消费的新趋势。

二、选用的国家标准

　　GB/T 5009.88—2008 食品中不溶性膳食纤维的测定——重量法。

三、测定方法

1. 样品处理

（1）粮食样品 用水洗 3 次，置于 60℃烘箱中烘干，磨碎，过 20～30 目筛（1mm），储于塑料瓶内，放一小包樟脑精，盖紧瓶塞保存，备用。

（2）蔬菜及其他植物性食品 取其可食部分，用水冲洗干净，用纱布吸干，切碎，取混合均匀的样品于 60℃烘干，称重，磨碎，过 20～30 目筛，备用。

2. 样品测定

准确称取 0.5～1.00g 样品，置于高型无嘴烧杯中，样品脂肪含量超过 10%，应脱脂，加 100mL 中性洗涤剂溶液，再加 0.5g 无水亚硫酸钠。电炉加热，在 5～10min 内沸腾，移至电热板上，保持微沸 1h。在耐热玻璃滤器中铺 1～3g 玻璃棉，移至 110℃烘箱内干燥 4h。取出并放入干燥器内冷却至室温，称重（精确至 0.0001g）。将煮沸后的样品趁热倒入滤器，用水泵抽滤；用 500mL 的热水（90～100℃），分数次洗涤烧杯及滤器，抽滤至干，洗净滤器下部的液体和泡沫，塞上橡皮塞。于滤器中加入 α-淀粉酶溶液，液面需覆盖纤维，用细针挤压掉其中的气泡，加几滴甲苯，上盖表玻皿，置于 37℃恒温箱中过夜。取出滤器，取下底部的塞子，抽滤去酶液，并用 300mL 热水分数次洗去残留酶液，用碘液检查是否有淀粉残留，如有残留，继续加酶水解，如淀粉已除尽，抽干，再以 25mL 丙酮洗涤 2 次。将滤器置于 110℃烘箱中干燥 4h，取出移入干燥器冷却至室温，称重（精确至 0.0001g）。

3. 结果计算

$$X = \frac{m_2 - m_1}{m} \times 100$$

式中　X——样品中不溶性膳食纤维的含量，g/100g；

　　　m_2——滤器加玻璃棉及样品中纤维的质量，g；

　　　m_1——滤器加玻璃棉的质量，g；

　　　m——样品质量，g。

4. 试剂

① 石油醚（沸程 30～60℃）。

② 丙酮。

③ 无水亚硫酸钠。

④ 甲苯。

⑤ 耐热玻璃棉。

⑥ 磷酸盐缓冲液：由 38.7mL 0.1mol/L 磷酸氢二钠和 61.3mL 0.1mol/L 磷酸二氢钠混合而成，pH＝7.0。

⑦ 2.5% α-淀粉酶溶液：称取 2.5g α-淀粉酶溶于 100mLpH 值为 7 的磷酸盐缓冲溶液中，离心，过滤即得。

⑧ 中性洗涤剂溶液：将 18.61g EDTA 二钠盐和 6.81g 四硼酸钠（含 10H₂O），置于烧杯中，加约 150mL 水，加热使之溶解；将 30g 月桂基硫酸钠和 10mL 乙二醇单乙醚溶于约 700mL 热水中，合并上述两种溶液；再将 4.56g 无水磷酸氢二钠溶于 150mL 热水中，再并入上述溶液中，用磷酸调节至 pH＝6.9～7.1，最后加水至 1000mL（溶液使用期间如有沉淀生成，需在使用前加热到 60℃，使沉淀溶解）。

5. 仪器

① 烘箱：110～130℃。

② 恒温箱：（37±2）℃。

③ 纤维测定仪：如果没有，可以用以下部件组成：电热板，600mL 高型无嘴烧杯，坩埚式耐热玻璃滤器（容量 60mL，孔径 40～6μm），回流冷凝装置，抽滤装置。

四、相关知识

（一）食品中不溶性膳食纤维含量测定——重量法原理

样品经热的中性洗涤剂浸煮后，残渣用热蒸馏水充分洗涤，样品中的糖、游离淀粉、蛋白质、果胶等物质被溶解除去，然后加入 α-淀粉酶溶液以分解结合态淀粉，再用蒸馏水、丙酮洗涤，以除去残存的脂肪、色素等，残渣经烘干，即为不溶性膳食纤维（中性洗涤纤维）。所测结果包括食品中全部的纤维素、半纤维素、木质素、角质和二氧化硅等，还包括水不溶性灰分，最接近于食品中膳食纤维的真实含量，但不包括水溶性非消化性多糖。

本法摘自 GB/T 5009.88—2008，适用于谷物及其制品、饲料、果蔬等样品，对于蛋白质、淀粉含量高的样品，易形成大量泡沫，黏度大，过滤困难，使此法应用受到限制。本法设备简单，操作容易，准确度高，重现性好。

（二）注意事项

① 不溶性膳食纤维包括了样品中全部的纤维素、半纤维素、木质素、角质，由于食品中可溶性膳食纤维（果胶、豆胶、藻胶等物质等可溶于水，称为水溶性膳食纤维）含量较少，所以中性洗涤纤维接近于食品中膳食纤维的真实含量。

② 样品颗粒过粗时结果偏高，过细时又易造成滤板孔眼堵塞，使过滤无法进行。一般以采用 20～30 目为宜，过滤困难时，可加入助剂。

③ 样品脂肪超过 10％ 时，应先脱脂，方法：按每克样品用石油醚提取 3 次，每次 10mL。

④ 测定结果中包含灰分，可灰化后扣除。

五、测定食品纤维的方法

（一）食品中纤维的意义

纤维是指食用植物细胞壁中的碳水化合物和其他物质的复合物。它广泛存在于各种植物体内，尤其在谷类、豆类、水果、蔬菜中含量较高。而营养学中的膳食纤维，是指食品中不能被人体消化酶所消化的多糖类和木质素的总和，它包括纤维素、半纤维素、戊聚糖、木质素、果胶、树胶等，膳食纤维比粗纤维更能客观、准确地反映食物的可利用率，因此有逐渐取代粗纤维指标的趋势。膳食纤维作为人类膳食中不可缺少的重要物质，在维持人体健康和预防疾病方面有着独特的作用，在食品生产和食品开发中，常需要测定膳食纤维的含量，它也是食品成分分析项目之一，对于食品品质管理和营养价值的评定具有重要意义。常见食物中粗纤维含量如表 7-2 所示。

（二）植物类食品中粗纤维的测定

在稀硫酸的作用下，样品中的糖、淀粉、果胶质和半纤维素经水解而除去，再用碱处理使蛋白质溶解、脂肪皂化而除去，所得的残渣即为粗纤维，如其中含有不溶于酸碱的杂质，可经灰化后除去。

本法摘自 GB/T 5009.10—2003 植物类食品中粗纤维的测定，适用于植物类食品中粗纤维的测定，具有操作简便、迅速的特点，是应用最广泛的经典分析法，但由于酸碱处理时纤维成分会发生不同程度的降解，使测得值与纤维的实际含量差别很大，故测定结果粗糙，重现性差。

表 7-2 常见食物中粗纤维含量   单位：g/100g

食物名称	含　量	食物名称	含　量	食物名称	含　量
小麦面粉（标准粉）	3.7	胡萝卜	3.2	平菇	1.6
粳米（小站稻米）	2.3	四季豆	4.7	海带	11.3
籼米	5.9	番茄	1.9	冬枣	3.8
玉米粒	14.4	辣椒（青、尖）	2.5	香蕉（海南）	1.8
玉米面	5.5	南瓜	2.7	西瓜（地雷瓜）	0.4
小米	4.6	韭菜	2.7	山核桃	20.2
马铃薯	1.2	大白菜	1.0	松子（熟）	11.6
甘薯	2.2	油菜	2.0		
白萝卜	1.8	芹菜	1.3		

1. 样品处理

（1）干燥样品　如粮食、豆类等，经磨碎过 24 目筛，称取均匀的样品 5.0g，置于 500mL 锥形瓶中，待测。

（2）含水分较高的样品　如蔬菜、水果、薯类等，先加水打浆，记录样品质量和加水量，称取相当于 5.0g 干燥样品的量，置于 500mL 锥形瓶中，待测。

2. 酸处理

在上述锥形瓶中加入 200mL 煮沸的 1.25% 硫酸溶液，加热使之微沸，保持体积恒定，维持 30min，每隔 5min 摇动锥形瓶一次。以充分混合瓶内物质。取下锥形瓶，立即用亚麻布过滤，用热水洗涤至洗液不呈酸性（以甲基红为指示剂）即可。

3. 碱处理

用 200mL 煮沸的 1.25% 氢氧化钾溶液，将亚麻布上的存留物洗入原锥形瓶中加热微沸 30min，取下锥形瓶，立即用亚麻布过滤，以沸水洗涤 2～3 次至洗液不呈碱性（以酚酞为指示剂）。

4. 干燥

移到已干燥至恒量的 G_2 垂融坩埚或 G_2 垂融漏斗中，抽滤，用热水充分洗涤后，抽干，再依次用乙醇、乙醚洗涤一次，以除去单宁、色素及残余的脂肪等物质，将坩埚和内容物在 105℃烘箱中烘干，称重，重复操作至恒量。

5. 灰化

如样品中含有较多的不溶性杂质，可将样品移入石棉坩埚，烘干称重后，于 550℃高温炉中进行灰化处理，冷却至室温后称重，损失的量为粗纤维量。

6. 结果计算

$$X = \frac{G}{m} \times 100$$

式中　X——试样中粗纤维的质量分数，%；

　　　　G——残余物的质量（或经高温灼烧后损失的质量），g；

　　　　m——样品的质量，g。

7. 试剂

① 1.25% 硫酸。

② 1.25% 氢氧化钾溶液。

③ 石棉：石棉用 5% 氢氧化钠溶液浸泡，在水浴上回流 8h 以上，再用热水充分洗涤。然后用 20% 盐酸在沸水浴上回流 8h 以上，再用热水充分洗涤，干燥，在 550℃中灼烧后，加水使之成为悬浮物，储存于具塞玻璃瓶中。

8. 仪器

① G₂ 垂融坩埚或 G₂ 垂融漏斗。

② 烘箱。

③ 高温炉。

9. 注意事项

① 样品中脂肪含量高于 1％时测定结果偏高，应先用石油醚脱脂，然后再测定。

② 样品应尽量磨碎，以使消化完全，但粒度过细则会造成过滤困难。

③ 酸、碱消化时，如产生大量泡沫，可加入 2 滴硅油或辛醇消泡。

④ 用亚麻布过滤时，最好采用 200 目尼龙筛绢过滤，既耐较高温度，孔径又稳定，本身不吸收水分，洗残渣也较容易，对结果影响较低。

⑤ 测定粗纤维的方法还可以用容量法，具体方法是：样品经 2％盐酸溶液回流，除去可溶性糖类、淀粉、果胶等物质，残渣用 80％硫酸溶液溶解，使纤维成分水解为还原糖（主要是葡萄糖），然后按还原糖测定方法测定，再折算为纤维含量，但此方法操作复杂，一般较少采用。

项目六　测定食品中的果胶物质

一、案例

果胶是一种广泛存在于植物组织中的多糖物质，其主要成分为半乳糖醛酸，是受 FAO/WHO 食品添加剂联合委员会推荐不受添加量限制的公认安全的食品添加剂。在 GB 2760—2014 食品添加剂使用卫生标准中，果胶作为增稠剂，其添加量按生产需要适量使用。

二、测定方法

1. 样品处理

（1）新鲜样品　试样 30.0～50.0g，用小刀切成薄片，置于预先放有 99％乙醇的 500mL 锥形瓶中，装上回流冷凝器，在水浴上沸腾回流 15min 后，冷却，用布氏漏斗过滤，残渣于研钵中一边慢慢磨碎，一边滴加 70％的热乙醇，冷却后再过滤，反复操作至滤液不呈糖的反应（用苯酚-硫酸法检验）为止，残渣用 99％乙醇洗涤脱水，再用乙醚洗涤以除去脂类和色素，去乙醚待测。

（2）干燥样品　研细后过 60 目筛，称取 5～10g 样品于烧杯中。加入热的 70％乙醇，充分搅拌以提取糖类，过滤，以下同上部操作。

2. 提取果胶

（1）水溶性果胶的提取　用 150mL 水将上述漏斗中的残渣移入 250mL 烧杯中，加热至沸并保持沸腾 1h，随时补足蒸发的水分，冷却后移入 250mL 容量瓶中，加水定容，摇匀，过滤，弃去初滤液，收集滤液即得水溶性果胶提取液。

（2）总果胶的提取　用 150mL 加热至沸的 0.05mol/L 盐酸溶液把漏斗中的残渣移入 250mL 锥形瓶中，装上冷凝器，于沸水浴中加热回流 1h，冷却后移入 250mL 容量瓶中，加甲基红指示剂 2 滴，加 0.5mol 氢氧化钠中和后，用水定容，摇匀，过滤，收集滤液即得总果胶提取液。

3. 样品测定

取 25mL 提取液（能生成果胶酸钙 25mg 左右）置于 500mL 烧杯中，加入 0.1mol/L 氢氧化钠溶液 100mL，充分搅拌，放置 0.5h，再加入 1mol/L 乙酸 50mL，放置 5min，边搅拌边缓缓加入 1mol/L 氯化钙溶液 25mL，放置 1h 后加热煮沸 5min，趁热用烘干至恒量的滤纸（或 G_2 垂融坩埚）过滤，再用热水洗涤至无氯离子（用 1％硝酸银溶液检验）为止，滤渣连同滤纸一同放入称量瓶中，置（103±2）℃的烘箱中（G_2 垂融坩埚可直接放入）干燥至恒重。

4. 结果计算

$$X(以果胶酸计) = \frac{(m_1 - m_2) \times 0.9233}{m \times \dfrac{25}{250}} \times 100$$

式中　X——样品中果胶的质量分数，％；

　　　m_1——果胶酸钙和滤纸或垂融坩埚的质量，g；

　　　m_2——滤纸或垂融坩埚的质量，g；

　　　m——样品的质量，g；

　　　25——测定时吸取果胶提取液的体积，mL；

　　　250——果胶提取液的总体积，mL；

0.9233——由果胶酸钙换算为果胶酸的系数。果胶酸钙的化学式定为 $C_{12}H_{22}O_{11}Ca$，其中钙含量约为 7.67％，果胶酸含量约为 92.33％。

5. 试剂

① 乙醇（分析纯）。

② 乙醚。

③ 0.05mol/L 盐酸溶液。

④ 0.1mol/L 氢氧化钠。

⑤ 1mol/L 乙酸。

⑥ 1mol/L 氯化钙溶液。

6. 仪器

① 布氏滤斗。

② G_2 垂融坩埚。

③ 抽滤瓶。

④ 真空泵。

三、相关知识

（一）食品中果胶含量的测定——重量法原理

样品经 70％乙醇处理，果胶物质沉淀，再依次用乙醇、乙醚洗涤沉淀，除去可溶性糖类、脂肪、色素等物质；残渣分别用酸或用水提取总果胶或水溶性果胶。提取出来的果胶经皂化生成果胶酸钠，再经醋酸酸化使之生成果胶酸，加入钙盐则生成果胶酸钙沉淀，烘干后称重，换算成果胶的质量。此法适用于各类食品，方法稳定可靠，但操作较烦琐、费时，同时果胶酸钙沉淀中易夹杂其他胶态物质，使本法选择性较差。

（二）注意事项

① 为防止新鲜试样研磨中果胶分解酶的作用，将切片浸入乙醇中，是为了钝化酶的活性。

② 糖分的苯酚-硫酸检验法：取检液 1mL，置于试管中，加入 1mL 5％苯酚水溶液，再加入 5mL 硫酸，混匀，如溶液呈褐色，证明检液中含有糖分。

③ 加入氯化钙溶液时，应边搅拌边缓缓滴加，以减小过饱和度，并可避免溶液局部过浓。

④ 采用热过滤和热水洗涤沉淀，可以降低溶液的黏度，加快过滤和洗涤速度，并增大杂质的溶解度，使其易被洗去。

四、测定食品中果胶的方法

(一) 食品中果胶的意义

果胶产品可分为高脂果胶和低脂果胶，酯化度大于 50％的称为高脂果胶，酯化度低于 50％的称为低脂果胶，果胶的显著特性是有胶凝性和增稠稳定性，并且有很强的耐酸、耐高温性能。果胶在食品工业中应用较广，如利用果胶水溶液在适当条件下可以形成凝胶的特性，生产果酱、果冻及高级糖果等食品；利用果胶具有增稠、稳定、乳化等功能，可以解决饮料的分层、防止沉淀的问题，还可以改善风味等。

测定果胶物质的方法有称量法、分光光度法、果胶酸钙滴定法、蒸馏滴定法等。

(二) 分光光度法

本法摘自 NY/T 2016—2011　水果及其制品中果胶含量的测定，适用于水果及其制品中国胶含量测定。果胶经水解可生成半乳糖醛酸，半乳糖醛酸在强酸中可与咔唑试剂发生缩合反应，生成紫红色化合物，该紫红色化合物的呈色强度与半乳糖醛酸含量成正比，故可通过测定吸光值对果胶含量进行定量。此法适用于各类食品的果胶含量的测定，具有操作简便、快速、准确度高、重现性好等特点。

1. 样品处理

同重量法。

2. 果胶处理

同重量法。

3. 标准曲线制作

取 8 支 50mL 比色管，各加入 12mL 浓硫酸，于冰水浴中边冷却边缓缓依次加入浓度为 0、10μg/mL、20μg/mL、30μg/mL、40μg/mL、50μg/mL、60μg/mL、70μg/mL 的半乳糖醛酸标准溶液 2mL，充分混合后，再置于冰水浴中冷却。然后在沸水浴中准确加热 10min，迅速冷却到室温，各加入 0.15％咔唑试剂 1mL。充分混合，室温下放置 30min，以半乳糖醛酸含量为 0 的半乳糖醛酸标准溶液为空白，在 530nm 波长下测定吸光值，以半乳糖醛酸含量为纵坐标，吸光值为横坐标，绘制标准曲线。

4. 样品提取液的测定

取果胶提取液，用水稀释到适当浓度（含半乳糖醛酸 10～70μg/mL）。取 2mL 稀释液于 50mL 比色管中，以下按制作标准曲线的方法操作，测定吸光值。从标准曲线上查出半乳糖醛酸的浓度（μg/mL）。

5. 结果计算

$$X（以半乳糖醛酸计）=\frac{c \times V \times K}{m \times 10^6} \times 100$$

式中　X——样品中果胶的质量分数，％；

c——从标准曲线上查得的半乳糖醛酸的浓度，μg/mL；

V——果胶提取液的总体积，mL；

K——提取液稀释倍数；

m——样品质量，g。

6. 试剂

① 乙醇。

② 乙醚。

③ 0.05mol/L 盐酸溶液。

④ 0.15％咔唑乙醇溶液：化学纯咔唑 0.150g，溶解于精制乙醇中并定容到 100mL，咔唑溶解缓慢，需加以搅拌。［精制乙醇：取无水乙醇或 95％乙醇 1000mL，加入锌粉 4g，(1＋1) 硫酸 4mL，在水浴中回流 10h，用全玻璃仪器蒸馏，馏出液每 1000mL 加锌粉和氢氧化钾各 4g，重新蒸馏一次］。

⑤ 半乳糖醛酸标准溶液：半乳糖醛酸 100mg，溶于蒸馏水并定容到 100mL，用此液配制一组浓度为 10～70μg/mL 的半乳糖醛酸标准溶液。

⑥ 硫酸。

7. 仪器

① 分光光度计。

② 经 50mL 比色管。

8. 注意事项

① 本法的测定结果以半乳糖醛酸表示，不同来源的果胶中半乳糖醛酸的含量不同，如甜橙为 77.7％，柠檬为 94.2％，柑橘为 96％，苹果为 72％～75％，若把结果换算为果胶的含量，可按上述关系计算换算系数。

② 样品处理时应充分洗涤去除糖分，减少其存在对咔唑的呈色反应的影响。

③ 在测定样液和制作样液标准曲线时，应使用相同规格、同批号的浓硫酸，以保证浓度一致，减少硫酸浓度对咔唑的呈色反应的影响。

思 考 题

1. 直接滴定法测定还原糖的原理是什么？

2. 为什么直接滴定法测定还原糖时要进行预滴定？

3. 简述直接滴定法中次甲基蓝的变色原理。

4. 测定食品中的蔗糖时，如何进行水解？需要控制哪些条件？

5. 测定淀粉时为什么要进行水解？如何进行水解？

任务八　测定食品的酸度

【技能目标】

1. 会测定食品的总酸度。
2. 会测定食品中的有效酸度。
3. 会测定食品中的挥发酸。
4. 会测定食品中的有机酸。

【知识目标】

1. 明确食品中常见的有机酸种类，了解食品酸度的意义。
2. 明确食品总酸度的意义，及其测定原理。
3. 明确有效酸、挥发酸的测定原理。
4. 明确食品有机酸的测定方法。

项目一　测定食品的总酸

一、案例

食品中的酸性物质赋予食品特殊的感官风味，水果及其制品中的挥发酸还带给食品特定的香气，酸性物质的含量对稳定食品的特性也有重要作用。

二、选用的国家标准

GB/T 12456—2008 食品中总酸的测定——酸碱滴定法。

三、测定方法

1. 样品的预处理

（1）不含二氧化碳的液体样品　充分混合均匀后，置于密闭玻璃容器。

（2）含二氧化碳的液体样品　取不少于 200g 的样品于 500mL 烧杯中，置于电炉上搅拌加热至微沸 2min，称量，用煮沸过的水补充至煮沸前质量，置于密闭玻璃容器。

（3）固体样品　取不少于 200g 样品置于研钵或组织捣碎机中，加入与样品等量的煮沸过的水，捣碎混匀后置于密闭玻璃容器。

（4）固、液体样品　按样品固、液体比例取不少于 200g 置于研钵或组织捣碎机中，捣碎混匀后置于密闭玻璃容器。

2. 试液的制备

（1）总酸含量少于或等于 4g/kg 的式样　将上述预处理的试样经快速滤纸过滤，用于测定。

（2）总酸含量大于 4g/kg 的式样　称取 10~50g 样品（精确至 0.001g）置于 100mL 烧杯，用 80℃左右煮沸过的水将烧杯中的内容物移至 250mL 容量瓶中，沸水浴 30min（期间摇动 2~3 次），取出冷却至室温，用煮沸过的水定容，经快速滤纸过滤，用于测定。

3. 测定

准确称取 10~50g 试液（精确至 0.001g），或量取 25.00~50.00mL 试液（需按照溶液的密度换算质量分数），试液含酸量约 0.035~0.070g，于 250mL 三角瓶中，加入 40~60mL 蒸馏水，加入酚酞指示剂 0.2mL，用 0.1mol/L NaOH 标准溶液滴定至微红色保持30s 内不褪色为终点（或酸度计测定，开动磁力搅拌器，用 NaOH 标准溶液滴定至酸度计指示 pH 为 8.2），并作空白试验，记录消耗的体积数 V。

4. 结果计算

$$X = \frac{(V_1 - V_2) \times c \times K \times F}{m} \times 100$$

式中　X——试样中总酸量，g/100g；
　　　V_1——试样消耗氢氧化钠标准溶液的体积，mL；
　　　V_2——空白消耗氢氧化钠标准溶液的体积，mL；
　　　m——试样质量，g；
　　　c——氢氧化钠溶液浓度，mol/L；
　　　K——酸的换算系数；
　　　F——试液的稀释倍数。

5. 试剂

① 0.1mol/L NaOH 标准溶液。

② 1%酚酞指示剂。

6. 仪器

① 高速组织捣碎机。

② 恒温水浴。

③ 碱性滴定管。

④ 酸度计。

四、相关知识

（一）食品总酸的测定——滴定法原理

食品中有机酸用氢氧化钠标准溶液滴定，用酚酞作指示剂，当滴定至终点（指示剂显红色）时，根据滴定时消耗的标准碱液的体积，可计算出样品中的总酸量。

本法摘自 GB/T 12456—2008，适用于果蔬制品、饮料、乳制品、饮料酒、蜂产品、淀粉制品、谷物制品和调味品等食品中总酸的测定。

（二）注意事项

① 食品中含有多种有机酸，总酸测定结果通常以样品中含量最多的那种酸表示。柑橘类果实及其制品，用柠檬酸表示，折算系数为 0.064；葡萄及其制品用酒石酸表示，折算系数 0.075；苹果、核果类果实及其制品，用苹果酸表示，折算系数 0.067；乳品、肉类、水产品及其制品，用乳酸表示，折算系数 0.090；酒类、调味品，用乙酸表示，折算系数 0.060。

② 样品用水必须是无 CO_2 水，避免影响测定结果。无 CO_2 水的制备方法：将蒸馏水煮

沸 20min 后用碱石灰保护冷却；或将蒸馏水在使用前煮沸 15min 并迅速冷却备用，必要时须经碱液抽真空处理。同时，样品中 CO_2 对测定亦有干扰，故对含有 CO_2 的饮料、酒类等样品，在测定之前须除去 CO_2。

③ 食品中的有机酸均为弱酸，在用强碱（NaOH）滴定时，其滴定终点偏碱（一般在 pH=8.2 左右），故选用酚酞作终点指示剂。

④ 对于有颜色（如带色果汁等）的试样，可用同体积的不含 CO_2 的蒸馏水稀释或加活性炭脱色，然后对照原样液进行滴定，对比观察酚酞颜色的差别；若样液颜色过深或混浊则可用电位滴定法。

五、测定食品酸类物质的方法

（一）食品中酸类物质的意义

食品中酸性物质主要是有机酸，除此之外还包括无机酸、酸式盐及某些酸性有机化合物等，有机酸呈游离状态或呈酸式盐状态存在于食品中，无机酸呈中性盐化合态存在于食品中。食品中酸性物质有些是食品固有的（果蔬中苹果酸、柠檬酸、酒石酸、醋酸、草酸，动物乳类中的乳酸），有些是在生产过程中添加或产生的（如酸乳中的乳酸，配制饮料中的柠檬酸）。

食品中的酸性物质在食品的加工、储运及品质管理等方面有重要意义，有机酸影响食品的色、香、味及其稳定性，食品中的酸类物质不仅可以作为判断食品能成熟度的指标，还是判断食品新鲜程度的重要指标。

食品中的酸度分为以下几种。总酸度：是指食品所有酸性物质的总量，包括已离解的和未离解的酸的总和，利用标准溶液滴定可得在食品中的含量，以样品中主要代表酸的含量表示。有效酸度：是指样品中呈游离状态的 H^+ 的浓度，常用 pH 值表示，用酸度计（pH 计）进行测定。挥发酸度：是指食品中易挥发的部分有机酸，可利用蒸馏法分离，再根据总酸测定方法进行滴定测得。

（二）测定乳及乳制品的酸度

牛乳的总酸度包括外表酸度和真实酸度之和。外表酸度又称为固有酸度，是指刚从乳牛体内挤出的新鲜牛乳本身所具有的酸度，主要来自牛乳中的酪蛋白、白蛋白、柠檬酸盐及磷酸盐等酸性成分，以乳酸计量占鲜乳的 0.15%～0.18%；真实酸度又称为发酵酸度，是指牛乳在放置过程中，由乳酸菌作用于乳糖产生乳酸而升高的牛乳酸度，一般认为牛乳酸度超过 0.15%～0.20%，即认为有乳酸存在，通常把含酸在 0.20% 以下的牛乳列为新鲜牛乳，超过 0.20% 则认为是不新鲜牛乳。

牛乳的酸度表示方法有以下两种。

用 °T 表示牛乳酸度：指滴定 100mL 牛乳所消耗 0.01mol/L 氢氧化钠的体积（mL）；或滴定 10mL 牛乳所消耗 0.1mol/L 氢氧化钠的体积（mL）乘以 10，既得牛乳酸度（°T）。新鲜牛乳酸度为 16～18°T，它是反应牛乳质量的一项重要指标。

用乳酸的质量分数表示：用总酸度的计算方法表示牛乳酸度。

1. 酸碱滴定法

实验原理、试剂、仪器同食品中总酸度的测定。

方法步骤：准确吸取 10mL 牛乳于 250mL 锥形瓶中，用 20mL 中性蒸馏水稀释，加入 0.5% 酚酞指示剂 0.5mL，小心混匀后，用 0.1mol/L 氢氧化钠标准溶液滴定，滴至微红在 1min 内不消失为止，记录消耗的氢氧化钠标准溶液的体积，将该数值乘以 10 得到牛乳的酸度°T。

2. 酒精试验

根据牛乳中蛋白质遇到酒精时变性凝固的特点来判断牛乳的酸度，一般用68%体积分数的酒精进行试验效果最好，其他浓度酒精进行试验时絮片的出现意味着不同牛乳酸度。

于试管中加入1~2mL或3~5mL 68%酒精与等量牛乳混合摇匀，如未出现絮片，可认为牛乳是新鲜的，其酸度不高于20°T；如果出现絮片，即表示酸度较高。牛乳酸度与68%酒精凝固特性的关系见表8-1。

表8-1　牛乳在不同酸度下被68%酒精凝固的牛乳蛋白质的特征

牛乳酸度/°T	21~22	22~24	24~26	26~28	28~30
牛乳蛋白质凝固的特征	很细的絮片	细的絮片	中型的絮片	大的絮片	很大的絮片

其他体积分数的酒精也可代替68%酒精，但要在不同酸度才开始出现蛋白质凝固，通常在乳类的收购中，常采用的是68%、70%、72%的中性酒精，其凝固特征见表8-2。

表8-2　在各种浓度酒精中，牛乳蛋白质凝固的特征

酒精的体积分数/%	44	52	60	68	70	72
牛乳蛋白质的凝固特征	细的絮片	细的絮片	细的絮片	细的絮片	细的絮片	细的絮片
牛乳酸度/°T	27.0	25.0	23.0	20.0	19.0	18.0

3. 煮沸试验

取10mL牛乳注入试管中，置于沸水浴中5min，取出后观察管壁有无絮片出现或发生凝固现象，如果出现絮片或凝固，表示牛乳已不新鲜，酸度大于26°T。

（三）测定食品中的挥发酸

食品中的挥发酸是指乙酸和痕量的甲酸、丁酸等含低碳链的直链脂肪酸，不包括可用水蒸气蒸馏的乳酸、琥珀酸、山梨酸以及CO_2和SO_2等。正常生产的食品中，其挥发酸的含量较稳定，若在生产中使用了不合格的原料或违反正常的工艺操作，则会由于糖的发酵而使挥发酸含量增加，降低食品的品质，挥发酸的含量是某些食品的一项质量控制指标。

食品中挥发酸的测定分为直接测定法和间接测定法两种。直接测定法是指利用水蒸气蒸馏或溶剂萃取分离出挥发酸，再用标准碱溶液滴定，这种方法具有操作简单的特点，适用于含挥发酸较高的样品，如各类饮料、果蔬及其制品（如发酵制品、酒等）中挥发酸含量的测定；间接测定法是样品经过预处理后将挥发酸蒸发排除后，用标准碱溶液滴定不挥发酸，最后从总酸度中减去不挥发酸即为挥发酸含量，该方法适用于挥发酸含量较少的样品。

1. 挥发酸测定的直接测定法

样品经过预处理后，加入适量的磷酸使结合态挥发酸游离出来，利用水蒸气蒸馏分离出总挥发酸，冷凝收集，以酚酞作指示剂，用标准碱溶液滴定，根据滴定时消耗的标准碱溶液的体积，计算出样品中总挥发酸的含量。

2. 操作步骤

（1）样品预处理　准确称取2.0~3.0g样品搅碎或混匀后，用50mL新煮沸的蒸馏水将样品全部洗入250mL圆底烧瓶中，加入1mL 10%磷酸溶液，连接水蒸气蒸馏装置，通入水蒸气使挥发酸被蒸馏出，加热至馏出液为300mL为止。

（2）滴定　馏出液加热至60~65℃（不可超过），加3滴酚酞指示剂，用0.1mol/L NaOH标准溶液滴定到溶液呈微红色1min不褪色即为终点，记录标准碱液消耗的体积，同时做空白试验。

3. 结果计算

$$X = \frac{(V_1 - V_2)}{m} \times 0.06 \times 100$$

式中　X——挥发酸的质量分数（以醋酸计），%；

　　　m——样品质量或体积，g 或 mL；

　　　V_1——样液滴定消耗标准 NaOH 的体积，mL；

　　　V_2——空白滴定消耗标准 NaOH 的体积，mL。

　0.06——换算为醋酸的系数，即 1mmol 氢氧化钠相当于醋酸的克数，g/mmol。

4. 仪器

水蒸气蒸馏装置。

5. 试剂

① 0.1mol/L NaOH 标准溶液。

② 1% 酚酞指示剂。

③ 10% 磷酸溶液。

6. 注意事项

① 食品中总挥发酸通常以乙酸的质量分数表示。

② 蒸馏前蒸汽发生瓶中的水应先煮沸 10min，以排除其中的 CO_2，同时用蒸汽冲洗整个蒸馏装置。

③ 蒸馏过程中应保证蒸馏装置密封良好，防止漏气，以免影响测定结果。

④ 滴定前将馏出液加热至 $60\sim65℃$，使其终点明显，加速滴定反应，缩短滴定时间，减少溶液与空气的接触机会，提高测定的精度。

（四）测定食品的有效酸度（pH 值）

食品有效酸度的测定方法常用的有比色法和电位法。比色法是指利用不同的酸碱指示剂来显示 pH 值，其具有简便、快速、经济的特点，但结果准确度较差，如用 pH 试纸；电位法又称为 pH 计法，其具有准确度较高，操作简便，不受试样本身颜色影响的特点，适用于各种饮料、果蔬及其制品，以及肉、蛋类食品 pH 值的测定，在食品行业中广泛应用。

电位法是将电极随溶液氢离子浓度变化而变化的玻璃电极（指示电极）与电极电位不变的甘汞电极（参比电极）插入被测溶液中组成原电池，该电池电动势大小与溶液 pH 值有线性关系，即在 25℃时，每相差一个 pH 单位就产生 59.1mV 的电池电动势，利用酸度计测量电池电动势并直接以 pH 值表示，从酸度计读出样品溶液的 pH 值。

1. 操作步骤

（1）样品预处理

① 一般液体样品（如牛乳、不含 CO_2 的果汁、酒等样品）　摇匀后可直接取样测定；含 CO_2 的液体样品（如碳酸饮料、啤酒等）需先排除 CO_2 后再测定；果蔬样品榨汁后，取其汁液直接进行测定；对于果蔬干制品，适量样品用无 CO_2 蒸馏水，于水浴上加热 30min，捣碎、过滤，取滤液测定。

② 肉、鱼类食品　称取 10.0g 除去油脂并捣碎的样品于 250mL 锥形瓶中，加入 100mL 无 CO_2 蒸馏水，浸泡 15min，并随时摇动，过滤后取滤液测定。

③ 罐头制品（液-固混合样品）　可以用样品浆汁液测定，也可将内容物混合捣碎成浆状后，过滤，取滤液测定。

（2）操作步骤

① 酸度计校正　开启酸度计电源，预热 30min，连接玻璃电极及甘汞电极，在读数开关放开的情况下调零。选择适当 pH 值的标准缓冲溶液（其 pH 值与被测样液的 pH 值应相接近）。测量标准缓冲溶液的温度，调节酸度计温度补偿旋钮。将两电极浸入缓冲溶液中，按下读数开关，调节定位旋钮使 pH 指针指在缓冲溶液的 pH 值上，按下读数开关，指针回零。如此重复操作两次。

② 样液的测定　用无 CO_2 的蒸馏水淋洗电极，并用滤纸吸干，再用待测样液冲洗两电极。根据样液温度调节酸度计温度补偿旋钮，将两电极插入待测样液中，按下读数开关，稳定 1min 后，酸度计指计所指 pH 值即为待测样液的 pH 值。放开读数开关，清洗电极。

2. 仪器

酸度计。

3. 试剂

① pH＝1.68 的标准缓冲溶液（20℃）。

② pH＝4.01 的标准缓冲溶液（20℃）。

③ pH＝6.88 的标准缓冲溶液（20℃）。

④ pH＝9.22 的标准缓冲溶液（20℃）。

4. 注意事项

① 新电极或很久未用的干燥电极，必须预先浸在蒸馏水或 0.1mol/L HCl 溶液中 24h以上，其目的是使玻璃电极球膜表面形成有良好离子交换能力的水化层。玻璃电极不用时，宜浸没在蒸馏水中。

② 玻璃电极的玻璃球膜壁薄易碎，使用时应特别小心。安装两电极时，玻璃电极应比甘汞电极稍高些。若玻璃膜上有油污，则将玻璃电极依次侵入乙醇、乙醚、乙醇中清洗，最后再用蒸馏水冲洗干净。

③ 甘汞电极中的氯化钾为饱和溶液，为避免在室温升高时氯化钾变为不饱和，可加入少许氯化钾晶体。

④ 在使用甘汞电极时，要把电极上部的小橡皮塞拔出，并使甘汞电极内氯化钾溶液的液面高于被测样液的液面，以便陶瓷砂芯处保持足够的液位压差，从而有少量的氯化钾溶液从砂芯中流出。否则，待测样液会回流扩散到甘汞电极中，将使测定结果不准确。

⑤ 各种型号的酸度计在使用前仔细阅读使用说明书。

项目二　食品中有机酸的测定

一、案例

食品中的总酸是由不同酸性物质组成的，在食品科学研究中有时需要对食品中不同的有机酸进行分析，有机酸不仅是食品中的酸味物质，同时在食品的加工、储存、品质管理等过程中也有重要的意义，食品中常见的有机酸有柠檬酸、苹果酸、酒石酸、草酸、琥珀酸、乳酸及醋酸等。

二、选用国家标准

GB/T 5009.157—2003 食品中有机酸的测定——高效液相色谱法。

三、测定方法

1. 样品预处理

（1）固体试样　精确称取 50g 试样于组织捣碎机中，加 100mL 80％乙醇，匀浆 1min 后，取 5g 试样以 3000r/min 离心 10min，取上清液于 50mL 容量瓶中，残渣用 80％乙醇洗涤两次，每次 15mL，离心 10min，合并上清液，用 80％乙醇定容，即为提取液。将提取液 5.00mL 放入蒸发皿中，在 70℃恒温水浴上蒸去乙醇，残留物用重蒸馏水定量转入 10mL 具塞比色管内，加入 1mol/L 磷酸 0.2mL，用重蒸馏水定容至 10mL，混匀。取部分样液经内装 0.3μm 滤膜的针头过滤器过滤，滤液供高效液相色谱分析用。

（2）液体试样　准确吸取 5.00mL 试样（对含有二氧化碳的样品，需要先加热去除；含人工合成色素的则先加入聚酰胺粉于 70℃水浴中加热脱色，样液在 3000r/min 离心 10min，取上清液备用），加入 0.2mL 1mol/L 磷酸、重蒸馏水稀释至 10mL，经 0.3μm 滤膜过滤，滤液备用。

2. 测定

色谱条件如下。

预柱：C_{18} 柱，10μm，4.6mm×30mm。

分析柱：C_{18} 柱，5μm，4.6mm×250mm。

流动相：0.01mol/L 磷酸氢二铵，用 1mol/L 磷酸调至 pH＝2.70，临用前用超声波脱气。

流速：1mL/min。

进样量：20μL。

紫外线检测波长：210nm。

3. 标准曲线的绘制

取标准使用液 0.50mL、1.00mL、2.00mL、5.00mL、10.00mL，加入 0.2mL 1mol/L 磷酸，用超滤水稀释至 10mL，混匀，进样 20μL，于 210nm 波长测峰高或峰面积，每个浓度重复 2～3 次，取平均值。以有机酸的浓度为横坐标，色谱峰高或峰面积的均值为纵坐标，绘制标准曲线。

4. 试样测定

在与绘制标准曲线相同的条件下，取 20μL 试样液注入色谱仪，根据标准曲线求出样液中有机酸的浓度。

5. 结果计算

固体试样：
$$X = \frac{c \times V_1 \times V}{m \times V_2}$$

液体试样：
$$X = \frac{c \times V_1}{V}$$

式中　X——试样中有机酸含量，mg/kg（mg/L）；

c——由标准曲线得到的样液某有机酸的浓度，μg/mL；

m——试样的质量，g；

V——固体试样为提取液的总体积，液体试样为用于分析的试样体积，mL；

V_1——试样最后的定容体积，mL；

V_2——分析用试样提取液的体积，mL。

6. 试剂

① 80％乙醇。

② 1mol/L 磷酸二氢铵溶液。

③ 1mol/L 磷酸。

④ 有机酸标准溶液：称取酒石酸、苹果酸、柠檬酸各 0.5000g，丁二酸 0.1000g，用超滤水溶解后定容至 50mL，酒石酸、苹果酸、柠檬酸的浓度分别为 10.0mg/mL，此液为标准储备液，取 5.00mL 标准储备液于 50mL 容量瓶中，用超滤水定容，得到酒石酸、苹果酸、柠檬酸浓度分别为 1.0mg/mL、丁二酸浓度为 0.2mg/mL 的标准使用液。

7. 仪器

① 组织捣碎机。

② 恒温水浴箱。

③ 高效液相色谱，配紫外可见检测器。

④ 酸度计。

⑤ 针头过滤器，0.3μm 合成纤维树脂滤膜。

四、相关知识

（一）食品中有机酸含量的测定——高效液相色谱法原理

食品试样经匀浆提取、离心后，样液经 0.3μm 滤膜抽滤，以 $(NH_4)_2HPO_4$-H_3PO_4 缓冲溶液（pH＝2.7）为流动相，用高效液相色谱法在 C_{18} 色谱柱上分离，于 210nm 处经紫外线检测器检测，用峰高或峰面积标准曲线测定有机酸含量。

本法摘自 GB/T 5009.157—2003，检出限为：酒石酸 0.1μg/mL，苹果酸 0.3μg/mL，柠檬酸 0.5μg/mL，丁二酸 0.2μg/mL。

（二）注意事项

① 本方法所用试剂均为分析纯，试验用水为重蒸馏水或等同纯度的水，经 0.45μm 滤膜真空抽滤。

② 样品溶液测定时，每进三次试样，就应该进行一次标准溶液校正，并重新计算校正系数，以保证测定结果。

③ 提取样品中的有机酸应该用 80％乙醇作提取剂，可使有机酸提取完全，还可避免样品中的蛋白质溶出影响色谱柱的使用寿命。

五、测定食品中有机酸的方法

食品中的有机酸部分是食品原料中固有的，部分是在食品加工中添加进去的，还有部分是在生产加工储存中产生的，一种食品中可同时含有一种或多种有机酸。如苹果中主要含有苹果酸（1.02％），含柠檬酸较少（0.03％），菠菜中则以草酸为主，此外还含有苹果酸及柠檬酸等；有些食品中的酸是人为添加的，故较为单一。果蔬中有机酸的含量取决于品种、成熟度以及产地气候条件等因素，其他食品中有机酸的含量取决于其原料种类、产品配方等。果蔬中常见的有机酸的种类见表 8-3。

表 8-3　果蔬中常见的有机酸种类

果蔬	有机酸的种类	果蔬	有机酸的种类
苹果	苹果酸、少量柠檬酸	樱桃	苹果酸
梨	苹果酸、果心部分有少量的柠檬酸	梅	柠檬酸、苹果酸、草酸

续表

果蔬	有机酸的种类	果蔬	有机酸的种类
柠檬	柠檬酸、苹果酸	杏	苹果酸、柠檬酸
甜瓜	柠檬酸	温州蜜橘	柠檬酸、苹果酸
菠菜	草酸、柠檬酸、苹果酸	菠萝	柠檬酸、苹果酸、酒石酸
笋	草酸、酒石酸、乳酸、柠檬酸	番茄	柠檬酸、苹果酸
莴苣	苹果酸、柠檬酸、草酸	甘蓝	柠檬酸、苹果酸、草酸
桃	苹果酸、柠檬酸、奎宁酸	芦笋	柠檬酸、苹果酸
葡萄	酒石酸、苹果酸	甘薯	草酸

食品中有机酸目前常用的测定方法主要有气相色谱法、离子交换色谱法和高效液相色谱法等。

思 考 题

1. 食品酸度包括哪几类？
2. 对颜色较深的样品如何测定总酸度？
3. 什么是有效酸度？如何测定？
4. 食品中有机酸的测定方法有哪些？

任务九　测定食品中的维生素

【技能目标】

1. 会测定食品中的维生素C。
2. 会测定食品中的维生素B_1。
3. 会测定食品中的维生素B_2。
4. 会测定食品中的维生素A、维生素E。
5. 会测定食品中的维生素D。

【知识目标】

1. 明确常见食品的维生素C、维生素B_1、维生素B_2的含量，以及测定原理。
2. 明确常见食品的维生素A、维生素E、维生素D的含量，以及测定原理。

项目一　测定食品中的维生素C

一、案例

维生素C又称为抗坏血酸，存在于植物性食物中，猕猴桃果实细嫩多汁，清香鲜美，酸甜宜人，营养极为丰富，含有丰富的维生素C、叶酸、胡萝卜素，以及钾、镁、钙等矿物质，其中维生素C含量高达$100\sim420\,mg/100g$，比柑橘、苹果等水果高几倍甚至几十倍。维生素C具有较强的还原性，对光敏感，其参与神经介质、激素的生物合成，它能将Fe^{3+}还原为Fe^{2+}，使其易于被人体吸收，有利于血红蛋白的形成，有防治坏血病的作用。通常食品中维生素C的含量是指抗坏血酸及脱氢抗坏血酸的总量。

二、选用的国家标准

GB/T 5009.86—2003蔬菜、水果及其制品中总抗坏血酸的测定——2,4-二硝基苯肼法。

三、测定方法

1. 试样的制备

(1) 鲜样的制备　称取100g鲜样，加入100mL 20g/L草酸溶液，倒入捣碎机中打成匀浆，取$10\sim40g$匀浆（含$1\sim2mg$抗坏血酸）倒入100mL容量瓶中，用10g/L草酸溶液稀释至刻度，混匀，过滤，滤液备用。

(2) 干样制备　称$1\sim4g$干样（含$1\sim2mg$抗坏血酸）放入乳钵内，加入10g/L草酸溶液磨成匀浆，倒入100mL容量瓶内，用10g/L草酸溶液稀释至刻度，混匀，过滤，滤液备用。

2. 氧化处理

取 25mL 上述滤液，加入 2g 活性炭，振摇 1min，过滤，弃去最初数毫升滤液，取 10mL 此氧化提取液，加入 10mL 20g/L 硫脲溶液，混匀，此试样为稀释液。

3. 呈色反应

取三个试管中各加入 4mL 稀释液，一个试管作为空白，其余试管中加入 1.0mL 20g/L 2,4-二硝基苯肼溶液，将所有试管放入 (37.0±0.5)℃恒温箱或水浴中，保温 3h。

3h 后取出，除空白管外，其余试管放入冰水中。空白管取出后冷却至室温，然后加入 1.0mL 20g/L 2,4-二硝基苯肼溶液，室温下放置 10～15min 后放入冰水中。

4. 硫酸处理

试管放入冰水中，向每一试管加入 5mL 85％硫酸，边加边摇，滴加时间至少需要 1min，然后将试管自冰水中取出，室温下放置 30min 后比色。

5. 比色

用 1cm 比色皿，以空白液调零点，于 500nm 波长下测吸光值。

6. 标准曲线的绘制

① 加 2g 活性炭于 50mL 标准溶液中，振动 1min，过滤。

② 将 10mL 滤液移入 500mL 容量瓶中，加 5.0g 硫脲，用 10g/L 草酸溶液稀释至刻度，抗坏血酸浓度 20μg/mL。

③ 取 5mL、10mL、20mL、25mL、40mL、50mL、60mL 上述溶液，分别放入 7 个 100mL 容量瓶中，用 10g/L 硫脲溶液稀释至刻度，标准溶液中抗坏血酸的浓度分别为 1μg/mL、2μg/mL、4μg/mL、5μg/mL、8μg/mL、10μg/mL、12μg/mL。

④ 按试样测定步骤 3、4 形成脲并比色。

⑤ 以吸光值为纵坐标，抗坏血酸浓度（μg/mL）为横坐标绘制标准曲线。

7. 结果结算

$$X = \frac{c \times V}{m} \times F \times \frac{100}{1000}$$

式中 　X——试样中总抗坏血酸含量，mg/100g；

　　　c——由标准曲线查得"试样氧化液"中总抗坏血酸的浓度，μg/mL；

　　　V——试样用 10g/L 草酸溶液定容的体积，mL；

　　　F——试样氧化处理过程中的稀释倍数；

　　　m——试样的质量，g。

8. 试剂

① 4.5mol/L 硫酸：量取 250mL 硫酸（相对密度 1.84）小心地加入 700mL 水中，冷却后用水稀释至 1000mL。

② 85％硫酸：量取 900mL 硫酸（相对密度 1.84）小心地加入 100mL 水中。

③ 2,4-二硝基苯肼溶液（20g/L）：称取 2g 2,4-二硝基苯肼，用 100mL 4.5mol/L 硫酸溶解，过滤。

④ 草酸溶液（20g/L）：20g 草酸（$H_2C_2O_4$）溶于 700mL 水中，稀释至 1000mL。

⑤ 草酸溶液（10g/L）：量取 500mL 20g/L 草酸溶液，稀释至 1000mL。

⑥ 硫脲溶液（10g/L）：称取 5g 硫脲于 500mL 10g/L 草酸溶液中。

⑦ 硫脲溶液（20g/L）：称取 10g 硫脲溶于 500mL 10g/L 草酸溶液中。

⑧ 1mol/L 盐酸：量取 100mL 盐酸，加水稀释至 1200mL。

⑨ 抗坏血酸标准溶液：称取 100mg 纯抗坏血酸溶解于 100mL 2％草酸溶液中，此溶液

每毫升相当于1mg抗坏血酸。

⑩ 活性炭：将100g活性炭加到750mL 1mol/L盐酸中，回流1～2h，过滤，用水洗数次，至滤液中无Fe^{3+}为止（利用普鲁士蓝反应，将2%亚铁氰化钾与1%盐酸等量混合，滴入上述洗出滤液，有铁离子时则产生蓝色沉淀），然后置于110℃烘箱中烘干。

9. 仪器

① 恒温箱：（37.0±0.5）℃。

② 紫外-可见分光光度计。

③ 捣碎机。

四、相关知识

（一）食品中维生素C含量测定——2,4-二硝基苯肼法原理

总抗坏血酸包括还原型、脱氢型和二酮古乐糖酸，试样中还原型抗坏血酸经活性炭氧化为脱氢抗坏血酸，再与2,4-二硝基苯肼作用生成红色脎，根据脎在硫酸溶液中的含量与抗坏血酸含量成正比，进行比色定量。

本法摘自GB/T 5009.86—2003，适用于蔬菜、水果及其制品中总抗坏血酸的测定。

（二）注意事项

① 实验全过程应避光。

② 活性炭对抗坏血酸的氧化作用，是基于表面吸附的氧进行界面反应，加入量过低，氧化不充分，测定结果偏低；加入量过高，对抗坏血酸有吸附作用，结果也偏低。

③ 对无色或已脱色的样品，也可用溴液或2,6-二氯靛酚作氧化剂。

④ 硫脲的作用在于防止抗坏血酸继续氧化，同时促进脎的形成，溶液中硫脲的浓度要一致，否则影响测定结果。

⑤ 加入85%硫酸显色后，溶液颜色可随时间延长而加深，故加入85%硫酸后，30min后，应准时比色。

⑥ 不易过滤的试样可用离心机离心，取上清液过滤，备用。

五、测定食品中维生素C的方法

维生素是生物体新陈代谢过程中必不可少的天然有机化合物，目前已知的维生素有30多种，其中被认为对维持人体健康和促进发育至关重要的有20多种，根据其溶解性，可分为脂溶性维生素（如维生素A、维生素D、维生素K、维生素E）及水溶性维生素（如维生素C、B族维生素等）两大类。大多数维生素是人体酶系统中辅酶或辅基的组成成分，在蛋白质、脂肪、碳水化合物和有机体的代谢中有着重要作用。除少数几种维生素可在人体内合成外，其余维生素都需从食物中摄取，没有任何一种食物含有可以满足人体所需的全部维生素，在日常生活中合理调配饮食结构，才能得到适量的各种维生素。

测定食品中维生素的含量，在评价食品的营养价值，开发利用富含维生素的食品资源，指导人们合理调整膳食结构，防止维生素缺乏症，研究维生素在食品加工、储存等过程中的稳定性，指导人们制定合理的工艺条件及储存条件，最大限度地保留各种维生素，监督维生素强化食品的强化剂量，防止因摄入过多而引起维生素中毒症等方面，都具有十分重要的意义和作用，是食品分析的重要内容。在食品工业上，维生素C是一种营养添加剂、强化剂；由于维生素C具有强还原性，它又是一种广泛应用的抗氧化剂。

维生素C的测定方法有荧光法、化学分析法、仪器分析法、微生物法等。

项目二　测定食品中的维生素 B_1

一、案例

维生素 B_1 又称硫胺素或抗神经炎素，是维生素中发现最早的一种，由嘧啶环和噻唑环结合而成，为无色结晶体，溶于水，在酸性溶液中很稳定，在碱性溶液中不稳定，易被氧化和受热破坏，人体内，维生素 B_1 以辅酶形式参与糖的分解代谢，有保护神经系统的作用；还能促进肠胃蠕动，增加食欲。维生素 B_1 主要存在于种子的外皮和胚芽中，如在米糠和麸皮中含量很丰富，酵母菌、瘦肉中含量也较丰富。目前所用的维生素 B_1 大多数属于化学合成品。

二、选用的国家标准

GB/T 9695.27—2008 肉与肉制品维生素 B_1 含量测定。

三、测定方法

1. 试样处理

样品采集后用匀浆机打成匀浆（或者将样品尽量粉碎），避免温度超过 25℃，将试样装于密封容器中，防止变化或成分改变，试样应在 24h 内尽快分析。

2. 水解

称取 4～6g 试样（精确至 0.001g），置于 150mL 具塞锥形瓶中，加入 0.1mol/L 盐酸 50mL，摇匀，于沸水浴中水解 30min，取出，冷却至室温。

3. 酶解

用 0.5mol/L 乙酸钠溶液调节试样水解液，使 pH 值为 4.0～4.5，加入高峰氏淀粉酶溶液（100g/L）5mL，混匀，置于 45～50℃恒温箱或水浴中保温 3h，取出冷却后用 0.1mol/L 盐酸调 pH 值约为 3.5，将溶液全部转移至 100mL 容量瓶中，用水定容，混匀，用滤纸过滤，取滤液备用。

4. 净化

吸取酶解滤液 25.00mL，注入人造沸石玻璃色谱柱，控制色谱柱流速约为 1mL/min，弃去流出液。用 15mL 近沸热水分 3 次洗涤色谱柱，弃去流出液。用 20mL 60～80℃热的酸性氯化钾溶液，分 5 次洗脱维生素 B_1，收集于 25mL 容量瓶中，冷却后用酸性氯化钾溶液定容，混匀备用。

5. 氧化

取两支 50mL 具塞比色管，各加入 1.5g 氯化钾或氯化钠，再加入 5.0mL 试样溶液，一支加入 3.0mL 氧化剂，立即旋摇试管，混匀，随即加入 10mL 异丁醇萃取，塞上塞子振摇 90s，静置分层。另一支试管做空白对照，加入 3mL 150g/L 氢氧化钠溶液，旋摇混匀，随即加入 10.00mL 异丁醇溶液萃取，静置分层。异丁醇层用无水硫酸钠脱水。

6. 测定

调节荧光激发波长 365nm；发射波长 435nm；狭缝 5mm。取异丁醇萃取液置于比色皿中，测定氧化样品管和空白对照管中溶液的荧光强度。

7. 标准溶液的处理和测定

吸取 2.00mL 维生素 B_1 标准工作液，于 150mL 具塞锥形瓶中，按照上述方法进行水解、酶解、净化、氧化和测定。

8. 结果计算

$$X = \frac{I - I_0}{Q - Q_0} \times \frac{20}{m \times 1000} \times 100$$

式中 X——样品中维生素 B_1 的含量，mg/100g；

I——氧化样管中异丁醇溶液的荧光强度；

I_0——空白样管中异丁醇溶液的荧光强度；

Q——氧化标准管中异丁醇溶液的荧光强度；

Q_0——空白标准管中异丁醇溶液的荧光强度；

20——2.00mL 10μg/mL 维生素 B_1 标准工作液含维生素 B_1 的量，μg；

m——试样质量，g。

9. 试剂

① 0.1mol/L 盐酸。

② 异丁醇。

③ 氯化钾或氯化钠。

④ 2mol/L 乙酸钠溶液：27.2g 三水乙酸钠，溶于水中，定容至 100mL。用冰乙酸调 pH 值为 4.5。

⑤ 高峰氏淀粉酶溶液（100g/L）。

⑥ 氢氧化钠溶液（150g/L）。

⑦ 氧化剂：10g/L 铁氰化钾 1mL，用 150g/L 氢氧化钠溶液稀释至 100mL，用时现配。

⑧ 酸性氯化钾溶液：250g/L 氯化钾 1L＋8.5mL 浓盐酸。

⑨ 无水硫酸钠。

⑩ 人造沸石：市售品需经过活化处理。

⑪ 冰乙酸。

⑫ 酸性乙醇：用 0.1mol/L 盐酸调乙醇溶液（乙醇：水＝1：4）pH 值为 3.4～4.3。

⑬ 维生素 B_1 标准溶液：具体如下。

标准储备液：称取 50.0mg 维生素 B_1 标准品，置于 500mL 棕色容量瓶中，用酸性乙醇溶解并定容，于 4℃下保存，此溶液维生素 B_1 含量为 100μg/mL。

标准工作液：吸取标准储备液 10mL 置于 100mL 棕色容量瓶中，用酸性乙醇定容，此溶液维生素 B_1 含量为 10μg/mL。

10. 仪器

① 荧光分光光度计。

② 人造沸石玻璃色谱柱：将脱脂棉置于玻璃色谱柱中，倾入悬浮于水中的人造沸石高度约为 10cm（约用 1.5g 人造沸石），洗下储液槽壁上的人造沸石颗粒，在吸附过程中液面要始终高于沸石表面，防止柱内有气泡，色谱柱可控制流速 1mL/min。

③ 培养箱或恒温水浴。

四、相关知识

（一）食品中维生素 B_1 的测定——比色法原理

试样经水解、酶解，游离的硫胺素在碱性铁氰化钾溶液中定量氧化成噻嘧色素，在紫外线下噻嘧色素发出荧光。在激发波长 365nm、发射波长 435nm 处测定荧光强度，没有其他荧光物质干扰时，此荧光强度与噻嘧色素量成正比，以此计算硫胺素的含量。

本法摘自 GB/T 9695.27—2008，适用于各类食物中硫胺素的测定，但不适用于有吸附硫胺素能力的物质和含有影响噻嘧色素荧光物质的样品。

（二）注意事项

① 如样品中含杂质过多，应经过离子交换剂处理，使硫胺素与杂质分离，然后以所得溶液进行测定。

② 样品与亚铁氰化钾溶液混合后，所呈现的黄色至少保持 15s，否则应再滴加 1～2 滴。

③ 紫外线能破坏硫色素，形成硫色素后要迅速测定，并避光处理。

④ 氧化是操作的关键步骤，操作中要保持加试剂速度一致。

⑤ 人造沸石活化处理，具体如下。

a. 处理方法　将 40～60 目人造沸石颗粒置于烧杯中，加约 5 倍量的热水搅拌，静置后倾出上清液，重复操作，直至上清液透明，加约 5 倍量的 3%乙酸溶液搅拌浸泡 10min，静置后倾去上清液，重复 3 次。加入约 5 倍量的酸性氯化钾溶液，在沸水浴中加热 25min，弃去上清液，用 3%乙酸溶液洗涤 2 次后，用水反复洗至无氯离子为止（可用硝酸银溶液检查）。将处理好的人造沸石浸没于水中保存，也可于 80℃存放备用。

b. 回收率的测定　吸取 2.00mL 维生素 B_1 标准工作液于 100mL 容量瓶中，用水定容。吸取 25.00mL 稀释液两份，一份做净化、氧化、测定处理，另一份只做氧化、测定处理。净化回收率大于 85%即可。

项目三　测定食品中的维生素 B_2

一、案例

维生素 B_2，又称核黄素，分子式 $C_{17}H_{20}N_4O_6$，是人体必需的维生素之一，作为 B 族维生素的成员之一，微溶于水，可溶于氯化钠溶液，易溶于稀的氢氧化钠溶液。维生素 B_2 是机体中许多酶系统的重要辅基的组成成分，参与物质和能量代谢。膳食调查发现，维生素 B_2 缺乏较为普遍，小儿由于生长发育快，代谢旺盛，若不注意，小儿更易缺乏维生素 B_2，从食物中补充维生素 B_2 十分重要。食物来源较多的是乳类及其制品、动物肝脏与肾脏、蛋黄、鳝鱼、胡萝卜、酿造酵母、香菇、紫菜、茄子、鱼、芹菜、橘子、柑、橙等。

二、选用的国家标准

GB 14752—2010 食品添加剂——维生素 B_2（核黄素）。

三、测定方法

1. 测定

避光操作，称取本品 0.075g（准确至 0.001g），置于烧杯中，加冰乙酸 1mL 和水 75mL，煮沸溶解后，冷却，移至 500mL 棕色容量瓶中，加水稀释定容，摇匀。用移液管量取 10mL 样液，置于 100mL 棕色容量瓶中，加乙酸钠溶液 7mL，加水定容，摇匀。用分光光度计于 444nm 波长处测吸光度，以水做空白试验。

2. 结果计算

$$X = \frac{A \times 5000}{323 \times m(1-x_1) \times 100}$$

式中　X——样品中核黄素的质量分数，%；

323——$C_{17}H_{20}N_4O_6$ 的吸收系数；

  A——吸收度；

  m——样品质量，g；

  x_1——干燥失重，%；

5000——实验样品稀释体积。

3. 试剂

① 冰乙酸：分析纯。

② 乙酸钠溶液：称取乙酸钠 3.5g 至 250mL 容量瓶中，加水定容，摇匀。

4. 仪器

分光光度计。

四、相关知识

食品中的维生素 B₂ 的测定——分光光度法原理

样品中的维生素 B₂ 加热溶于酸性水溶液中，并保持稳定性，在 440nm 波长处最大吸光值，吸光值大小与浓度成正比，可得样品中维生素 B₂ 的含量。

本法摘自 GB 14752—2010，适用于化学合成法及生物发酵法制得的食品添加剂核黄素含量的测定。

项目四　测定食品中的维生素 A、维生素 E

一、案例

乳粉是人们熟悉的营养品，它除了提供丰富的蛋白质、脂肪等营养物质外，还含有大量的维生素。维生素 A 又名视黄醇，只存在于动物组织中，在植物体内则以胡萝卜素的形式存在。维生素 A 为条状淡黄色晶体，熔点 62～64℃，不溶于水，能溶于乙醇、甲醇、氯仿、乙醚和苯等有机溶剂，易被氧化破坏，对酸不稳定。

维生素 E 又称生育酚，属于酚类物质，为黄色油状液体，溶于脂溶性溶剂，对热稳定，在酸性环境比碱性环境稳定，在无氧条件下，对热与光以及对碱性环境也相对较为稳定。

二、选用的国家标准

GB/T 5009.82—2003 食品中维生素 A 和维生素 E 的测定。

三、测定方法

1. 皂化

称取适量样品 1.0～10.0g（含维生素 A 约 3μg，维生素 E 各异构体约 40μg）于皂化瓶中，加 30mL 无水乙醇，振摇使样品分散；加入 5mL 100g/L 抗坏血酸溶液和 2.00mL 苯并[e]芘溶液（5μg/L，内标用），混匀，加 10mL 50%氢氧化钾溶液，混匀，于沸水浴上回流 30min，使皂化完全，皂化后立即放入冰水中冷却。

2. 提取

将皂化后的样品移入分液漏斗中，用 50mL 水分 2～3 次洗皂化瓶，洗液并入分液漏斗中；用 100mL 无水乙醚分 2 次洗皂化瓶及残渣，乙醚液并入分液漏斗中；轻轻振摇分液漏斗 2min，静置分层，弃去水层；每次用约 50mL 水将乙醚液洗至中性，约 4～5 次。

3. 浓缩

将乙醚提取液经无水硫酸钠（约 5g）滤入与旋转蒸发器配套的 250～300mL 球形蒸发瓶内，用约 100mL 乙醚冲洗分液漏斗及无水硫酸钠 3 次，并入蒸发瓶内，于 55℃水浴中减压蒸馏并回收乙醚，待瓶中乙醚剩下约 2mL 时，取下蒸发瓶，用氮气吹干乙醚，随即加入 2mL 乙醇，充分混合、溶解提取物；将乙醇液移入塑料离心管中，于 3000r/min 下离心 5min，上清液供色谱分析用。

4. 液相色谱分析

色谱推荐条件如下。

预柱：ODS 10μm，4mm×4.5cm。

分析柱：ODS 5μm，4.6mm×25cm。

流动相：甲醇：水＝98：2，混匀，临用前脱气。

紫外检测器波长：300nm，量程 0.02。

进样量：20μL。

流速：1.65～1.70mL/min。

5. 计算

$$X = \frac{\rho \times V}{m} \times \frac{100}{1000}$$

式中 X——某种维生素的含量，mg/100g；

ρ——由标准曲线上查到某种维生素的含量，μg/mL；

V——样品浓缩定容体积，mL；

m——样品质量，g。

6. 试剂

① 无水乙醚：不含有过氧化物。

② 无水乙醇：不得含有醛类物质。

检查方法：取 2mL 银氨溶液于试管中，加入少量乙醇，摇匀，再加入氢氧化钠溶液，加热，放置冷却后，若有银镜反应则表示乙醇中有醛。

脱醛方法：取 2g 硝酸银溶于少量水中。取 4g 氢氧化钠溶于温乙醇中。将两者倾入 1L 乙醇中，振摇后，放置暗处两天（不时摇动，促进反应），经过滤，置蒸馏瓶中蒸馏，弃去初蒸出的 50mL。当乙醇中含醛较多时，硝酸银用量适当增加。

③ 无水硫酸钠。

④ 甲醇：重蒸后使用。

⑤ 重蒸水：水中加少量高锰酸钾，临用前蒸馏。

⑥ 抗坏血酸溶液（100g/L）：临用前配制。

⑦ 氢氧化钾溶液（1＋1）。

⑧ 氢氧化钠溶液（100g/L）。

⑨ 硝酸银溶液（50g/L）。

⑩ 银氨溶液：加氨水至硝酸银溶液（50g/L）中，直至生成的沉淀重新溶解为止，再加氢氧化钠溶液（100g/L）数滴，如发生沉淀，再加氨水直至溶解。

⑪ 维生素 A 标准液：视黄醇（纯度 85％）或视黄醇乙酸酯（纯度 90％）经皂化处理后使用。用脱醛乙醇溶解维生素 A 标准品，使其浓度大约为 1mL 相当于 1mg 视黄醇。临用前用紫外分光光度法标定其准确浓度。

⑫ 维生素 E 标准液：α-生育酚（纯度 95％），γ-生育酚（纯度 95％），δ-生育酚（纯度 95％）。用脱醛乙醇分别溶解以上三种维生素 E 标准品，使其浓度大约为 1mL 相当于 1mg。临用前用紫外分光光度法分别标定此三种维生素 E 的准确浓度。

⑬ 内标溶液：称取苯并［e］芘（纯度 98％），用脱醛乙醇配制成每 1mL 相当于 10μg 苯并［e］芘的内标溶液。

⑭ pH＝1～14 试纸。

四、相关知识

（一）食品维生素 A 及维生素 E 的测定——高效液相色谱法原理

样品中维生素 A 及维生素 E 经皂化提取处理后，将其从不可皂化部分提取至有机溶剂中。用高效液相色谱法 C_{18} 反相柱将维生素 A 和维生素 E 分离，经紫外检测器，用内标法定量测定。

本法摘自 GB/T 5009.82—2003，适用于各种食物和饲料中维生素 A 和维生素 E 的同时测定。

（二）注意事项

① 定性方法采用标准物色谱图的保留时间定性，定量方法采用内标两点法进行定量计算。先制备标准曲线，根据色谱图求出某种维生素峰面积与内标物峰面积的比值，以此值在标准曲线上查到其含量。或用回归方程求出其含量。用微处理机两点内标法进行计算时，按其计算公式由微机直接给出结果。

② 维生素 A 极易被光破坏，实验操作应在微弱光线下进行，或用棕色玻璃仪器，避免维生素的破坏。

③ 本法不能将 β-生育酚和 γ-生育酚分开，故 γ-生育酚峰中含有 β-生育酚峰。

④ 皂化法适用于维生素 A 含量不高的样品，可减少脂溶性物质的干扰，但操作费时，且易导致维生素 A 的损失。

⑤ IU 是国际单位。1IU 的维生素 A 相当于 0.3μg 的维生素 A；1IU 的维生素 E 相当于 1mg 的维生素 E。

五、测定食品中的维生素 A 和维生素 E 的方法

1. 三氯化锑比色法测定维生素 A

测定维生素 A 可以采用比色法：即维生素 A 在三氯甲烷中与三氯化锑相互作用，产生蓝色物质，其深浅与溶液中所含维生素 A 的含量成正比。该蓝色物质虽不稳定，但在一定时间内可用分光光度计于 620nm 波长处测定其吸光度。

由于维生素 A 与三氯化锑生成的蓝色物质很不稳定，要在 6s 内完成吸光度的测定，否则蓝色反应逐渐消失，使结果偏低。因此，该测定方法受到限制。

2. 比色法测定维生素 E

利用维生素 E 将三价铁还原成二价铁，在 pH 值 2～9 范围内，二价铁与邻菲罗啉反应生成橙红色的配合物，在 510nm 波长处，测定溶液的吸光度。

3. 荧光法测定维生素 E

样品经皂化、提取、浓缩处理后，用正己烷提取不可皂化部分。在 295nm 激发波长、324nm 的发射波长下，测定其荧光强度，与标准曲线比较，从而计算出样品中维生素 E 的含量。

项目五　测定食品中的维生素 D

一、案例

维生素 D（vitaminD）为固醇类衍生物，又称抗佝偻病维生素，维生素 D 主要包括 D_2 和 D_3 两种。维生素 D 的主要功能是调节体内钙、磷代谢，维持血钙和血磷的水平，从而维持牙齿和骨骼的正常生长和发育，儿童缺乏维生素 D，易发生佝偻病，是婴幼儿期常见的营养缺乏症之一，临床以多汗、夜惊、烦躁不安和骨骼改变为特征。维生素 D 部分存在于天然食物中，人体维生素 D 主要是紫外线的照射后，由体内 7-脱氢胆固醇能转化而来，婴幼儿食品中需要添加维生素 D 强化剂。

二、选用的国家标准

GB 5413.9—2010 食品安全国家标准　婴幼儿食品和乳品中维生素 A、维生素 D、维生素 E 的测定。

三、测定方法

1. 试样处理

（1）含淀粉的试样　称取混合均匀的固体试样约 5g 或液体试样约 50g（精确到 0.1mg）于 250mL 锥形瓶中，加入 1g α-淀粉酶，固体试样需用约 50mL 45～50℃的水使其溶解，混合均匀后充氮，盖上瓶塞，置于（60±2）℃培养箱内培养 30min。

（2）不含淀粉的试样　称取混合均匀的固体试样约 10g 或液体试样约 50g（精确到 0.1mg）于 250mL 锥形瓶中，固体试样需用约 50mL 45～50℃水使其溶解，混合均匀。

测定维生素 D 的试样需要做回收率实验。

2. 待测液的制备

（1）皂化　于上述处理的试样溶液中加入约 100mL 15g/L 维生素 C 的乙醇溶液，充分混匀后加 25mL 氢氧化钾水溶液混匀，放入磁力搅拌棒，充氮排出空气，盖上胶塞。在 1000mL 的烧杯中加入约 300mL 的水，将烧杯放在恒温磁力搅拌器上，当水温控制在（53±2）℃时，将锥形瓶放入烧杯中，磁力搅拌皂化约 45min 后，取出立刻冷却到室温。

（2）提取　用少量的水将皂化液全部转入 500mL 分液漏斗中，加入 100mL 石油醚，轻轻摇动，排气后盖好瓶塞，室温下振荡约 10min 后静置分层，将水相转入另一 500mL 分液漏斗中，按上述方法进行第二次萃取。合并醚液，用水洗至近中性。醚液通过无水硫酸钠过滤脱水，滤液收入 500mL 圆底烧瓶中，于旋转蒸发器上在（40±2）℃充氮条件下蒸至近干（绝不允许蒸干）。残渣用石油醚转移至 10mL 容量瓶中，定容。

从上述容量瓶中准确移取 7.0mL 石油醚溶液放入一试管中，将试管置于（40±2）℃的氮吹仪中，将试管中的石油醚吹干。向试管中加 2.0mL 正己烷，振荡溶解残渣，再将试管以不低于 5000r/min 的速度离心 10min，取出静置至室温后为待测液。

3. 维生素 D 待测液的净化

色谱参考条件如下。

色谱柱：硅胶柱，150mm×4.6mm，或具同等性能的色谱柱。

流动相：环己烷与正己烷按体积比 1：1 混合，并按体积分数 0.8% 加入异丙醇。

流速：1mL/min。

波长：264nm。

柱温：(35±1)℃。

进样体积：500μL。

取约 0.5mL 维生素 D 标准储备液于 10mL 具塞试管中，在 (40±2)℃的氮吹仪上吹干。残渣用 5mL 正己烷振荡溶解。取该溶液 50μL 注入液相色谱仪中测定，确定维生素 D 的保留时间。然后将 500μL 待测液注入液相色谱仪中，根据维生素 D 标准溶液的保留时间收集维生素 D 馏分于试管中。将试管置于 (40±2)℃条件下的氮吹仪中吹干，取出准确加入 1.0mL 甲醇，残渣振荡溶解，即为维生素 D 测定液。

4. 维生素 D 测定液的测定

参考色谱条件如下。

色谱柱：C_{18}柱，250mm×4.6mm，5μm，或具同等性能的色谱柱。

流动相：甲醇。

流速：1mL/min。

检测波长：264nm。

柱温：(35±1)℃。

进样量：100μL。

(1) 标准曲线的绘制　分别准确吸取维生素 D_2（或 D_3）标准储备液 0.20mL、0.40mL、0.60mL、0.80mL、1.00mL 于 100mL 棕色容量瓶中，用乙醇定容至刻度混匀。此标准系列工作液浓度分别为 0.200μg/mL、0.400μg/mL、0.600μg/mL、0.800μg/mL、1.000μg/mL。分别将维生素 D_2（或 D_3）标准工作液注入液相色谱仪中，得到峰高（或峰面积），以峰高（或峰面积）为纵坐标，以维生素 D_2（或 D_3）标准工作液浓度为横坐标分别绘制标准曲线。

(2) 样液维生素 D 的测定　吸取维生素 D 测定液 100μL 注入液相色谱仪中，得到峰高（或峰面积），根据标准曲线得到维生素 D 测定液中维生素 D_2（或 D_3）的浓度。维生素 D 回收率测定结果记为回收率校正因子 f。

5. 结果计算

$$X=\frac{C_s\times10/7\times2\times2\times100}{m\times f}$$

式中　X——试样中维生素 D_2（或 D_3）的含量，μg/100g；

C_s——从标准曲线上得到的维生素 D_2（或 D_3）待测液的浓度，μg/mL；

m——试样的质量，g；

f——回收率校正因子。

6. 试剂

① α-淀粉酶：酶活力≥1.5U/mg。

② 无水硫酸钠。

③ 异丙醇：色谱纯。

④ 乙醇：色谱纯。

⑤ 氢氧化钾水溶液：称取固体氢氧化钾 250g，加入 200mL 水溶解。

⑥ 石油醚：沸程 30～60℃。

⑦ 甲醇：色谱纯。

⑧ 正己烷：色谱纯。

⑨ 环己烷：色谱纯。

⑩ 维生素 C 的乙醇溶液（15g/L）。

⑪ 维生素 D 标准溶液：如下。

a. 维生素 D_2 标准储备液（$100\mu g/mL$）：精确称取 10mg 维生素 D_2 标准品，用乙醇溶解并定容于 100mL 棕色容量瓶中。

b. 维生素 D_3 标准储备液（$100\mu g/mL$）：精确称取 10mg 维生素 D_3 标准品，用乙醇溶解并定容于 100mL 棕色容量瓶中。

7. 仪器

① 高效液相色谱仪，带紫外检测器。

② 旋转蒸发器。

③ 恒温磁力搅拌器：20～80℃。

④ 氮吹仪。

⑤ 离心机：转速≥5000r/min。

⑥ 培养箱：（60±2）℃。

⑦ 天平：感量为 0.1mg。

四、相关知识

（一）食品中维生素 D 含量的测定——高效液相色谱法原理

试样皂化后，经石油醚萃取，维生素 D 用正相色谱法净化后，用反相色谱法分离，用外标法定量。

本法摘自 GB 5413.9—2010，适合于婴幼儿食品和乳品中维生素 D 的测定。

（二）注意事项

① 试样中维生素 D 的含量以维生素 D_2 和 D_3 的含量总和计。

② 维生素 D 标准储备液须在－10℃以下避光储存，标准工作液临用前配制，标准储备溶液用前需校正。

③ 本法维生素 D 检出限为 $0.20\mu g/100g$。

五、测定食品中维生素 D 的方法

三氯化锑比色法：在三氯甲烷中，维生素 D 与三氯化锑结合生成一种橙黄色化合物，呈色强度与维生素 D 的含量成正比。

思 考 题

1. 维生素 C 测定中形成的腙如何溶解，怎样操作？

2. 维生素 B_2 测定中为什么说氧化是操作的关键步骤？

3. 如何对含量低的维生素 A 和维生素 E 进行提取和浓缩？

4. 如何对维生素 D 待测液进行净化处理？

任务十　测定食品中的营养元素

【技能目标】

会测定食品中的铁、锌、钠、钾、钙、镁、碘、硒、磷等营养元素。

【知识目标】

明确常见食品中的铁、锌、钠、钾、钙、镁、碘、硒、磷含量，以及测定原理。

项目一　测定食品中的铁

一、案例

黑木耳是味道鲜美、营养丰富的食用菌，含有丰富的蛋白质、铁、钙、维生素、粗纤维，被营养学家誉为"素中之荤"和"素中之王"。特别是黑木耳的含铁量很高，比蔬菜中含铁量高的芹菜高 20 倍，比动物性食品中含铁量高的猪肝还高约 7 倍，为各种食品含铁之冠，是一种非常好的天然补血食品，每 100g 黑木耳中含铁 98mg。

二、选用的国家标准

GB/T 5009.90—2003 食品中铁、镁、锰的测定——原子吸收光谱法。

三、测定方法

1. 样品消化

精确称取均匀样品干样 0.5～1.5g 于 250mL 高型烧杯中，加混合酸消化液 20～30mL，上盖表面皿，置于电热板或电沙浴上加热消化，未消化彻底而酸液过少时，需补加混合酸消化液，继续加热消化，直至无色透明为止，再加几毫升水，加热以除去多余的硝酸。待烧杯中的液体接近 2～3mL 时，取下冷却。将消化液用去离子水洗并转移至 10mL 刻度试管中，加水定容。

2. 试剂空白液的制备

取与消化样品相同量的混合酸消化液，按上述操作制作试剂空白实验溶液。

3. 铁标准系列使用液的制备

分别准确吸取 0.50mL、1.0mL、2.0mL、3.0mL、4.0mL 铁标准使用液，分别置于 100mL 容量瓶中．用 0.5mol/L 硝酸稀释至刻度，混匀，此标准系列使用液每毫升含铁量分别为 0.5μg、1.0μg、2.0μg、3.0μg、4.0μg。

4. 仪器条件

波长 248.3nm，灯电流、狭缝、空气乙炔流量及灯头高度均按仪器说明调至最佳状态。

5. 测定

① 标准曲线的绘制：将不同浓度的铁标准系列使用液分别导入火焰原子化器进行测定，记录其对应的吸光度值，以标准溶液铁浓度为横坐标，对应的吸光度值为纵坐标，绘制标准曲线。

② 将处理好的试剂空白液、样品溶液使用液分别导入火焰原子化器进行测定，记录其对应的吸光度值，与标准曲线比较定量。

6. 结果计算

$$X = \frac{(c - c_0) \times V \times f \times 100}{m \times 1000}$$

式中　X——试样中铁的含量，mg/100g；

　　　c——由标准曲线查得测定用试样中铁的浓度，$\mu g/mL$；

　　　c_0——由标准曲线查得试剂空白液中铁的浓度，$\mu g/mL$；

　　　V——样品定容体积，mL；

　　　f——稀释倍数；

　　　m——试样的质量，g。

7. 试剂

① 混合酸消化液：硝酸＋高氯酸＝4＋1。

② 0.5mol/L 硝酸溶液：量取 32mL 硝酸，加去离子水并稀释至 1000mL。

③ 铁标准溶液：准确称取金属铁（纯度大于 99.99%）1.0000g，或含 1.0000g 纯金属相对应的氧化物。分别加硝酸溶解并移入 1000mL 容量瓶中，加 0.5mol/L 硝酸溶液并稀释至刻度，此溶液浓度为 $1000\mu g/mL$，储存于聚乙烯瓶内，4℃保存。

④ 铁标准使用液：准确吸取铁标准溶液 10.0mL，置于 100mL 容量瓶中，用 0.5mol/L 硝酸稀释至刻度，得到浓度为 $100\mu g/mL$ 的铁标准使用液。储存于聚乙烯瓶内，4℃保存。

8. 仪器

① 原子吸收分光光度计。

② 铁空心阴极灯。

四、相关知识

(一) 食品中铁含量的测定——火焰原子吸收光谱法原理

试样经湿消化后，导入原子吸收分光光度计中，经火焰原子化后，铁吸收 248.3nm 的共振线，吸收量与其含量成正比，与标准系列使用液比较定量。

本法摘自 GB/T 5009.90—2003，适用于各种食品中铁、镁、锰的测定。

(二) 注意事项

① 实验所用玻璃仪器均用重铬酸钾洗液浸泡数小时，再用洗衣粉充分洗刷，然后用水反复冲洗，最后用去离子水冲洗晒干或烘干，方可使用。

② 微量元素分析的试样制备过程中应特别注意防止各种污染。所用设备如电磨、绞肉机、匀浆器、打碎机等必须是不锈钢制品。所用容器必须使用玻璃或聚乙烯制品。

③ 本方法最低检出限为 $0.2\mu g/mL$。

④ 本法也是食品中镁、锰含量测定的国家标准检测方法，最低检出限为镁 $0.05\mu g/mL$，锰 $0.1\mu g/mL$。

五、测定食品中铁含量的方法

（一）食品中铁的意义

铁是人体内含量最多的一种必需微量元素，人体内铁总量为 4～5g，分功能铁和储存铁两种形式，功能铁是铁的主要存在形式，构成血红蛋白和肌红蛋白，参与氧的转运和利用，肌肉的收缩，同时还是机体中酶的重要组成成分，铁在体内的含量随年龄、性别、营养状况和健康状况而有很大的个体差异。食品中的肉、蛋、干果中均有丰富的铁，但能被机体利用的是二价铁，二价铁容易被氧化成三价铁，食品在储存过程中也会由于铁的污染出现金属味，色泽加深和食品中维生素分解等，所以食品中铁的测定不但具有营养学的意义，还可以鉴别食品的铁质污染。

铁的测定方法包括原子吸收光谱法、硫氰酸盐比色法、邻菲罗啉比色法、磺基水杨酸比色法等。原子吸收分光光度法快速、灵敏，其余方法操作简便、准确。

（二）邻菲罗啉比色法

样品溶液中的三价铁在酸性条件下还原为二价铁，然后与邻二氮菲作用生成红色络合离子，其颜色强度与铁的含量成正比。

1. 样品处理

称取有代表性的样品约 10.0g，置于瓷坩埚中，在小火上炭化后，移入 550℃高温炉中灰化成白色灰烬，取出，加入 2mL 盐酸溶液（1：1），在水浴上蒸干，再加 5mL 水，加热煮沸，冷却后移入 100mL 容量瓶中，用水稀释至刻度，摇匀。

2. 标准曲线的绘制

准确吸取每毫升相当于 10μg 铁的标准溶液 0、1.0mL、2.0mL、3.0mL、4.0mL 和 5.0mL，分别移入 50mL 容量瓶中，各加入 1mL 10％盐酸羟胺溶液、2mL 邻二氮菲溶液、5mL 乙酸钠溶液，每加一种试剂都要摇匀，然后用水稀释至 50mL，加水稀释至刻度，摇匀，放置 10min。以试剂空白（即 0.0mL 铁标准溶液）为参比，于 510nm 波长处测定各吸光度，绘制标准曲线。

3. 样品测定

吸取样液约 5mL 置于 50mL 容量瓶中，按标准曲线的制作步骤，加入各种试剂，测定吸光度，并从标准曲线中查出铁含量。

4. 结果计算

$$X = \frac{c \times f \times 100}{m \times 1000}$$

式中　X——试样液中铁的含量，mg/100g；

　　　c——由标准曲线中查得试样液中铁的浓度，μg/mL；

　　　m——试样质量，g；

　　　f——试样稀释倍数。

5. 试剂

① 10％盐酸羟胺溶液。

② 1：9 盐酸溶液。

③ 1mol/L 乙酸钠溶液。

④ 邻菲罗啉溶液：称取 0.12g 邻菲罗啉置于烧杯中，加入 60mL 水，加热至 80℃左右使之溶解，移入 100mL 容量瓶中，加水至刻度，摇匀备用。

⑤ 铁标准溶液：准确称取纯铁 0.1000g 溶于 10mL 10%硫酸中，加热至铁完全溶解，冷却后移入 100mL 容量瓶中，加水至刻度，摇匀备用。此溶液每毫升含铁 1mg，使用时用水配制成每毫升相当于 10μg 铁的标准溶液。

6. 仪器

分光光度计。

7. 注意事项

① 铜、镍、钴、锌、汞、铬、锰等离子也能与邻二氮菲生成稳定的络合物，少量时不影响测定，量大时可用 EDTA 掩蔽，或预先分离。

② 加入试剂的顺序不能任意改变，否则会因为铁离子水解等原因造成较大误差。

③ 分析过程要避免样品受到污染。

(三) 硫氰酸盐比色法简介

硫氰酸盐比色法与邻二氮菲比色法相似，在酸性溶液中，铁离子与硫氰酸钾作用，生成血红色的硫氰酸铁络合物，其颜色的深浅与铁离子的浓度成正比，可用分光光度法测定。

项目二　测定食品中的锌

一、案例

小麦加工的副产品主要有麸皮、麦胚等，小麦胚占小麦籽粒质量的 1.5%～3%，其营养成分丰富，主要有蛋白质、脂肪、灰分、粗纤维及铁、锌等微量元素，因此被誉为"人类天然的营养宝库"，资料显示，每 100g 小麦胚粉中含锌 23.4mg。

二、选用的国家标准

GB/T 5009.14—2003 食品中锌的测定——原子吸收光谱法。

三、测定方法

1. 样品消化

精确称取约 5.00～10.00g 样品，置于 50mL 瓷坩埚中，炭化后移入马弗炉中，(500±25)℃灰化约 8h 后，取出坩埚，放冷后再加入少量混合酸，小火加热，不使其干涸，必要时加入少许混合酸，如此反复处理，直至残渣中无炭粒，待坩埚稍冷，加 10mL 盐酸 (1mol/L)，溶解残渣并移入 50mL 容量瓶中，再用盐酸 (1mol/L) 反复洗涤坩埚，洗液并入容量瓶中，并稀释至刻度，混匀备用。

2. 试剂空白液的制备

取与消化样品相同量的混合酸和盐酸 (1mol/L)，作试剂空白实验溶液。

3. 锌标准系列使用液的制备

吸取 0、0.10mL、0.20mL、0.40mL、0.80mL 锌标准使用液，分别置于 50mL 容量瓶中，以 1mol/L 盐酸稀释至刻度，混匀，此标准系列使用液每毫升含锌量分别为 0、0.2μg、0.4μg、0.8μg、1.6μg。

4. 仪器参考条件

波长 213.8nm，灯电流、狭缝、空气乙炔流量及灯头高度均按仪器说明调至最佳状态。

5. 测定

① 标准曲线的绘制：将锌标准系列分别导入火焰原子化器进行测定，记录其对应的吸

光度值，以标准溶液锌的浓度为横坐标，对应的吸光度值为纵坐标，绘制标准曲线。

② 将处理好的试剂空白液、样品溶液分别导入火焰原子化器进行测定，记录其对应的吸光度值，与标准曲线比较定量。

6. 结果计算

$$X = \frac{(c - c_0) \times V \times 1000}{m \times 1000}$$

式中　X——试样中锌的含量，mg/kg 或 mg/L；

　　　c——测定用试样液中锌的含量，μg/mL；

　　　c_0——试剂空白液中锌的含量，μg/mL；

　　　m——试样质量或体积，g 或 mL；

　　　V——试样处理液的总体积，mL。

7. 试剂

① 混合酸：硝酸＋高氯酸＝5＋1。

② 1mol/L 盐酸。

③ 锌标准储备液：精确称取 0.500g 金属锌（纯度大于 99.99%）溶于 100mL 盐酸中，水浴蒸发近干，用少量水移入 1000mL 容量瓶中，加水定容，储存于聚乙烯瓶内，置冰箱保存，此溶液浓度为 500μg/mL。

④ 锌标准使用液：吸取锌标准储备液 10.0mL 置于 50mL 的容量瓶中，用 0.1mol/L 盐酸溶液稀释至刻度，得浓度为 100μg/mL 的锌标准使用液。

四、相关知识

（一）食品中锌含量的测定——火焰原子吸收光谱法原理

样品经消化后，导入原子吸收分光光度计中，经火焰原子化后，吸收波长 213.8nm 的共振线，其吸收量与锌含量成正比，与标准曲线比较定量。

本法摘自 GB/T 5009.14—2003，适用于所有含锌食品的测定。

（二）注意事项

① 本方法最低检出限为 0.4μg/mL。

② 谷类样品去除其中杂物及尘土，必要时除去外壳，磨碎，过 40 目筛，混匀。

五、测定食品中锌含量的方法

（一）食品中锌的意义

锌是人类、动物和植物生长发育必需的微量元素之一，广泛分布在人体所有组织和器官中，成人体内锌含量为 2.0～2.5g，锌对生长发育、免疫功能、物质代谢和生殖功能等均有重要作用。动物性和植物性食物都含有锌，但食物中锌含量差别很大，吸收利用率也不相同，贝壳类海产品、红色肉类、动物内脏类是锌的极好来源；干果类、谷类胚芽和麦麸也富含锌，一般植物性食物含锌较低；干酪、虾、燕麦、花生酱、花生、玉米等为良好来源。精细的粮食加工过程可导致大量的锌丢失，如小麦加工成精面粉大约有 80% 锌被去掉。

锌的测定方法有原子吸收光谱法、二硫腙比色法、二硫腙比色法（一次提取）等，均出自 GB/T 5009.14—2003，属于国家标准检测方法。

（二）二硫腙比色法

试样经消化后，在 pH＝4.0～5.5 时，锌离子与二硫腙形成紫红色络合物，溶于四氯化碳。加入硫代硫酸钠，防止铜、汞、铋、银和镉离子等的干扰，与标准系列使用液比较定量。

1. 样品消化

同原子吸收光谱法。

2. 显色

准确吸取 5～10mL 定容的消化液和相同量的试剂空白液，分别置于 125mL 分液漏斗中，加入 5mL 水、0.5mL20％盐酸羟胺溶液，摇匀，再加 2 滴酚红指示剂，用氨水（1＋1）调节至红色，再多加 2 滴。再加 5mL 二硫腙-四氯化碳溶液（0.1g/L），剧烈振摇 2min，静置分层。将四氯化碳层移入另一分液漏斗中，水层再用少量二硫腙-四氯化碳溶液振摇提取，每次 2～3mL，直至二硫腙-四氯化碳溶液呈绿色不变为止。合并提取液，用 5mL 水洗涤，四氯化碳层用 0.02mol/L 盐酸提取 2 次，每次 10mL，提取时剧烈振摇 2min，合并盐酸提取液，并用少量四氯化碳洗去残留的二硫腙。

3. 测定

吸取 0、0.1mL、0.2mL、0.3mL、0.4mL、0.5mL 锌标准使用液（相当 0、1.0μg、2.0μg、3.0μg、4.0μg、5.0μg 锌），分别置于 125mL 分液漏斗中，各加 0.02mol/L 盐酸至 20mL。分别在试样提取液、试剂空白提取液及锌标准溶液各分液漏斗中加 10mL 乙酸-乙酸盐缓冲液、1mL25％硫代硫酸钠溶液，摇匀，再各加入 10.0mL 二硫腙使用液，剧烈振摇 2min，静置分层后，经脱脂棉将四氯化碳层滤入 1cm 比色皿中，以四氯化碳调节零点，于波长 530nm 处测吸光度，绘制标准曲线。

4. 结果计算

$$X=\frac{(A_1-A_2)\times1000}{m\times(V_1/V_2)\times1000}$$

式中 X——试样中锌的含量，mg/kg 或 mg/L；

A_1——测定用试样消化液中锌的质量，μg；

A_2——试剂空白液中锌的质量，μg；

m——试样质量或体积，g 或 mL；

V_2——试样消化液的总体积，mL；

V_1——测定用消化液的体积，mL。

5. 试剂

① 2mol/L 乙酸钠溶液：称取 68g 乙酸钠（$CH_3COONa\cdot3H_2O$），加水溶解后稀释至 250mL。

② 2mol/L 乙酸：取 10.0mL 冰乙酸，加水稀释至 85mL。

③ 乙酸-乙酸盐缓冲液：2mol/L 乙酸钠溶液与 2mol/L 乙酸等量混合，此溶液 pH 值为 4.7 左右。用 0.01％二硫腙-四氯化碳溶液提取数次，每次 10mL，除去其中的锌，至四氯化碳层绿色不变为止，弃去四氯化碳层，再用四氯化碳提取乙酸-乙酸盐缓冲液中过剩的二硫腙，至四氯化碳无色，弃去四氯化碳层。

④ 氨水（1＋1）。

⑤ 2mol/L 盐酸。

⑥ 0.02mol/L 盐酸。

⑦ 20％盐酸羟氨溶液：称取 20g 盐酸羟胺，加 60mL 水，滴加氨水（1＋1），调节 pH 值至 4.0～5.5，以下按③用二硫腙-四氯化碳溶液处理。

⑧ 25％硫代硫酸钠溶液：用 2mol/L 乙酸调节 pH＝4.0～5.5，以下按③用二硫腙-四氯

化碳溶液处理。

⑨ 0.01％二硫腙-四氯化碳溶液。

⑩ 二硫腙使用液：吸取 1.0mL 0.01％二硫腙-四氯化碳溶液，加四氯化碳至 10.0mL，混匀。用 1cm 比色皿，以四氯化碳调节零点，于波长 530nm 处测吸光度（A）。用下式计算出配制 100mL 二硫腙使用液（57％透光率）所需要的 0.01％二硫腙-四氯化碳溶液的体积（V）。

$$V = \frac{10(2 - \lg 57)}{A} = \frac{2.44}{A}$$

⑪ 锌标准溶液：准确称取 0.1000g 锌，加 10mL 2mol/L 盐酸，溶解后移入 1000mL 容量瓶中，加水稀释至刻度，此溶液每毫升相当于 100μg 锌。

⑫ 锌标准使用液：吸取 1.0mL 锌标准溶液，置于 100mL 容量瓶中，加 1mL 2mol/L 盐酸，以水稀释至刻度，此溶液每毫升相当于 1.0μg 锌。

⑬ 酚红指示液（1g/L）：称取 0.1g 酚红，用乙醇溶解至 100mL。

6. 仪器

分光光度计。

项目三　测定食品中的钠、钾

一、案例

钠、钾都是人体必需的矿物质，钠的生理作用主要有调节体内水分，维持酸碱平衡，钠泵，维持血压正常，增强神经肌肉兴奋性等，人体所需要的钠主要从食盐中取得，盐的摄入量常由味觉、风俗和习惯决定，正常膳食含钠充足，盐过多有害无益，世界卫生组织建议每人每日食盐用量以不超过 6g 为宜。而机体钾缺乏可能会患低钾血症。

二、选用的国家标准

GB/T 5009.91—2003 食品中钾、钠的测定——火焰发射光谱法。

三、测定方法

1. 样品消化

精确称取均匀样品干样 0.5～1g，湿样 1～2g，饮料等液体样品 3～5g 于 250mL 高型烧杯中，余下操作同项目一样品消化。取与消化样品相同量的混合酸消化液，按上述操作做空白实验。

2. 测定

（1）钾的测定　吸取 0、0.5mL、1.0mL、1.5mL、2.0mL、2.5mL 钾标准使用液，分别置于 250mL 容量瓶中，用去离子水稀释至刻度（容量瓶中溶液每毫升分别相当于 0、0.1μg、0.2μg、0.3μg、0.4μg、0.5μg 钾）。

将消化样液、试剂空白液、钾标准稀释液分别导入火焰，测定发射强度，测定条件，波长 766.5nm，空气压力 0.4×10⁵Pa，燃气的调整以火焰中不出现黄火焰为准，以钾含量对应浓度的发射强度绘制标准曲线。

（2）钠的测定　吸取 0、1.0mL、2.0mL、3.0mL、4.0mL 钠标准使用液，分别置于 100mL 容量瓶中，用去离子水稀释至刻度（容量瓶中溶液每毫升分别相当于 0、1.0μg、

2.0μg、3.0μg、4.0μg 钠）。余下操作，除波长为 589nm 外，其余同钾的测定。

3. 结果计算

$$X = \frac{(c - c_0) \times V \times f \times 100}{m \times 1000}$$

式中　X——试样中钠的含量，mg/100g；

　　　c——由标准曲线查得测定用试样中钠或钾的浓度，μg/mL；

　　　c_0——由标准曲线查得试剂空白液中钠或钾的浓度，μg/mL；

　　　V——样品定容体积，mL；

　　　f——稀释倍数；

　　　m——试样的质量，g。

4. 试剂

① 硝酸。

② 高氯酸。

③ 混合酸消化液：硝酸＋高氯酸＝4＋1。

④ 钠及钾标准储备溶液：将氯化钾及氯化钠（纯度大于 99.99%）于烘箱中 110～120℃下干燥 2h，精确称取 1.9068g 氯化钾，2.5421g 氯化钠，分别溶于去离子水中，并移入 1000mL 容量瓶中，稀释至刻度，储存于聚乙烯瓶内，4℃保存，此溶液每毫升相当于 1mg 钾或钠。

⑤ 钾标准使用液：吸取 5.0mL 钾标准储备液于 100mL 容量瓶中，用去离子水稀释至刻度，储存于聚乙烯瓶中，4℃保存，此溶液每毫升相当于 50μg 钾。

⑥ 钠标准使用液：吸取 10.0mL 钠标准储备液于 100mL 容量瓶中，用去离子水稀释至刻度，储存于聚乙烯瓶中，4℃保存，此溶液每毫升相当于 100μg 钠。

5. 仪器

① 火焰光度计。

② 250mL 高型烧杯。

③ 电热板。

四、相关知识

（一）食品中钠、钾含量的测定——火焰发射光谱法原理

样品处理后，导入火焰光度计中，经火焰原子化后，分别测定钾、钠的发射强度，钾发射波长 766.5nm，钠发射波长 589nm，其发射强度与其含量成正比，与标准系列比较定量。

本法摘自 GB/T 5009.91—2003，适用于各种食品钾、钠的测定。

（二）注意事项

① 所用玻璃仪器均以硫酸-重铬酸钾洗液浸泡数小时，再用洗衣粉充分洗刷后，用水反复冲洗，最后用去离子水冲洗晾干或烘干，方可使用。

② 本实验的最低检测限：钾为 0.05μg、钠为 0.3μg。

项目四　测定食品中的钙

一、案例

钙强化饼干是以小麦粉为主要原料，加入其他原料，经调粉（或调浆）、成型、烘烤等

工艺制成的口感酥松或松脆的休闲、方便食品，如何确定食品中钙的含量，是食品检测必须掌握的技能。

二、选用的国家标准

GB/T 5009.92—2003 食品中钙的测定——原子吸收分光光度法。

三、测定方法

1. 样品消化

精确称取均匀干试样 0.5～1.5g 于 250mL 高型烧杯中，加混合酸消化液 20～30mL，上盖表面皿。在电热板或沙浴上加热消化。如酸液过少未消化好，再补加几毫升混合酸消化液，继续加热消化，直至无色透明为止，加几毫升水，加热以除去多余的酸，待烧杯中液体接近 2～3mL 时，取下冷却，用 20g/L 氧化镧溶液洗涤并转移于 10mL 刻度试管中，定容至刻度。

2. 试剂空白液的制备

取与消化试样相同量的混合酸消化液，按上述操作做试剂空白实验测定。

3. 钙标准系列使用液的制备

分别准确吸取 1.0mL、2.0mL、3.0mL、4.0mL、6.0mL 钙标准使用液，分别置于 50mL 容量瓶中，2%氧化镧溶液稀释至刻度，混匀，此标准系列使用液每毫升含钙量分别为 0.5μg、1.0μg、1.5μg、2.0μg、3.0μg。

4. 测定条件

波长 422.7nm；光源为可见光；火焰为空气-乙炔；灯电流、狭缝、空气乙炔流量及灯头高度均按仪器说明调至最佳状态。

5. 测定

① 标准曲线的绘制：将不同浓度的钙标准系列使用液分别导入火焰原子化器进行测定，记录其对应的吸光度值，以标准溶液钙的浓度为横坐标，对应的吸光度值为纵坐标，绘制标准曲线。

② 将处理好的试剂空白溶液、样品溶液分别导入火焰原子化器进行测定，记录其对应的吸光度值，与标准曲线比较定量。

6. 计算

$$X = \frac{(c - c_0) \times V \times f \times 100}{m \times 1000}$$

式中　X——试样中钙的含量，mg/100g；

　　c——由标准曲线查得测定用试样中钙的浓度，μg/mL；

　　c_0——由标准曲线查得试剂空白液中钙的浓度，μg/mL；

　　V——样品定容体积，mL；

　　f——稀释倍数；

　　m——试样的质量，g。

7. 试剂

① 混合酸消化液：硝酸＋高氯酸＝4＋1。

② 0.5mol/L 硝酸溶液：量取 32mL 硝酸，加去离子水并稀释至 1000mL。

③ 20g/L 氧化镧溶液：称取 23.45g 氧化镧（纯度大于 99.99%），现用少量水湿润再加

75mL 盐酸于 1000mL 容量瓶中，加去离子水稀释至刻度。

④ 钙标准储备液：准确称取 1.2486g 碳酸钙（纯度大于 99.99%），加 50mL 去离子水，加盐酸溶解，移入 1000mL 容量瓶中，加 20g/L 氧化镧溶液稀释至刻度。此溶液浓度为 500μg/mL。储存于聚乙烯瓶内，4℃保存。

⑤ 钙标准使用液：准确吸取钙标准溶液 5.0mL，置于 100mL 容量瓶中，加 20g/L 氧化镧溶液稀释至刻度，混匀。得到浓度为 25μg/mL 的钙标准使用液。

8. 仪器

① 实验室常用设备。

② 原子吸收分光光度计。

四、相关知识

(一) 食品钙含量的测定——原子吸收分光光度法原理

试样经湿消化后，导入原子吸收分光光度计中，经火焰原子化后，吸收 422.7nm 的共振线，其吸收量与含量成正比，与标准系列使用液比较定量。

本法摘自 GB/T 5009.92—2003，适用于各种食品中钙的测定。

(二) 注意事项

① 实验所用玻璃仪器均用重铬酸钾洗液浸泡数小时，再用洗衣粉充分洗刷，然后用水反复冲洗，最后用去离子水冲洗晒干或烘干，方可使用。

② 微量元素分析的试样制备过程中应特别注意防止各种污染。所用设备如电磨、绞肉机、匀浆器、打碎机等必须是不锈钢制品。所用容器必须使用玻璃或聚乙烯制品。

③ 做钙测定的试样不得用石磨研碎。

④ 鲜样（如蔬菜、水果、鲜鱼、鲜肉等）先用自来水冲洗干净后，再用去离子水充分洗净。干粉类试样（如面粉、乳粉等）取样后立即装容器密封保存，防止被空气中的灰尘和水分污染。

⑤ 本法测定湿样取样量为 2.0～4.0g，饮料等液体湿样取样量为 5.0～10.0g。

⑥ 本方法最低检出限为 0.1μg。

五、测定食品中钙的方法

(一) 食品中钙的意义

钙是构成人体的重要组分，正常人体内含有 1000～1200g 钙，是人体和动物较重要的营养元素之一。机体内的钙参与骨骼和牙齿的构成，同时还参与各种生理功能和代谢过程，具有调节神经组织、心脏、肌肉活性和体液等功能。我国制定钙的每日推荐摄入量，青春期儿童为 1000mg，成年人为 800mg，孕中期妇女为 1000mg，孕晚期妇女与乳母为 1200mg。我国制定成人对于钙的可耐受最高摄入量为 2g/d。含钙较多的食物有牛乳及乳制品、大豆及豆制品、坚果、虾皮等。

测定食品中钙的方法包括原子吸收分光光度法、滴定法（EDTA 法），均出自 GB/T 5009.92—2003，属于国家标准检测方法。

(二) 滴定法（EDTA 法）

钙与氨羧络合剂能定量地形成金属络合物，其稳定性较钙与指示剂所形成的络合物为强。在适当的 pH 值范围内，以氨羧络合剂 EDTA 滴定，在达到计量点时，EDTA 就自指示剂络合物中夺取钙离子，使溶液呈现游离指示剂的颜色（终点），根据 EDTA 络合剂用量，可计算钙的含量。

1. 样品处理

同原子吸收分光光度法。

2. 标定 EDTA 的浓度

吸取 0.5mL 钙标准溶液，用 EDTA 溶液滴定，标定 EDTA 的浓度，根据滴定结果计算出每毫升 EDTA 相当于钙的质量（mg），即滴定度（T）。

3. 样品测定

分别吸取 0.1～0.5mL（根据钙的含量而定）试样消化液及等量的空白消化液于试管中，加 1 滴氰化钠溶液和 0.1mL 柠檬酸钠溶液，用滴定管加 1.5mL 1.25mol/L 氢氧化钾溶液，加 3 滴钙红指示剂，立即以稀释 10 倍的 EDTA 溶液滴定，至指示剂由紫红色变蓝，即为终点。记录消耗 EDTA 的体积。

4. 结果计算

$$X = \frac{T \times (V - V_0) \times f \times 100}{m}$$

式中　X——试样中钙的含量，mg/100g；

　　　T——EDTA 滴定度，mg/mL；

　　　V——滴定试样时所用 EDTA 的量，mL；

　　　V_0——滴定空白时所用 EDTA 的量，mL；

　　　f——试样稀释倍数；

　　　m——试样质量，g。

5. 试剂

① 1.25mol/L 氢氧化钾溶液：精确称取 70.13g 氢氧化钾，用水稀释至 1000mL。

② 10g/L 氰化钠溶液：称取 1.0g 氰化钠，用水稀释至 100mL。

③ 0.05mol/L 柠檬酸钠溶液：称取 14.7g 柠檬酸钠（$Na_3C_6H_5O_7 \cdot 2H_2O$），用水稀释至 1000mL。

④ 混合酸消化液：硝酸＋高氯酸＝4＋1。

⑤ EDTA 溶液：准确称取 4.50g EDTA（乙二胺四乙酸二钠），用水稀释至 1000mL，储存于聚乙烯瓶中，4℃保存，使用时稀释 10 倍即可。

⑥ 钙标准溶液：准确称取 0.1248g 碳酸钙（纯度大于 99.99%，105～110℃烘干 2h），加 20mL 水及 3mL 0.5mol/L 盐酸溶液，移入 500mL 容量瓶中，加水稀释至刻度，储存于聚乙烯瓶中，4℃保存，此溶液每毫升相当于 100μg 钙。

⑦ 钙红指示剂：称取 0.1g 钙红指示剂（$C_{21}O_7N_2SH_{14}$）用水稀释至 100mL，溶解后即可使用。储存于冰箱中可保存一个半月以上。

6. 仪器

① 250mL 高型烧杯。

② 微量滴定管（1mL 或 2mL）。

③ 碱式滴定管（50mL）。

④ 刻度试管（0.5～1mL）。

⑤ 电热板。

项目五　测定食品中的镁

一、案例

坚果是人们日常生活中常见的食药两宜的果中之宝。据最新的研究资料显示，养成常食坚果的习惯可以降低患糖尿病的概率。美国的一家妇女医院研究人员还发现，坚果中含有丰富的镁，对预防高血压有明显作用，每100g坚果中含镁500mg左右。

二、选用的国家标准

GB/T 5009.90—2003 食品中铁、镁、锰的测定——原子吸收光谱法。

三、测定方法

1. 测定操作

同项目一"测定食品中的铁"。

2. 测定条件

波长285.2nm，灯电流、狭缝、空气乙炔流量及灯头高度均按仪器说明调至最佳状态。

3. 试剂

① 镁标准溶液：准确称取金属镁（纯度大于99.99%）1.0000g，或含1.0000g纯金属相对应的氧化物，加硝酸溶解并移入1000mL容量瓶中，加0.5mol/L硝酸溶液并稀释至刻度，此溶液浓度为1mg/mL。储存于聚乙烯瓶内，4℃保存。

② 镁标准使用液：准确吸取镁标准溶液5.0mL，置于100mL容量瓶中，用0.5mol/L硝酸稀释至刻度，得到浓度为50μg/mL的镁标准使用液。储存于聚乙烯瓶内，4℃保存。

4. 仪器

原子吸收分光光度计、镁空心阴极灯。

四、相关知识

(一) 食品中镁含量的测定——原子吸收光谱法原理

同项目一"测定食品中的铁"。

(二) 注意事项

本方法最低检出限为0.05μg/mL，其余同项目一。

项目六　测定食品中的碘

一、案例

婴儿配方乳粉主要是以鲜乳为主要原料，经过一系列的加工，再加入各种婴儿不同时期所需的营养成分而成，GB 10767—1997对每100g乳粉、米粉的碘含量要求是30～150μg，近年来多次发生婴幼儿配方乳粉碘含量超标的问题。

二、选用的国家标准

GB 5413.23—2010 婴幼儿食品和乳品中碘的测定——气相色谱法。

三、测定方法

1. 试样处理

（1）不含淀粉试样　准确称量混合均匀的固体试样 5.0000g，液体试样 20.0000g 于 150mL 锥形瓶中，固体试样用 25mL 约 40℃蒸馏水溶解。

（2）含淀粉试样　准确称量混合均匀的固体试样 5.0000g，液体试样 20.0000g 于 150mL 锥形瓶中，加入 0.2g 高峰氏淀粉酶，固体试样用 25mL 约 40℃蒸馏水溶解，置于 50～60℃恒温箱中酶解 30min，取出冷却。

2. 测定液的制备

（1）沉淀　将上述处理过的试样溶液转入 100mL 容量瓶中，加入 5mL 亚铁氰化钾和 5mL 乙酸锌溶液，用水定容至刻度线，充分振摇后静止 10min，用滤纸过滤后，吸取 10mL 滤液于 100mL 分液漏斗中，加入 10mL 水。

（2）衍生与提取　向分液漏斗中加入 0.7mL 浓硫酸、0.5mL 丁酮、2mL 双氧水，充分混匀，室温静置 20min 后加入 20min 正己烷萃取，振荡 2min 后，静止分层，将水相移入另一分液漏斗，再次萃取，合并有机相，用水洗涤 2～3 次，通过无水硫酸钠过滤脱水后移入 50mL 容量瓶中，用正己烷定容，得到待测液。

（3）碘标准测定液的制备　分别移取 1.0mL、2.0mL、4.0mL、8.0mL、12.0mL 标准工作液，相当于 1.0μg、2.0μg、4.0μg、8.0μg、12.0μg 的碘，其余操作同上。

3. 测定

（1）参考色谱条件　具体如下。

色谱柱：填料为 5％氰丙基-甲基聚硅氧烷的毛细管柱（柱长 30m，内径 0.25mm，膜厚 0.25μm）或具有同等性能的色谱柱。

进样口温度：260℃。

ECD 检测器温度：300℃。

分流比：1∶1。

进样量：0.1μL。

程序升温见表：见表 10-1。

表 10-1　程序升温表

升温速度/(℃/min)	温度/℃	持续时间/min
30	50	9
30	220	3

（2）标准曲线的制作　将碘标准测定液分别注入气相色谱仪中，得到标准测定液的峰面积或峰高，以标准测定液的峰面积或峰高为纵坐标，以碘的标准工作液中碘的质量为横坐标，制作标准曲线。

（3）试样溶液的测定　将试样测定液注入气相色谱仪中，得到峰面积或峰高，从标准曲线中得到碘的质量（μg）。

4. 结果计算

$$X = \frac{C_s}{m} \times 100$$

式中　X——试样中碘的含量，$\mu g/100g$；

　　　C_s——标准曲线获得的试样中碘的含量，μg；

　　　m——试样质量，g。

5. 试剂

① 高峰氏淀粉酶（Taka-Diastase）：酶活力≥1.5U/mg。

② 碘化钾：优级纯。

③ 丁酮：色谱纯。

④ 硫酸：优级纯。

⑤ 正己烷。

⑥ 无水硫酸钠。

⑦ 3.5%双氧水。

⑧ 10.9%亚铁氰化钾。

⑨ 21.9%乙酸锌。

⑩ 碘标准溶液。

碘标准储备液（1.0mg/mL）：准确称取 131mg 碘化钾，用蒸馏水溶解并定容至 100mL，冷藏保存，一周有效。

碘标准工作液（1μg/mL）：取 10mL 标准储备液，用蒸馏水定容至 100mL，再取 1.0mL 前述标准中间液，用蒸馏水定容至 100mL。临用前配制。

6. 仪器

气相色谱仪，电子捕获检测器。

四、相关知识

(一) 食品中碘含量的测定——气相色谱法原理

试样中碘在浓硫酸作用下与丁酮发生反应，生成丁酮与碘的衍生物，经气相色谱分离，电子捕获检测器检测，外标法定量。

本法摘自 GB/T 5413.23—2010，适用于婴幼儿食品和乳品中碘的测定。

(二) 注意事项

① 实验所用的各种玻璃容器，如试管、坩埚、刻度吸管、移液管等要用 2mol/L 的盐酸浸泡 2h，然后再用无碘水进行冲洗。

② 所有试剂，如未注明规格，均指分析纯；所有实验用水，如未注明其他要求，均指一级水。

五、测定食品中碘的方法

(一) 食品中碘的意义

碘是人体必需的微量元素之一，是甲状腺素的重要组成部分，甲状腺素不仅能调节机体内的许多物质代谢，还对机体的生长发育产生重要影响。碘参与甲状腺激素的合成，碘的生理功能也是通过甲状腺激素表现出来的。成年人缺碘易患地方性甲状腺肿大，儿童缺碘易患地方性克汀病，又称为呆小病，这是一种以甲状腺机能低下、甲状腺肿大、智力迟钝和生长迟缓为特征的疾病。碘摄入量过低或过高都会导致甲状腺疾病增加。人体所需的碘主要来源于食品，食品中碘主要以无机碘（碘酸盐、碘化物）、有机碘（如碘代氨基酸）等形态存在，食入过多的碘，将产生碘中毒。测定食品中碘的含量具有重要意义。

食品中测定碘的方法包括气相色谱法、重铬酸钾法等。

（二）重铬酸钾法

样品在碱性环境下灰化，碘被有机物还原成碘离子，碘离子与碱金属结合成碘化物，碘化物在酸性条件下，加入重铬酸钾氧化，析出游离碘，溶于氯仿后呈粉红色，根据颜色的深浅比色测定碘的含量。

1. 样品处理

称取 2.00~4.00g 样品放入坩埚中，加入 5mL 10.0mol/L 氢氧化钠，置于 110℃ 干燥箱中，直至完全干燥。将坩埚置于灰化炉中于 550℃ 灰化 4~8h，灰化后的样品必须无明显炭粒，呈灰白色，如仍有炭粒，可加 1~2 滴水再于 110℃ 干燥箱中烘干。加 30mL 水溶解，过滤于 50mL 容量瓶中，用水定容。

2. 标准曲线的绘制

在 6 支标准系列管中依次加入 0、2.0mL、4.0mL、6.0mL、8.0mL、10.0mL 碘标准使用液，分别移入 125mL 的分液漏斗中，加水至 40mL，再加入 2.0mL 的浓硫酸、0.1mol/L 重铬酸钾溶液 15mL，摇匀后放置 30min，加入 10mL 三氯甲烷，摇动 1min，通过棉花过滤三氯甲烷层到比色管中。将系列标准溶液摇匀后，在波长为 510nm 处测定吸光度，读取标准系列使用液的吸光度值，以各系列标准溶液碘的含量为横坐标，对应的吸光度为纵坐标，绘制出标准曲线。

3. 样品测定

吸取适量样品液和空白溶液，分别移入 125mL 的分液漏斗中，加水至 40mL，以下操作同标准曲线的制作，读取吸光度值，并在标准曲线上查得样品测定液中的碘含量。

4. 结果计算

$$X = \frac{C_s}{m} \times 1000$$

式中　X——试样中的碘含量，mg/kg；

　　　C_s——标准曲线获得的试样中碘的含量，mg；

　　　m——试样质量，g。

5. 试剂

① 10mol/L 氢氧化钾溶液。

② 0.2mol/L 重铬酸钾溶液。

③ 氯仿。

④ 碘标准溶液：精确称取 130.8mg 碘化钾，溶于水中，移入 1000mL 容量瓶，用水定容，此溶液每毫升含有 0.1mg 碘，用时稀释至每毫升 0.01g 碘。

6. 仪器

分光光度计。

项目七　测定食品中的硒

一、案例

食物中硒含量测定值变化很大，例如（以鲜重计）：内脏和海产为 0.4~1.5mg/kg；瘦肉为 0.1~0.4mg/kg；谷物 <0.1~0.8mg/kg；乳制品 <0.1~0.3mg/kg；水果蔬菜 <0.1mg/kg。

二、选用的国家标准

GB 5009.93—2010 食品中硒的测定——氢化物原子荧光光谱法。

三、测定方法

1. 样品消化

称取 0.5～2.0g（精确至 0.001g）试样于消化瓶中，加 10.0mL 混合酸及几粒玻璃珠，盖上表面皿冷消化过夜。次日于电热板上加热，并及时补加混酸。当溶液变为清亮无色并伴有白烟时，再继续加热至剩余体积 2mL 左右，切不可蒸干。冷却，再加 5mL 6mol/L 盐酸，继续加热至溶液变为清亮无色并伴有白烟出现，表示已完全将六价硒还原成四价硒。冷却，转移定容至 50mL 容量瓶中。吸取 10mL 试样消化液于 15mL 离心管中，加浓盐酸 2mL、铁氰化钾溶液 1mL，混匀待测。

2. 试剂空白液的制备

按上述操作制备试剂空白实验溶液。

3. 硒标准系列制备

分别取 0、0.1mL、0.2mL、0.3mL、0.4mL、0.5mL 标准使用液于 15mL 离心管中，用去离子水定容至 10mL，再分别加浓盐酸 2mL、铁氰化钾 1mL，混匀，制成硒标准系列使用液。

4. 测试条件

负高压：340V；灯电流：100mA；原子化温度：800℃；炉高：8mm；载气流速：500mL/min；屏蔽器流速：1000mL/min；测量方式：标准曲线法；读数方式：峰面积；延迟时间：1s；读数时间：15s；加液时间：8s；进样体积：2mL。

5. 测定

设定好仪器最佳条件，逐步将炉温升至所需温度后，稳定 10～20min 后开始测量。连续用标准系列的零管进样，待读数稳定之后，转入标准系列测量，绘制标准曲线。转入试样测量，分别测定试样空白和试样消化液，每测不同的试样前都应清洗进样器。

6. 结果计算

$$X = \frac{(c - c_0) \times V \times 1000}{m \times 1000 \times 1000}$$

式中　X——试样中硒的含量，mg/kg 或 mg/L；

　　　c——试样消化液的测定浓度，ng/mL；

　　　c_0——试样空白消化液的测定浓度，ng/mL；

　　　m——试样质量（体积），g 或 mL；

　　　V——试样消化液总体积，mL。

7. 试剂

① 硝酸（优级纯）。

② 高氯酸（优级纯）。

③ 盐酸（优级纯）。

④ 混合酸：硝酸＋高氯酸＝4+1。

⑤ 氢氧化钠（优级纯）。

⑥ 硼氢化钠溶液（8g/L）：称取 8.0g 硼氢化钠（$NaBH_4$），溶于氢氧化钠溶液（5g/L）中，然后定容至 1000mL。

⑦ 铁氰化钾（100g/L）：称取 10.0g 铁氰化钾 $[K_3Fe(CN)_6]$，溶于 100mL 水中，混匀。

⑧ 硒标准储备液（100μg/mL）：精确称取 100.0mg 硒（光谱纯），溶于少量硝酸中，加 2mL 高氯酸，置沸水浴中加热 3～4h 冷却后再加 8.4mL 盐酸，再置沸水浴中煮 2min，准确稀释至 1000mL。

⑨ 硒标准使用液（1μg/mL）：取 100μg/mL 硒标准储备液 1.0mL，定容至 100mL。

8. 仪器

① 原子荧光光度计。

② 电热板。

③ 自动控温消化炉。

四、相关知识

（一）食品中硒含量的测定——氢化物原子荧光光谱法原理

试样经酸加热消化后，在 6mol/L 盐酸（HCl）介质中，将试样中的六价硒还原为四价硒，用硼氢化钠（NaBH₄）或硼氢化钾（KBH₄）作还原剂，将四价硒在盐酸介质中还原成硒化氢（SeH₂），由载气（氩气）带入原子化器中进行原子化，在硒特制空心阴极灯照射下，基态硒原子被激发至高能态，在去活化回到基态时，发射出特征波长的荧光，其荧光强度与硒含量成正比。与标准系列使用液比较定量。

本法摘自 GB 5009.93—2010，适用于各类食品中硒的测定。

（二）注意事项

① 样品制备中，粮食试样用水洗三次，于 60℃下烘干，用不锈钢磨粉碎，储于塑料瓶内，备用；蔬菜及其他植物性食品取可食部，用水洗净后用纱布吸去水滴，打成匀浆后备用。

② 本方法最低检出限为 3ng/mL，线性范围为 0.01～0.2μg/mL。

五、测定食品中硒的方法

（一）食品中硒的意义

硒遍布于人体各组织器官和体液中，硒在人体中构成含硒蛋白与含硒酶；具有抗氧化作用，阻断活性氧和自由基作用，起到延缓衰老乃至预防某些慢性病发生的作用；同时硒对甲状腺激素的调节，可维持正常的免疫功能，预防与硒缺乏相关的地方病，如对抗肿瘤、抗艾滋病起作用。2000 年制定的《中国居民膳食营养素参考摄入量》中指明 18 岁以上者的推荐摄入量为 50μg/d，可耐受最高摄入量为 400μg/d。

食品中硒的测定方法包括氢化物原子荧光光谱法、荧光法，均属于国家标准方法。

（二）荧光法

将试样用混合酸消化，使硒化合物氧化为四价无机硒，在酸性条件下，Se^{4+} 与 2,3-二氨基萘（缩写为 DAN）反应生成 4,5-苯并苤硒脑，用环己烷萃取。在激发光波长为 376nm，发射光波长为 520nm 的条件下测定荧光强度，与标准系列使用液比较定量。

1. 样品处理

称取有代表性的样品 0.5～2.0g（含硒量为 0.01～0.5μg），置于磨口锥形瓶内，加 10mL 5% 去硒硫酸，待试样湿润后，再加 20mL 混合酸液放置过夜。次日置沙浴上逐渐加热。当剧烈反应发生后（溶液呈无色），继续加热至白烟产生，此时溶液逐渐变成淡黄色，得试样消化液。

某些蔬菜试样消化后常出现混浊，难以确定终点。这时要注意观察，当瓶内出现滚滚白烟时，立即取下，溶液冷却后又变为无色。有些含硒较高的蔬菜含有较多的 Se^{6+}，在消化达到终点时再加 10mL 盐酸（1+9），继续加热，使 Se^{6+} 还原为 Se^{4+}，否则结果将偏低。

2. 硒标准曲线的制作

准确量取标准硒溶液（0.5μg/mL）0、0.2mL、1.0mL、2.0mL 及 4.0mL（相当于 0、0.01μg、0.05μg、0.10μg、0.20μg 硒）加水至 5mL，加 20mL EDTA 混合液，用 1+1 氨水及盐酸调至淡红橙色（pH=1.5~2.0）。以下步骤在暗室操作：加 3mL DAN 试剂，混匀后，置沸水浴中加热 5min，取出冷却后，加入 3.0mL 环己烷，振摇 4min，将全部溶液移入分液漏斗，待分层后弃去水层，小心将环己烷层由分液漏斗上口倾入带盖试管中，勿使环己烷中混入水滴，于荧光分光光度计上用激发光波长 376nm、发射光波长 520nm 测定苯硒脑的荧光强度。

当硒含量在 0.5μg 以下时荧光强度与硒含量呈线性关系，在常规测定试样时，每次只需做试剂空白与试样硒含量相近的标准管（双份）即可。

3. 样品测定

在试样消化液中，按硒标准曲线制作的实验步骤依次加入 EDTA 混合液、1+1 氨水；重复暗室操作步骤；测定荧光强度。

4. 结果计算

$$X = \frac{m_1}{F_1 - F_0} \times \frac{F_2 - F_0}{m}$$

式中 X——试样中硒的含量，μg/g；

m_1——标准管中硒的质量，μg；

F_1——标准硒荧光读数；

F_2——试样荧光读数；

F_0——空白管荧光读数；

m——试样质量，g。

5. 试剂

① 浓盐酸（相对密度 1.18）。

② 盐酸溶液（1+9）：取 10mL 浓盐酸加 90mL 水。

③ 去硒硫酸：取浓硫酸 200mL 加于 200mL 水中，再加入 48% 氢溴酸 30mL，混匀，至沙浴上加热至出现浓白烟，此时体积应为 200mL。

④ 混合酸液：硝酸＋高氯酸＝4+1。

⑤ 氨水（1+1）。

⑥ 环己烷：市售品需先测试有无荧光杂质，必要时重蒸后使用，用过的环己烷可回收，重蒸后再使用。

⑦ EDTA 混合液

a. 0.2mol/L EDTA：称取 EDTA-Na₂ 37g，加水并加热至完全溶解，冷却后稀释至 500mL。

b. 100g/L 盐酸羟胺溶液：称取 10g 盐酸羟胺溶于水中，稀释至 100mL。

c. 0.2g/L 甲酚红指示剂：称取甲酚红 50mg 溶于少量水中，加氨水（1+1）1 滴，待完全溶解后加水稀释至 250mL。

将上述 a. 及 b. 液各取 50mL，加 c. 5mL，液加水稀释至 1L，混匀。

⑧ DAN（1g/L）试剂（此试剂在暗室内配制）：称取 DAN（纯度 95％～98％）200mg 于一带盖锥形瓶中，加入 0.1mol/L 盐酸 200mL，振摇约 15min 使其全部溶解。加入约 40mL 环己烷，继续振荡 5min。将此液倒入塞有玻璃棉（或脱脂棉）的分液漏斗中，待分层后滤去环己烷层，收集 DAN 溶液层，反复用环己烷纯化直至环己烷中荧光降至最低时为止（纯化 5～6 次）。将纯化后的 DAN 溶液储于棕色瓶中，加入约 1cm 厚的环己烷覆盖表层，放置于冰箱内保存。必要时在使用前再以环己烷纯化一次。

⑨ 硒标准储备液（100μg/mL）：准确称取元素硒（光谱纯）100.0mg，溶于少量浓硝酸中，加入 2mL 高氯酸（70％～72％），至沸水浴中加热 3～4h，冷却后加入 8.4mL 0.1mol/L 盐酸。再置于沸水浴中煮 2min。准确稀释至 1000mL。于冰箱内保存。

⑩ 硒标准使用液（0.5μg/mL）：使用时用 0.1mol/L 盐酸将硒标准储备液（100μg/mL）稀释至 0.5μg/mL。

6. 注意事项

① 样品制备时注意以下几点。

a. 粮食试样用水洗三次，至 60℃烤箱中烘去表面水分，以不锈钢磨磨成粉状，储于塑料瓶内，放一小包樟脑精，盖紧瓶塞保存，备用。

b. 蔬菜及其他植物性食品取可食部，用蒸馏水冲洗三次后，用纱布吸去水滴，用不锈钢刀切碎，取一定量试样在鼓风烤箱中于 60℃下烤干，称量，计算水分，磨成粉保存，备用。计算时折合成鲜样质量。

② DAN 试剂有一定毒性，使用本试剂的人员应有正规实验室工作经验。使用者有责任采取适当的安全和健康措施，并保证符合国家有关条例的规定。

③ 实验所用玻璃仪器均用重铬酸钾洗液浸泡数小时，再用洗衣粉充分洗刷，后用水反复冲洗，最后用去离子水冲洗晒干或烘干，方可使用。

④ 本方法最低检出限为 0.05ng/mL。

项目八　测定食品中的磷

一、案例

紫菜营养丰富，其蛋白质含量超过海带，并含有较多的胡萝卜素和核黄素。每 100g 干紫菜含蛋白质 24～28g、脂肪 0.9g、碳水化合物 31～50g、钙 330mg、磷 440mg、铁 32mg，及胡萝卜素、核黄素、氨基酸等，其蛋白质、铁、磷、钙、核黄素、胡萝卜素等含量居各种蔬菜之冠，故紫菜又有"营养宝库"的美称。

二、选用的国家标准

GB/T 5009.87—2003 食品中磷的测定——分光光度法。

三、测定方法

1. 样品消化

称取各类食物的均匀干试样 0.1～0.5g 或湿样 2～5g 于 100mL 凯氏烧瓶中，加入 3mL 硫酸、3mL 高氯酸-硝酸消化液，置于消化炉上。瓶中液体初为棕黑色，待溶液变成无色或微带黄色清亮液体时，即消化完全，将溶液放冷，加 20mL 水，冷却，转移至 100mL 容量瓶中，用水多次洗涤凯氏烧瓶，洗液合并倒入容量瓶内，加水至刻度，混匀。此溶液为试样测定液。

2. 试剂空白液的制备

取与消化试样同量的硫酸、高氯酸-硝酸消化液，按同一方法制备空白溶液。

3. 磷标准系列使用液的制备

准确吸取磷标准使用液 0、0.5mL、1.0mL、2.0mL、3.0mL、4.0mL、5.0mL（相当于含磷量 0、$5\mu g$、$10\mu g$、$20\mu g$、$30\mu g$、$40\mu g$、$50\mu g$），分别置于 20mL 具塞试管中，依次加入 2mL 钼酸溶液摇匀，静置几秒。加入 1mL 亚硫酸钠溶液、1mL 对苯二酚溶液，摇匀。加水至刻度，混匀。静置 30min，用分光光度计在 660nm 波长处测定吸光度。以测定出的吸光度对磷含量绘制标准曲线。

4. 测定

准确吸取试样测定液 2mL 及同量的空白溶液，分别置于 20mL 具塞试管中，按磷标准系列使用液的制备操作步骤，依次加入各种试剂。在 660nm 波长处测定吸光度。在标准曲线上查得试样液中的磷含量。

5. 结果计算

$$X = \frac{m_1}{m} \times \frac{V_1}{V_2} \times 100$$

式中　X——试样中磷的含量，mg/100g；

　　　m_1——由标准曲线查得或回归方程算得的试样测定液中磷的质量，mg；

　　　V_1——试样消化液定容总体积，mL；

　　　V_2——测定用试样消化液的体积，mL；

　　　m——试样的质量，g。

6. 试剂

① 浓硫酸：相对密度 1.84。

② 15％硫酸溶液：取 15mL 硫酸徐徐加入到 80mL 水中混匀。冷却后用水稀释至 100mL。

③ 混合酸：硝酸＋高氯酸＝4＋1。

④ 钼酸铵溶液：称取 0.5g 钼酸铵 $[(NH_4)_6Mo_7O_{24} \cdot 4H_2O]$ 用 15％硫酸稀释至 100mL。

⑤ 对苯二酚溶液：称取 0.5g 对苯二酚于 100mL 水中，使其溶解，并加入一滴浓硫酸（减缓氧化作用）。

⑥ 亚硫酸钠溶液：称取 20g 无水亚硫酸钠于 100mL 水中，使其溶解。此溶液需于试验前临时配制，否则可使钼蓝变混浊。

⑦ 磷标准储备液（$100\mu g/mL$）：精确称取在 105℃下干燥的磷酸二氢钾（优级纯）0.4394g，置于 1000mL 容量瓶中，加水溶解并稀释至刻度。

⑧ 磷标准使用液（$10\mu g/mL$）：准确称取 10mL 磷标准储备液，置于 100mL 容量瓶中，加水稀释至刻度，混匀。

7. 仪器

分光光度计。

四、相关知识

(一) 食品中磷含量的测定——分光光度法原理

食物中的有机物经酸氧化，使磷在酸性条件下与钼酸铵结合生成磷钼酸铵。此化合物被对苯二酚、亚硫酸钠还原成蓝色化合物——钼蓝。用分光光度计在波长为 660nm 处测定钼蓝的吸收光值,以定量分析磷含量。

本法摘自 GB/T 5009.87—2003,适用于食品中总磷的测定。

(二)注意事项

本方法最低检出限为 $2\mu g$,线性范围为 $5\sim50\mu g$。

五、食品中磷的测定

(一)食品中磷的意义

磷广泛存在于动、植物组织中,也是人体含量较多的元素之一,约占人体重的 1%,成人体内约含有 $600\sim900g$ 的磷。体内磷的 85.7% 集中于骨和牙,其余散在分布于全身各组织及体液中,其中一半存在于肌肉组织内。它不但构成人体成分,且参与生命活动中非常重要的代谢过程,是机体很重要的一种元素。

磷在食物中分布很广,无论动物性食物或食物性食物,在其细胞中,都含有丰富的磷,动物的乳汁中也含有磷,所以磷是与蛋白质并存的,在瘦肉、蛋、乳、动物的肝、肾中含量都很高,海带、紫菜、芝麻酱、花生、干豆类、坚果粗粮含磷也较丰富。但粮谷中的磷为植酸磷,不经过加工处理,吸收利用率低。一般成年人每天需要摄入磷 $700mg$。

食品中磷的测定方法包括分光光度法、分子吸收光谱法,适用于食品中总磷的测定。另外,食品中磷酸盐的测定可以用分光光度法,适用于西式蒸煮、烟熏火腿中复合磷酸盐(以磷酸盐计)的测定。

(二)测定食品中的磷酸盐

试样中的磷酸盐与酸性钼酸铵作用,生成淡黄色的磷钼酸盐,此盐可经还原呈蓝色,一般称为钼蓝。蓝色的深浅,与磷酸盐含量成正比。

1. 样品处理

将瓷蒸发器在火上加热灼烧,冷却,准确称取均匀试样 $2\sim5g$,在火上灼烧炭化,再于 550℃ 下成为灰分,直至灰分呈白色为止(必要时,可加入浓硝酸湿润后再灰化,有促进试样灰化至白色的作用),加 10mL 稀盐酸(1+1)及硝酸 2 滴,在水浴上蒸干,再加 2mL 稀盐酸(1+1),用水分数次将残渣完全洗入 100mL 容量瓶中,并用水稀释至刻度,摇匀,过滤(如无沉淀则不需过滤)。

2. 标准曲线的绘制

分别吸取磷酸盐标准使用液(10μg/mL)0、0.2mL、0.4mL、0.6mL、0.8mL、1.0mL,分别置于 25mL 比色管中,每管中依次加入 2.0mL 钼酸铵溶液,1mL 200g/L 亚硫酸钠溶液,1mL 对苯二酚溶液,加蒸馏水稀释至刻度,摇匀,静置 30min 后,以零管溶液为空白,用分光光度计于 660nm 处比色,测定各标准溶液的光密度,并绘制标准曲线。

3. 样品测定

取滤液 0.5mL(视磷含量多少而定),置于 25mL 比色管中,加入 2mL 钼酸铵溶液、1mL 200g/L 亚硫酸钠溶液、1mL 对苯二酚溶液,加蒸馏水稀释至刻度,摇匀,静置 30min 后,以零管溶液为空白,用分光光度计于 660nm 处比色,根据测得的光密度,从标准曲线上求得相应磷的含量。

4. 结果计算

$$X = \frac{m_1}{m} \times 1000$$

式中 X——试样中磷酸盐的含量,mg/kg;

m_1——从标准曲线中查出的相当于磷酸盐（PO_4^{3-}）的质量，mg；

m——测定时所吸取试样溶液相当于试样的质量，g。

5. 仪器与试剂

① 稀盐酸（1+1）。

② 钼酸铵溶液（50g/L）：称取 25g 钼酸铵溶于 300mL 水中，再加 75%（体积分数）硫酸溶液（溶解 75mL 浓硫酸于水中，再用水稀释至 100mL）使成 500mL。

③ 对苯二酚溶液（5g/L）：称取 0.5g 对苯二酚，溶解于 100mL 水中，加硫酸 1 滴以使氧化作用减慢。

④ 亚硫酸钠溶液（200g/L）：称取 20g 亚硫酸钠溶解于 100mL 蒸馏水中。此溶液应每次试验前临时配制，否则可能会使钼蓝溶液发生混浊。

⑤ 磷酸盐标准储备液（500μg/mL）：精确称取 0.7165g 磷酸二氢钾（KH_2PO_4）溶于水中，移入 1000mL 容量瓶中，加水至刻度。

⑥ 磷酸盐标准使用液（10μg/mL）：吸取 10.0mL 磷酸盐标准储备液，置于 500mL 容量瓶中，加水至刻度。

6. 仪器

分光光度计。

思 考 题

1. 矿质元素检测时所用玻璃仪器如何处理？如何防止样品制备时受到污染？
2. 在铁测定实验中，如何将食品中的三价铁转化为二价铁？
3. 用 EDTA 测定食品中钙含量的实验原理是什么？
4. 食品中总磷和磷酸盐的测定方法有哪些？实验原理是什么？
5. 食品中硒测定的方法有哪些？实验原理是什么？

任务十一　测定食品中的添加剂

【技能目标】

1. 会测定食品中的糖精钠。
2. 会测定食品中的甜蜜素。
3. 会测定食品中的苯甲酸和山梨酸（钾）。
4. 会测定食品中的亚硝酸盐和硝酸盐。
5. 会测定食品中的亚硫酸盐（二氧化硫）。
6. 会测定食品中的食用合成着色剂。
7. 会测定食品中的叔丁基羟基茴香醚（BHA）和2,6-二叔丁基对甲酚（BHT）。

【知识目标】

明确常见食品添加剂的使用限量标准，了解测定原理。

项目一　测定食品中的糖精钠

一、案例

糖精钠是一种甜味剂，甜度约为蔗糖的500倍，代替食糖，长期以来一直在食品工业生产中广泛应用。糖精钠作为食品添加剂，对人体无任何营养价值，当食用较多的糖精时，会影响肠胃消化酶的正常分泌，降低小肠的吸收能力，食欲减退，甚至会对肝脏和神经系统造成危害，特别是对代谢排毒能力较弱的老人、小孩危害更明显，许多国家都限制糖精钠的使用量。我国规定，糖精钠在饮料、酱菜类、蜜饯、雪糕、冰棒、糕点、饼干、面包、配制酒等食品中的使用量在≤0.15g/kg（按糖精计）范围内，儿童食品不允许添加。

二、选用的国家标准

GB/T 5009.28—2003 食品中糖精钠的测定——薄层色谱法。

三、测定方法

1. 试样提取

（1）饮料、冰棍、汽水　取10.0mL均匀试样（如试样中含有二氧化碳，先加热除去。如试样中含有酒精，加4%氢氧化钠溶液使其呈碱性，在沸水浴中加热除去），置于100mL分液漏斗中，加2mL盐酸（1+1），用30mL、20mL、20mL乙醚提取三次，合并乙醚提取液，用5mL盐酸酸化的水洗涤一次，弃去水层。乙醚层通过无水硫酸钠脱水后，挥发乙醚，加2.0mL乙醇溶解残留物，密塞保存，备用。

（2）酱油、果汁、果酱等　称取20.0g或吸取20.0mL均匀试样，置于100mL容量瓶中，加水至约 60mL，加 20mL 硫酸铜溶液（100g/L），混匀，再加 4.4mL 氢氧化钠溶液（40g/L），加水至刻度，混匀，静置 30min，过滤，取 50mL 滤液置于 150mL 分液漏斗中，以下按（1）自"加 2mL 盐酸（1+1）……"起依法操作。

（3）固体果汁粉等 称取 20.0g 磨碎的均匀试样，置于 200mL 容量瓶中，加 100mL 水，加温使其溶解、放冷，以下按（2）自"加 20mL 硫酸铜溶液（100g/L）……"起依法操作。

（4）糕点、饼干等含蛋白质、脂肪、淀粉多的食品 称取 25.0g 均匀试样，置于透析用玻璃纸中，放入大小适当的烧杯内，加 50mL 氢氧化钠溶液（0.8g/L），调成糊状，将玻璃纸口扎紧，放入盛有 200mL 氢氧化钠溶液（0.8g/L）的烧杯中，盖上表面皿，透析过夜。

量取 125mL 透析液（相当 12.5g 试样），加约 0.4mL 盐酸（1+1）使成中性，加 20mL 硫酸铜溶液（100g/L），混匀，再加 4.4mL 氢氧化钠溶液（40g/L），混匀，静置 30min，过滤。取 120mL（相当 10g 试样），置于 250mL 分液漏斗中，以下按（1）自"加 2mL 盐酸（1+1）……"起依法操作。

2. 薄层板的制备

称取 1.6g 聚酰胺粉，加 0.4g 可溶性淀粉，加约 7.0mL 水，研磨 3～5min，立即涂成 0.25～0.30mm 厚的 10cm×20cm 的薄层板，室温干燥后，在 80℃下干燥 1h，置于干燥器中保存。

3. 点样、展开与显色

① 在薄层板下端 2cm 处，用微量注射器点 10μL 和 20μL 的样液两个点，同时点 3.0μL、5.0μL、7.0μL、10.0μL 糖精钠标准溶液，各点间距 1.5cm。

② 将点好的薄层板放入盛有展开剂的展开槽中，展开剂液层约 0.5cm，并预先已达到饱和状态。展开至 10cm，取出薄层板，挥干，喷显色剂，斑点显黄色，根据试样点和标准点的比移值进行定性，根据斑点颜色深浅进行半定量测定。

4. 结果计算

$$X = \frac{A \times 1000}{m \times \frac{V_2}{V_1} \times 1000}$$

式中 X——试样中糖精钠的含量，g/kg 或 g/L；

$\quad A$——测定用样液中糖精钠的质量，mg；

$\quad m$——试样质量或体积，g 或 mL；

$\quad V_1$——试样提取液残留物加入乙醇的体积，mL；

$\quad V_2$——点板液体积，mL。

5. 试剂

① 乙醚：不含过氧化物。

② 无水硫酸钠。

③ 无水乙醇及乙醇（95%）。

④ 聚酰胺粉：200 目。

⑤ 盐酸（1+1）。

⑥ 展开剂如下：

a. 正丁醇＋氨水＋无水乙醇（7+1+2）；

b. 异丙醇＋氨水＋无水乙醇（7+1+2）。

⑦ 显色剂：溴甲酚紫溶液（0.4g/L）：称取 0.04g 溴甲酚紫，用乙醇（50%）溶解，加

氢氧化钠溶液（4g/L）1.1mL 调至 pH 值为 8，定容至 100mL。

⑧ 硫酸铜溶液（100g/L）：称取 10g 硫酸铜（$CuSO_4 \cdot 5H_2O$），用水溶解并稀释至 100mL。

⑨ 氢氧化钠溶液（40g/L）。

⑩ 糖精钠标准溶液：准确称取 0.0851g 经 120℃ 干燥 4h 后的糖精钠，加乙醇溶解，移入 100mL 容量瓶中，加乙醇（95%）稀释至刻度，此溶液每毫升含 1mg 糖精钠（$C_6H_4CONNaSO_2 \cdot 2H_2O$）。

6. 仪器

① 玻璃纸：生物制品透析袋纸或不含增白剂的市售玻璃纸。

② 玻璃喷雾器。

③ 微量注射器。

④ 紫外线灯：波长 253.7nm。

⑤ 薄层板：10cm×20cm 或 20cm×20cm。

⑥ 展开槽。

四、相关知识

（一）食品中糖精钠含量的测定——薄层色谱法原理

在酸性条件下，食品中糖精钠用乙醚提取、浓缩、薄层色谱分离、糖精钠显色后，与标准比较，进行定性和半定量测定。

本法摘自 GB/T 5009.28—2003，适用于所有食品中糖精钠的测定。

（二）注意事项

① 显色剂喷涂后，薄层板的底色以淡蓝色为宜，若酸度太大，底色显黄色，不易分辨。

② 试样提取时加入硫酸铜和氢氧化钠用于沉淀蛋白质，防止用乙醚萃取时发生乳化，其用量可根据试样具体情况按比例增减。

③ 富含脂肪的试样，为防止用乙醚萃取糖精时发生乳化，可先在碱性条件下用乙醚萃取脂肪，然后酸化，再用乙醚提取糖精。

④ 聚酰胺薄层板烘干温度不能高于 80℃，否则，聚酰胺变色。

五、测定食品中糖精钠的方法

（一）食品中甜味剂的意义

甜味剂是指赋予食品或饲料以甜味的食物添加剂。有些食品不具甜味或甜味不足，需要添加甜味剂以满足消费者的需要。目前世界上广泛使用的甜味剂有 20 多种。有几种不同的分类方法：按其营养价值分为营养性甜味剂和非营养性甜味剂；按其来源可分为天然甜味剂和人工合成甜味剂。按其化学结构和性质分类又可分为糖类和非糖类甜味剂等。通常所讲的甜味剂系指人工合成的非营养型甜味剂，如糖精钠、甜蜜素、安赛蜜等。

食品糖精钠常见检测方法包括高效液相色谱法、薄层色谱法、离子选择电极测定法等国家标准方法以及比色法等，均适用于各种食品中糖精钠的测定。

（二）高效液相色谱法简介

本法摘自 GB/T 5009.28—2003，适用于食品中糖精钠的测定。试样加温除去二氧化碳和乙醇，调 pH 值至近中性，过滤后进高效液相色谱仪，经反相色谱分离后，根据保留时间和峰面积进行定性和定量。本法检出限量：取样量为 10g，进样量为 10μL 时检出量为

1.5ng。应用此方法可以同时测定苯甲酸、山梨酸和糖精钠。

（三）离子选择电极测定法简介

本法摘自 GB/T 5009.28—2003，糖精选择电极是以季铵盐所制 PVC 薄膜为感应膜的电极，它和作为参比电极的饱和甘汞电极配合使用以测定食品中糖精钠的含量。当测定温度、溶液总离子强度和溶液接界电位条件一致时，测得的电位遵守能斯特方程式，电位差随溶液糖精离子活度（或浓度）的改变而变化。被测溶液中糖精钠的含量在 0.02～1mg/mL 范围内。

项目二　测定食品中的环己基氨基磺酸钠（甜蜜素）

一、案例

甜蜜素属于非营养型合成甜味剂，其甜度为蔗糖的 30 倍，而且它不像糖精那样用量稍多时有苦味，因而作为国际通用的食品添加剂可在清凉饮料、果汁、冰淇淋、糕点食品及蜜饯等中使用。甜蜜素在一定剂量下是安全的，但过量使用会对人体有害。我国《食品添加剂使用卫生标准》规定，"甜蜜素"可以作为甜味剂，其使用范围为：酱菜、调味酱汁、配置酒、糕点、饼干、面包、雪糕、冰淇淋、冰棍、饮料等，其最大使用量为 0.65g/kg；蜜饯，最大使用量为 1.0g/kg；陈皮、话梅、杨梅干等，最大使用量为 8.0g/kg。

二、选用的国家标准

GB/T 5009.97—2003 食品中环己基氨基磺酸钠的测定——气相色谱法。

三、测定方法

1. 试样处理与制备

（1）液体试样　摇匀后直接称取。含二氧化碳的试样先加热除去，含酒精的试样加 40g/L 氢氧化钠溶液调至碱性，于沸水浴中加热除去，制成试样。称取 20.0g 试样于 100mL 带塞比色管，置冰浴中。

（2）固体试样　凉果、蜜饯类试样将其剪碎制成试样。称取 2.0g 已剪碎的试样于研钵中，加少许层析硅胶（或海砂）研磨至呈干粉状，经漏斗倒入容量瓶中，加水冲洗研钵，并将洗液一并转移至 100mL 容量瓶中。加水至刻度，不时摇动，1h 后过滤，即得试样，准确吸取 20mL 于 100mL 带塞比色管，置冰浴中。

2. 测定

（1）标准曲线的制备　准确吸取 1.00mL 环己基氨基磺酸钠标准溶液于 100mL 带塞比色管中，加水 20mL。置冰浴中，加入 5mL 50g/L 亚硝酸钠溶液、5mL 100g/L 硫酸溶液，摇匀，在冰浴中放置 30min，并经常摇动，然后准确加入 10mL 正己烷、5g 氯化钠，摇匀后置旋涡混合器上振动 1min（或振摇 80 次），待静止分层后吸出己烷层于 10mL 带塞离心管中进行离心分离，每毫升己烷提取液相当 1mg 环己基氨基磺酸钠，将标准提取液进样 1～5μL 于气相色谱仪中，根据响应值绘制标准曲线。

（2）样品测定　试样管按（1）自"加入 5mL 50g/L 亚硝酸钠溶液……"起依法操作，然后将试样同样进样 1～5μL，测得响应值，从标准曲线图中查出相应含量。

（3）色谱条件

色谱柱：长 2m，内径 3mm，U 形不锈钢柱。

固定相：Chromosorb WAW DMCS 80～100 目；涂以 10％SE-30。

测定条件：柱温，80℃；汽化温度，150℃；检测温度，150℃；流速，氮气 40mL/min，氢气 30mL/min，空气 300mL/min。

3. 结果计算

$$X = \frac{m_1 \times 10 \times 1000}{m \times V \times 1000} = \frac{10m_1}{m \times V}$$

式中　X——试样中环己基氨基磺酸钠的含量，g/kg；

　　　m——试样质量，g；

　　　V——进样体积，μL；

　　　10——正己烷加入量，mL；

　　m_1——测定用试样中环己基氨基磺酸钠的质量，μg。

4. 试剂

① 正己烷。

② 氯化钠。

③ 层析硅胶（或海砂）。

④ 50g/L 亚硝酸钠溶液。

⑤ 100g/L 硫酸溶液。

⑥ 环己基氨基磺酸钠标准溶液（含环己基氨基磺酸钠，98％）：精确称取 1.0000g 环己基氨基磺酸钠，加入水溶解并定容至 100mL，此溶液每毫升含环己基氨基磺酸钠 10mg。

5. 仪器

① 气相色谱仪：附氢火焰离子化检测器。

② 旋涡混合器。

③ 离心机。

④ 10μL 微量注射器。

四、相关知识

（一）食品中甜蜜素含量的测定——气相色谱法原理

在硫酸介质中环己基氨基磺酸钠与亚硝酸反应，生成环己醇亚硝酸酯，利用气相色谱法进行定性和定量。

本法摘自 GB/T 5009.97—2003，适用于饮料、凉果等食品中环己基氨基磺酸钠的测定。

（二）注意事项

① 含二氧化碳的试样需经加热除去二氧化碳；含酒精的试样加氢氧化钠调至碱性，于沸水浴中加热除去酒精。

② 环己基氨基磺酸钠与亚硝酸的反应必须在冰浴中进行。

五、测定食品中环己基氨基磺酸钠的方法

食品中测定环己基氨基磺酸钠的方法包括气相色谱法、比色法、薄层色谱法等，均属于国家标准方法，前两种方法适用于饮料、凉果中环己基氨基磺酸钠的测定，后一种方法适用于饮料、果汁、果酱、糕点中环己基氨基磺酸钠的测定。

比色法测定环己基氨基磺酸钠。

本法摘自 GB/T 5009.97—2003，在硫酸介质中环己基氨基磺酸钠与亚硝酸钠反应，生

成环己醇亚硝酸酯，与磺胺重氮化后再与盐酸萘乙二胺偶合生成红色染料，在波长550nm处测其吸光度，与标准比较定量。检出限量为$4\mu g$。

1. 试样提取

（1）液体试样　摇匀后直接称取。含二氧化碳的试样先加热除去二氧化碳，含酒精的试样加40g/L氢氧化钠溶液调至碱性，于沸水浴中加热除去，制成试样。称取10.0g试样于透析纸中，加10mL透析剂，将透析纸口扎紧。放入盛有100mL水的200mL广口瓶内，加盖，透析20～24h得透析液。

（2）固体试样　凉果、蜜饯类试样将其剪碎，称取2.0g于研钵中，加少许层析硅胶（或海砂）研磨至呈干粉状，经漏斗倒入容量瓶中，加水冲洗研钵，并将洗液一并转移至100mL容量瓶中。加水至刻度，不时摇动，1h后过滤，即得试样提取液。准确吸取10.0mL试样提取液于透析纸中，加10mL透析剂，将透析纸口扎紧。放入盛有100mL水的200mL广口瓶内，加盖，透析20～24h得透析液。

2. 测定

取2支50mL带塞比色管，分别加入10mL透析液和10mL标准液，于0～3℃冰浴中，加入1mL 10g/L亚硝酸钠溶液、1mL 100g/L硫酸溶液，摇匀后放入冰水中不时摇动，放置1h，取出后加15mL三氯甲烷，置旋涡混合器上振动1min。静置后吸去上层液。再加15mL水，振动1min，静置后吸去上层液，加10mL 100g/L尿素溶液、2mL 100g/L盐酸溶液，再振动5min，静置后吸去上层液，加15mL水，振动1min，静置后吸去上层液，分别准确吸出5mL三氯甲烷于2支25mL比色管中。另取一支25mL比色管加入5mL三氯甲烷作参比管。于各管中加入15mL甲醇、1mL 10g/L磺胺，置冰水中15min，恢复常温后加入1mL 1g/L盐酸萘乙二胺溶液，加甲醇至刻度，在15～30℃下放置20～30min，用1cm比色杯于波长550nm处测定吸光度，测得吸光度A及A_s。另取2支50mL带塞比色管，分别加入10mL水和10mL透析液，除不加10g/L亚硝酸钠外，其余按上述步骤进行，测得吸光度A_{s0}及A_0。

3. 结果计算

$$X=\frac{c}{m}\times\frac{A-A_0}{A_s-A_{s0}}\times\frac{100+10}{1000V}\times\frac{1}{1000}\times\frac{1000}{1000}$$

式中　X——试样中环己基氨基磺酸钠的含量，g/kg；

　　　m——试样质量，g；

　　　V——透析液用量，mL；

　　　c——标准管浓度，$\mu g/mL$；

　　　A_s——标准液的吸光度；

　　　A_{s0}——水的吸光度；

　　　A——试样透析液的吸光度；

　　　A_0——不加亚硝酸钠的试样透析液的吸光度。

4. 试剂

① 三氯甲烷。

② 甲醇。

③ 透析剂：称取0.5g二氯化汞和12.5g氯化钠于烧杯中，以0.01mol/L盐酸溶液定容至100mL。

④ 10g/L亚硝酸钠溶液。

⑤ 100g/L硫酸溶液。

⑥ 100g/L 尿素溶液（临用时新配或冰箱保存）。

⑦ 100g/L 盐酸溶液。

⑧ 10g/L 磺胺溶液：称取 1g 磺胺溶于 10％盐酸溶液中，最后定容至 100mL。

⑨ 1g/L 盐酸萘乙二胺溶液。

⑩ 环己基氨基磺酸钠标准溶液：精确称取 0.1000 环己基氨基磺酸钠，加水溶解，最后定容至 100mL，此溶液每毫升含环己基氨基磺酸钠 1mg，临用时将环己基氨基磺酸钠标准溶液稀释 10 倍，此液每毫升含环己基氨基磺酸钠 0.1mg。

5. 仪器

① 分光光度计。

② 旋涡混合器。

③ 离心机。

④ 透析纸。

项目三　测定食品中的山梨酸、苯甲酸

一、案例

我国普遍使用的防腐剂有山梨酸、山梨酸钾、苯甲酸、苯甲酸钠等，《食品添加剂使用卫生标准》规定，苯甲酸及苯甲酸钠在碳酸饮料中的最大使用量为 0.2g/kg，在低盐酱菜、酱菜、蜜饯、食醋、果酱（不包括罐头）、果汁饮料、塑料装浓缩果蔬汁中最大使用量为 2g/kg。山梨酸及山梨酸钾用于水果、蔬菜及碳酸饮料为 0.2g/kg，低盐酱菜、蜜饯、果汁饮料、果冻等为 0.3g/kg，塑料装浓缩果蔬汁等为 1g/kg。

二、选用的国家标准

GB/T 5009.29—2003 食品中山梨酸、苯甲酸的测定——气相色谱法。

三、测定方法

1. 试样提取

称取 2.50g 事先混合均匀的试样，置于 25mL 带塞量筒中，加 0.5mL 盐酸（1+1）酸化，用 15mL、10mL 乙醚提取两次，每次振摇 1min，将上层乙醚提取液吸入另一个 25mL 带塞量筒中，合并乙醚提取液。用 3mL 氯化钠酸性溶液（40g/L）洗涤两次，静置 15min，用滴管将乙醚层通过无水硫酸钠滤入 25mL 容量瓶中，加乙醚至刻度，混匀。准确吸取 5mL 乙醚提取液于 5mL 带塞刻度试管中，置 40℃ 水浴上挥干，加入 2mL 石油醚-乙醚（3+1）混合溶剂溶解残渣，备用。

2. 测定

（1）色谱参考条件

色谱柱：玻璃柱，内径 3mm，长 2m，内装涂以 5％DEGS＋1％磷酸固定液的 60～80 目 Chromosorb WAW。

气流速度：氮气，50mL/min。

温度：进样口 230℃；检测器 230℃；柱温 170℃。

（2）样品测定　进样 2μL 标准系列中各浓度标准使用液于气相色谱仪中，可测得不同浓度山梨酸、苯甲酸的峰高，以浓度为横坐标，相应的峰高值为纵坐标，绘制标准曲线。同

时进样 $2\mu L$ 试样溶液，测得的峰高与标准曲线比较定量。

3. 结果计算

$$X=\frac{A\times1000}{m\times\dfrac{5}{25}\times\dfrac{V_2}{V_1}\times1000}$$

式中 X——试样中山梨酸或苯甲酸的含量，mg/kg；

$\quad\quad A$——测定用试样液中山梨酸或苯甲酸的质量，μg；

$\quad\quad V_1$——加入石油醚-乙醚（3+1）混合溶剂的体积，mL；

$\quad\quad V_2$——测定时进样的体积，μL；

$\quad\quad m$——试样的质量，g；

$\quad\quad 5$——测定时吸取乙醚提取液的体积，mL；

$\quad\quad 25$——试样乙醚提取液的总体积，mL。

由测得苯甲酸的量乘以 1.18，即为试样中苯甲酸钠的含量。

4. 试剂

① 乙醚：不含过氧化物。

② 石油醚：沸程 $30\sim60\text{℃}$。

③ 盐酸。

④ 无水硫酸钠。

⑤ 盐酸（1+1）：取 100mL 盐酸，加水稀释至 200mL。

⑥ 氯化钠酸性溶液（40g/L）：于氯化钠溶液（40g/L）中加少量盐酸（1+1）酸化。

⑦ 山梨酸、苯甲酸标准溶液：准确称取山梨酸、苯甲酸各 0.2000g，置于 100mL 容量瓶中，用石油醚-乙醚（3+1）混合溶剂溶解后稀释至刻度。此溶液每毫升含 2.0mg 山梨酸或苯甲酸。

⑧ 山梨酸、苯甲酸标准使用液：吸取适量的山梨酸、苯甲酸标准溶液，以石油醚-乙醚（3+1）混合溶剂稀释至每毫升含 $50\mu g$、$100\mu g$、$150\mu g$、$200\mu g$、$250\mu g$ 山梨酸或苯甲酸。

5. 仪器

气相色谱仪：具有氢火焰的离子化检测器。

四、相关知识

(一) 食品中山梨酸、苯甲酸含量的测定——气相色谱法原理

试样酸化后，用乙醚提取山梨酸、苯甲酸，用附氢火焰离子化检测器的气相色谱仪进行分离测定，与标准系列使用液比较定量。

本方法摘自 GB/T 5009.29—2003，适用于酱油、水果汁、果酱等食品中山梨酸、苯甲酸含量的测定，也可同时测定食品中山梨酸、苯甲酸和糖精钠的含量，气相色谱法最低检出限量为 $1\mu g$，用于色谱分析的试样为 1g 时，最低检出浓度为 1mg/kg。

(二) 注意事项

① 含二氧化碳的试样需经加热除去，含酒精的试样加氢氧化钠溶液调至碱性，于沸水浴中加热以除去酒精。

② 用乙醚提取时，不要上下振荡以免生成乳浊液而不易分离，应旋转分液漏斗进行提取。若形成乳浊液，可用玻璃棒搅拌，或进行一两次上下的激烈振荡，或进行离心分离。

③ 被测溶液 pH 值对测定和色谱柱使用寿命均有影响。pH>8 或 pH<2 时，影响被测组分的保留时间，对仪器有腐蚀作用，山梨酸和苯甲酸的测定以中性为宜。

五、测定食品中山梨酸、苯甲酸的方法

（一）食品中防腐剂的意义

防腐剂是指能防止食品腐败变质，抑制食品中微生物生长繁殖，延长食品保存期的物质。它是人类使用最悠久、最广泛的食品添加剂，食品安全法规定，各种食品防腐剂都应为低毒、安全性较高，并严格按照规定的使用剂量在使用范围内使用。常用食品防腐剂种类繁多，大多数是化学防腐剂，在具有杀死或抑制微生物的同时，也不可避免地对人体产生副作用。

常用防腐剂的允许使用量见表 11-1。

山梨酸、苯甲酸的检测方法包括气相色谱法、高效液相色谱法、薄层色谱法，均属于国家标准检测方法，适用于酱油、水果汁、果酱中山梨酸和苯甲酸的测定。

表 11-1　常用防腐剂的允许使用量

名　称	使　用　范　围	最大使用量 /（g/kg）
苯甲酸 苯甲酸钠	碳酸饮料、配制酒	0.2
	低盐酱菜、酱类、蜜饯	0.5
	葡萄酒、果酒、软糖	0.8
	酱油、食醋、果酱 果味（汁）饮料、半固体复合调味料	1.0
	食品工业塑料桶装浓缩果蔬汁	2.0
山梨酸 山梨酸钾	鱼、肉、蛋、禽类食品	0.075
	果、蔬类保鲜、碳酸饮料	0.2
	低盐酱菜、酱类、蜜饯、果味（汁）饮料、果冻、胶原蛋白肠衣	0.5
	葡萄酒、果酒	0.6
	酱油、食醋、果酱、氢化植物油、软糖、鱼干制品、即食豆制品、糕点、馅、面包、蛋糕、月饼、即食海蜇、乳酸菌饮料	1.0 1.0
	食品工业塑料桶装浓缩果蔬汁	2.0
对羟基苯甲酸酯类及其钠盐	水果、蔬菜保鲜	0.012
	食醋	0.1
	碳酸饮料、热凝固蛋制品	0.2
	果蔬汁（肉）饮料、果酱、酱油、酱料	0.25
	糕点馅	0.5
脱氢乙酸	腐乳、酱菜、原汁橘浆	0.30
丙酸及其钠盐、钙盐	生面湿制品（切面、饺子皮、馄饨皮、烧卖皮）	0.25
	原粮	1.8
	面包、食醋、酱油、糕点、豆制品	2.5
	杨梅罐头	50
双乙酸钠	大米	0.2
	豆干类、豆干再制品、不含水的脂肪和油、原粮	1.0
	预制肉制品、熟肉制品	3.0
	糕点	4.0

（二）高效液相色谱法

试样加温除去二氧化碳和乙醇，调 pH 值至近中性，过滤后进高效液相色谱仪，经反相色谱分离后，根据保留时间和峰面积进行定性和定量测定。

1. 试样处理

（1）汽水　称取 $5.00 \sim 10.0g$ 试样，放入小烧杯中，微温搅拌除去二氧化碳，用氨水（1+1）调 pH 值约等于 7，加水定容至 $10 \sim 20mL$，经滤膜（HA0.45μm）过滤。

（2）果汁类　称取 $5.00 \sim 10.0g$ 试样，用氨水（1+1）调 pH 值约等于 7，加水定容至适当体积，离心沉淀，上清液经 0.45μm 滤膜过滤。

（3）配制酒类　称取 $10.0g$ 试样，放入小烧杯中，水浴加热除去乙醇，用氨水（1+1）调 pH 值约等于 7，加水定容至适当体积，经 0.45μm 滤膜过滤。

2. 高效液相色谱参考条件

柱：YWG-C_{18}，$4.6mm \times 250mm$，10μm 不锈钢柱。

流动相：甲醇：乙酸铵溶液（0.02mol/L）=5:95。

流速：1mL/min。

进样量：10μL。

检测器：紫外检测器，230nm 波长，灵敏度 0.2AUFS。

根据保留时间定性，外标峰面积法定量。

3. 结果计算

$$X = \frac{A \times 1000}{m \times \dfrac{V_2}{V_1} \times 1000}$$

式中　X——试样中苯甲酸或山梨酸的含量，g/kg；

　　　A——进样体积中苯甲酸或山梨酸的质量，mg；

　　　V_2——进样体积，mL；

　　　V_1——试样稀释液总体积，mL；

　　　m——试样质量，g。

4. 试剂

（1）甲醇　经滤膜（0.5μm）过滤。

（2）稀氨水（1+1）　氨水加水等体积混合。

（3）乙酸铵溶液（0.02mol/L）　称取 1.54g 乙酸铵，加水至 1000mL 溶解，经 0.45μm 滤膜过滤。

（4）碳酸氢钠溶液（20g/L）　称取 2g 碳酸氢钠（优级纯），加水至 100mL，振摇溶解。

（5）苯甲酸标准储备溶液　准确称取 0.1000g 苯甲酸，加碳酸氢钠溶液（20g/L）5mL，加热溶解，移入 100mL 容量瓶中，加水定容至 100mL，苯甲酸含量为 1mg/mL，作为储备溶液。

（6）山梨酸标准储备溶液　准确称取 0.1000g 山梨酸，加碳酸氢钠溶液（20g/L）5mL，加热溶解，移入 100mL 容量瓶中，加水定容至 100mL，山梨酸含量为 1mg/mL，作为储备溶液。

（7）苯甲酸、山梨酸标准混合使用溶液　取苯甲酸、山梨酸标准储备溶液各 10.0mL，放入 100mL 容量瓶中，加水至刻度。此溶液含苯甲酸、山梨酸各 0.1mg/mL。经 0.45μm 滤膜过滤。

5. 仪器

高效液相色谱仪（带紫外检测器）。

项目四　测定食品中的亚硝酸盐与硝酸盐

一、案例

在食品加工过程中，添加适量的化学物质与食品中的某些成分发生作用，从而使食品呈现良好的色泽，这种物质称为护色剂。硝酸盐和亚硝酸盐是常用的护色剂，用于腌制香肠、腊肉、火腿时，可使肉色鲜红。但硝酸盐和亚硝酸盐对人体有一定的毒性，尤其是亚硝酸盐可转化为致癌物亚硝胺，应严格控制其使用。我国《食品添加剂使用卫生标准》规定，亚硝酸盐用于腌制肉类、肉类罐头、肉制品时的最大使用量为 0.15g/kg，硝酸钠最大使用量为 0.5g/kg；残留量（以亚硝酸钠计）肉类罐头不得超过 0.05g/kg，肉制品不得超过 0.03g/kg。

二、选用的国家标准

GB 5009.33—2010 食品中亚硝酸盐与硝酸盐的测定——分光光度法。

三、测定方法

1. 样品预处理

（1）新鲜蔬菜、水果　将整棵蔬菜或水果用去离子水洗净，晾干后，取可食部切碎混匀。将切碎的样品用四分法取适量，用组织捣碎机制成匀浆备用。如需加水应记录加水量。

（2）肉类、蛋、水产及其制品　用四分法取适量或取全部，用组织捣碎机制成匀浆备用。

（3）乳粉、豆乳粉、婴儿配方乳粉等固态乳制品（不包括乳酪）　将样品装入能够容纳2倍试样体积的带盖样品容器中，通过反复摇晃和颠倒容器使样品充分混匀直到使样品均一化。

（4）酸乳、牛乳、炼乳及其他液体乳制品　通过搅拌或反复摇晃和颠倒容器使样品充分混合。

（5）乳酪　取适量的样品研磨成均匀的泥浆状。为避免水分损失，研磨过程中应避免产生过多的热量。

2. 提取与净化

（1）水果、蔬菜、水产、肉类、蛋类及乳酪等　称取 5g（精确到 0.001g）制成匀浆的试样（如制备过程中加水，应按加水量折算），置于 50mL 烧杯中，加 12.5mL 硼砂饱和液，搅拌均匀，以 70℃左右的水约 300mL 将试样洗入 500mL 容量瓶中，于沸水浴加热 15min，取出置冷水浴中冷却，并放置至室温。

（2）乳及乳制品（不包括乳酪）　称取 5g（精确到 0.001g）混匀的样品（牛乳等液态乳可取 10～20g）置于 50mL 烧杯中，加 12.5mL 硼砂饱和液，搅拌摇匀，以 50～60℃左右的水约 300mL 将试样洗入 500mL 容量瓶中，置超声波清洗器中提取 20min。

（3）提取液净化　在上述提取液中，一边转动，一边加入 5mL 亚铁氰化钾溶液，摇匀，再加入 5mL 乙酸锌溶液，以沉淀蛋白质。加水至刻度，摇匀，放置 0.5h，除去上层脂肪，清液用滤纸过滤，弃去初滤液 30mL，滤液备用。

3. 亚硝酸盐的测定

吸取 40.0mL 上述滤液于 50mL 带塞比色管中，另吸取 0、0.20mL、0.40mL、0.60mL、0.80mL、1.00mL、1.50mL、2.00mL、2.50mL 亚硝酸钠标准使用液（相当于 0、1.0μg、2.0μg、3.0μg、4.0μg、5.0μg、7.5μg、10.0μg、12.5μg 亚硝酸钠），分别置于 50mL 带塞比色管中。于标准管与试样管中分别加入 2mL 对氨基苯磺酸溶液（4g/L），混匀，静置 3～5min 后各加入 1mL 盐酸萘乙二胺溶液（2g/L），加水至刻度，混匀，静置 15min，用 2cm 比色杯，以零管调节零点，于波长 538nm 处测吸光度，绘制标准曲线比较。同时做试剂空白实验。

4. 硝酸盐的测定

（1）镉柱还原

① 先以 25mL 稀氨缓冲溶液冲洗镉柱，流速控制在 3～5mL/min（以滴定管代替的可控制在 2～3mL/min）。

② 吸取 20mL 滤液于 50mL 烧杯中，加入 5mL 氨缓冲液，混匀后注入储液漏斗，流经镉柱还原，以原烧杯收集流出液，当储液漏斗中的样液流完后，再加 5mL 水置换柱内留存的样液。

③将全部收集液如前再经镉柱还原一次，第二次流出液收集于 100mL 容量瓶中，继而以水流经镉柱洗涤三次，每次 20mL，洗液一并收集于同一容量瓶中，加水至刻度，混匀。

（2）亚硝酸钠总量的测定　吸取 10～20mL 还原后的样液于 50mL 比色管中。以下按亚硝酸盐的测定方法自"吸取 0、0.20mL、0.40mL、0.60mL、0.80mL、1.00mL……"起操作。

5. 结果计算

（1）亚硝酸盐含量的计算　以亚硝酸钠计的含量计算如下：

$$X_1 = \frac{A_1 \times 1000}{m \times \dfrac{V_1}{V_0} \times 1000}$$

式中　X_1——试样中亚硝酸钠的含量，mg/kg；

A_1——测定用样液中亚硝酸钠的质量，μg；

m——试样质量，g；

V_0——试样处理液的总体积，mL；

V_1——测定用样液的体积，mL。

（2）硝酸盐含量的计算　以硝酸钠计的含量计算如下：

$$X_2 = \left(\frac{A_2 \times 1000}{m \times \dfrac{V_2}{V_0} \times \dfrac{V_4}{V_3} \times 1000} - X_1 \right) \times 1.232$$

式中　X_2——试样中硝酸钠的含量，mg/kg；

m——试样的质量，g；

A_2——经镉粉还原后测得总亚硝酸钠的质量，μg；

1.232——亚硝酸钠换算成硝酸钠的系数；

V_0——试样处理液总体积，mL；

V_2——测总亚硝酸钠用样液的体积，mL；

V_3——经镉柱还原后样液的总体积，mL；

V_4——经镉柱还原后测定用样液的体积，mL；

X_1——试样中亚硝酸钠的含量，mg/kg。

6. 试剂

① 对氨基苯磺酸（$C_6H_7NO_3S$）：分析纯。

② 盐酸萘乙二胺溶液（$C_{12}H_{14}N_2 \cdot 2HCl$）：分析纯。

③ 亚铁氰化钾溶液（106g/L）：称取 106.0g 亚铁氰化钾，用水溶解，并稀释至 1000mL。

④ 乙酸锌溶液（220g/L）：称取 220.0g 乙酸锌，先加 30mL 冰乙酸溶解，用水稀释至 1000mL。

⑤ 饱和硼砂溶液（50g/L）：称取 5.0g 硼酸钠，溶于 100mL 热水中，冷却后备用。

⑥ 氨缓冲溶液（pH＝9.6～9.7）：量取 30mL 盐酸（ρ＝1.19g/mL），加 100mL 水，混匀后加 65mL 氨水（25%），再加水稀释至 1000mL，混匀。调节 pH 值至 9.6～9.7。

⑦ 稀氨缓冲液：量取 50mL 氨缓冲溶液，加水稀释至 500mL，混匀。

⑧ 盐酸溶液（0.1mol/L）：吸取 5mL 盐酸，用水稀释至 600mL。

⑨ 对氨基苯磺酸溶液（4g/L）：吸取 0.4g 对氨基苯磺酸，溶于 100mL 20%（体积分数）盐酸中，置棕色瓶中混匀，避光保存。

⑩ 盐酸萘乙二胺溶液（2g/L）：称取 0.2g 盐酸萘乙二胺，溶解于 100mL 水中，混匀后，置棕色瓶中，避光保存。

⑪ 亚硝酸钠标准溶液：准确称取 0.1000g 于 110～120℃下干燥恒重的亚硝酸钠，加水溶解，移入 500mL 容量瓶中，加水至刻度，混匀，此溶液每毫升含 200μg 亚硝酸钠。

⑫ 亚硝酸钠标准使用液：临用前，吸取亚硝酸钠标准溶液 5.00mL，置于 200mL 容量瓶中，加水稀释至刻度，此溶液每毫升含 5.0μg 亚硝酸钠。

⑬ 硝酸钠标准溶液：准确称取 0.1232g 于 110～120℃下干燥恒重的硝酸钠，加水溶解，移入 500mL 容量瓶中，稀释至刻度，混匀，此溶液每毫升含 200μg 硝酸钠。

⑭ 硝酸钠标准使用液：临用时吸取硝酸钠标准溶液 2.50mL，置于 100mL 容量瓶中，加水稀释至刻度。此溶液每毫升含 5.0μg 硝酸钠。

7. 仪器

① 组织捣碎机。

② 超声波清洗器。

③ 恒温干燥箱。

④ 分光光度计。

⑤ 镉柱：如图 11-1 所示，具体制备及操作如下。

a. 海绵状镉的制备。投入足够的锌皮或锌棒于 500mL 硫酸镉溶液（200g/L）中，经 3～4h，当其中的镉全部被锌置换后，用玻璃棒轻轻刮下，取出残余锌棒，使镉沉底，倾去上层清液，以水用倾泻法多次洗涤，然后移入组织捣碎机中，加 500mL 水，捣碎约 2s，用水将金属细粒洗至标准筛上，取 20～40 目之间的部分。

b. 镉柱的装填。见图 11-1，用水装满镉柱玻璃管，并装入 2cm 高的玻璃棉作垫，将玻璃棉压向柱底时，应将其中所包含的空气全部排出，在轻轻敲击下加入海绵状镉至 8～10cm 高，上面用 1cm 高的玻璃棉覆盖，上置一储液漏斗，末端要穿过橡皮塞与镉柱玻璃管紧密连接。如无上述镉柱玻璃管时，可以 25mL 酸式滴定管代用。

当镉柱填装好后，先用 25mL 盐酸（0.1mol/L）洗涤，再以水洗两次，每次 25mL，镉柱不用时用水封盖，随时都要保持水平面在镉层之上，不得使镉层夹有气泡。

c. 镉柱每次使用完毕后，应先以 25mL 盐酸（0.1mol/L）洗涤，再以水洗两次，每次 25mL，最后用水覆盖镉柱。

d. 镉柱还原效率的测定。吸取 20mL 硝酸钠标准使用液，加入 5mL 稀氨缓冲液，混匀后注入储液漏斗，使流经镉柱还原，以原烧杯收集流出液，当储液漏斗中的样液流完后，再加 5mL 水置换柱内留存的样液。将全部收集液如前再经镉柱还原一次，第二次流出液收集于 100mL 容量瓶中，继而以水流经镉柱洗涤三次，每次 20mL，洗液一并收集于同一容量瓶中，加水至刻度，混匀。

取 10.0mL 还原后的溶液（相当 $10\mu g$ 亚硝酸钠）于 50mL 比色管中，加入 2.0mL 对氨基苯磺酸溶液（4g/L），混匀，静置 3～5min 后加入 1.0mL 盐酸萘乙二胺溶液（2g/L），加水至刻度，混匀，静置 15min，用 2cm 比色杯，于波长 538nm 处测吸光度，根据标准曲线计算测得的结果。还原效率应以大于 98% 为符合要求。

e. 结果计算：

$$X = \frac{A}{10} \times 100$$

式中 X——还原效率；

A——测得的亚硝酸盐的质量，μg；

10——测定用溶液相当于亚硝酸盐的质量，μg。

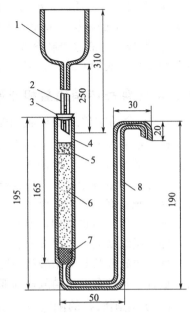

图 11-1 镉柱示意图

1—储液漏斗（内径 35mm，外径 37mm）；2—进液毛细管（内径 0.4mm，外径 6mm）；3—橡皮塞；4—镉柱玻璃管（内径 12mm，外径 16mm）；5，7—玻璃棉；6—海绵状镉；8—出液毛细管（内径 2mm，外径 8mm）

四、相关知识

（一）食品中亚硝酸盐和硝酸盐含量的测定——分光光度法原理

试样经沉淀蛋白质、除去脂肪后，在弱酸条件下亚硝酸盐与对氨基苯磺酸重氮化后，再与盐酸萘乙二胺偶合形成紫红色染料，与标准比较定量，测得亚硝酸盐的含量。硝酸盐通过镉柱还原成亚硝酸盐，测得亚硝酸盐的总量，由总量减去亚硝酸盐的含量即得硝酸盐的含量。本法亚硝酸盐和硝酸盐的检出限分别为 1mg/kg 和 1.4mg/kg。

本法摘自 GB/T 5009.33—2008，适用于食品中亚硝酸盐和硝酸盐的测定。

（二）注意事项

① 镉是一种有害元素，在制作海绵镉或处理镉柱时，不要用手直接接触，同时注意不要弄到皮肤上，一旦接触立即用水冲洗。制备、处理过程中的含镉废液应经处理后再排放，以免造成环境污染。

② 在制取海绵状镉和装填镉柱时最好在水中进行，镉粒暴露于空气中易氧化。镉柱每次使用完毕后，应先以 25mL 0.1mol/L 盐酸洗涤，再以重蒸馏水洗两次，每次 25mL，最后用水覆盖镉柱。

③ 海绵状镉的制备须严格按照规定方法操作，才能保证其还原效果。当试样连续检测时，可不必每次都洗涤镉粒，若数小时内不用，则须按前述方法洗涤镉粒。为了保证硝酸盐测定结果的准确性，镉柱的还原效率应当经常检查测定。镉柱维持得当，经使用一年，效率尚无明显变化。

④ 在沉淀蛋白质时，硫酸锌的用量不宜过多，否则，在经镉柱还原时，由于加入 pH 值为 9.6～9.7 的氨缓冲液而会生成 $Zn(OH)_2$ 沉淀，堵塞镉柱，影响测定。

⑤ 氨缓冲溶液除控制溶液 pH 值外，又可缓解镉对亚硝酸根的还原，还可作为络合剂，以防止反应生成的 Cd^{2+} 与 OH^- 形成沉淀。

五、测定食品中硝酸盐和亚硝酸盐的方法

（一）食品中硝酸盐和亚硝酸盐的意义

硝酸盐和亚硝酸盐是食品中允许添加使用的护色剂，用于腌制的肉制品中，在微生物的作用下，硝酸盐还原为亚硝酸盐，亚硝酸盐在肌肉中乳酸的作用下，生成亚硝酸，亚硝酸不稳定，分解产生亚硝基，与肌肉组织中的肌红蛋白结合，生成鲜红色的亚硝基肌红蛋白，使肉制品呈现良好的色泽。亚硝酸盐不仅具有护色作用，还具有防腐作用，对肉毒杆菌具有显著的抑制作用，对提高肉制品的风味也有一定的功效。亚硝酸盐具有一定毒性，摄入量过多，导致组织缺氧，出现头晕、恶心，严重者出现呼吸困难、昏迷等症状。

食品中硝酸盐和亚硝酸盐的国家标准检测方法包括分光光度法、离子色谱法、示波极谱法，适合于各种食品中硝酸盐和亚硝酸盐的测定等。

（二）亚硝酸盐的测定——示波极谱法简介

试样经沉淀蛋白质、脂肪后，在酸性条件下亚硝酸盐与对氨基苯磺酸重氮化后，在碱性条件下再与 8-羟基喹啉偶合形成橙色染料，该偶合染料在汞电极上还原产生电流，电流与亚硝酸盐的浓度呈线性关系，可与标准曲线比较定量。

项目五　测定食品中的亚硫酸盐

一、案例

在食品生产加工过程中，为使食品保持其特有的色泽，常加入漂白剂。食品中常用的漂白剂大多属于亚硫酸及其盐类，通过产生的二氧化硫的还原作用使之漂白，同时还有防腐和抗氧化作用。二氧化硫和亚硫酸盐具有一定的腐蚀性，残留量过高对人体有不良影响，须严格控制其使用量和残留量。我国《食品添加剂使用卫生标准》规定，二氧化硫、亚硫酸钠、低亚硫酸钠、焦亚硫酸钠、焦亚硫酸钾或亚硫酸氢钠可以用于蜜饯类、饼干、竹笋、蘑菇及其罐头、葡萄糖、食糖、冰糖、饴糖、糖果、液体葡萄糖、葡萄酒、果酒等食品的漂白。残留量以 SO_2 计，竹笋、蘑菇及其罐头、葡萄酒、果酒不得超过 0.05g/kg，粉丝、粉条、饼干、食糖、糖果不超过 0.1g/kg。

二、选用的国家标准

GB/T 5009.34—2003 食品中亚硫酸盐的测定——盐酸副玫瑰苯胺法。

三、测定方法

1. 试样处理

（1）水溶性固体试样（如白砂糖等）　称取约 10.00g 均匀试样（试样量可视含量高低而定），以少量水溶解，置于 100mL 容量瓶中，加入 4mL 氢氧化钠溶液（20g/L），5min 后加入 4mL 硫酸（1+71），然后加入 20mL 四氯汞钠吸收液，以水稀释至刻度。

（2）其他固体试样（如饼干、粉丝等）　称取 5.0～10.0g 研磨均匀的试样，以少量水湿润并移入 100mL 容量瓶中，然后加入 20mL 四氯汞钠吸收液，浸泡 4h 以上，若上层溶液不澄

清，可加入亚铁氰化钾及乙酸锌溶液各 2.5mL，最后用水稀释至 100mL 刻度，过滤后备用。

（3）液体试样（如葡萄酒等）　直接吸取 5.0～10.0mL 试样，置于 100mL 容量瓶中以少量水稀释，加 20mL 四氯汞钠吸收液，摇匀，最后加水至刻度，混匀，必要时过滤备用。

2. 测定

吸取 0.50～5.0mL 上述试样处理液于 25mL 带塞比色管中。

另吸取 0、0.2mL、0.40mL、0.60mL、0.80mL、1.00mL、1.50mL、2.00mL 二氧化硫标准使用液（相当于 0、0.4μg、0.8μg、1.2μg、1.6μg、2.0μg、3.0μg、4.0μg 二氧化硫），分别置于 25mL 带塞比色管中。于试样及标准管中各加入四氯汞钠吸收液至 10mL，然后再加入 1mL 氨基磺酸铵溶液（12g/L）、1mL 甲醛溶液（2g/L）及 1mL 盐酸副玫瑰苯胺溶液，摇匀，放置 20min，用 1cm 比色杯，以 0 管调节零点，于波长 550nm 处测吸光度，绘制标准曲线比较。

3. 结果计算

$$X = \frac{A \times 1000}{m \times \dfrac{V}{100} \times 1000 \times 1000}$$

式中　X——试样中二氧化硫的含量，g/kg；

　　　A——测定用样液中二氧化硫的质量，μg；

　　　m——试样质量，g；

　　　V——测定用样液的体积，mL。

4. 试剂

① 四氯汞钠吸收液：称取 13.6g 氯化高汞及 6.0g 氯化钠，溶于水中并稀释至 1000mL，放置过夜，过滤后备用。

② 氨基磺酸铵溶液（12g/L）。

③ 甲醛溶液（2g/L）：吸取 0.55mL 无聚合沉淀的甲醛（36%），加水稀释至 100mL，混匀。

④ 淀粉指示液：称取 1g 可溶性淀粉，用少许水调成糊状，缓缓倾入 100mL 沸水中，随加随搅拌，煮沸，放冷备用，此溶液临用时现配。

⑤ 亚铁氰化钾溶液：称取 10.6g 亚铁氰化钾 $[K_4Fe(CN)_6 \cdot 3H_2O]$，加水溶解并稀释至 100mL。

⑥ 乙酸锌溶液：称取 22g 乙酸锌 $[Zn(CH_3COO)_2 \cdot 2H_2O]$ 溶于少量水中，加入 3mL 冰乙酸，加水稀释至 100mL。

⑦ 盐酸副玫瑰苯胺溶液：称取 0.1g 盐酸副玫瑰苯胺（$C_{19}H_{18}N_2Cl_4 \cdot H_2O$）于研钵中，加少量水研磨使溶解并稀释至 100mL。取出 20mL，置于 100mL 容量瓶中，加盐酸（1+1），充分摇匀后使溶液由红变黄，如不变黄，再滴加少量盐酸至出现黄色，再加水稀释至刻度，混匀备用（如无盐酸副玫瑰苯胺，可用盐酸品红代替）。

盐酸副玫瑰苯胺的精制方法：称取 20g 盐酸副玫瑰苯胺于 400mL 水中，用 50mL 盐酸（1+5）酸化，徐徐搅拌，加 4～5g 活性炭，加热煮沸 2min。将混合物倒入大漏斗中，过滤（用保温漏斗趁热过滤），滤液放置过夜，出现结晶，然后再用布氏漏斗抽滤，将结晶再悬浮于 1000mL 乙醚-乙醇（10:1）的混合液中，振摇 3～5min，以布氏漏斗抽滤，再用乙醚反复洗涤至醚层不带色为止，于硫酸干燥器中干燥，研细后储于棕色瓶中。

⑧ 碘溶液 $[c(1/2I_2) = 0.100\text{mol/L}]$。

⑨ 硫代硫酸钠标准溶液 $[c(Na_2S_2O_3 \cdot 5H_2O) = 0.100\text{mol/L}]$。

⑩ 二氧化硫标准溶液：称取 0.5g 亚硫酸氢钠，溶于 200mL 四氯汞钠吸收液中，放置过夜，上清液用定量滤纸过滤备用。

二氧化硫标准溶液的标定：吸取 10.0mL 亚硫酸氢钠-四氯汞钠溶液于 250mL 碘量瓶中，加 100mL 水，准确加入 20.00mL 碘溶液（0.1mol/L）、5mL 冰乙酸，摇匀，放置于暗处，2min 后迅速以硫代硫酸（0.100mol/L）标准溶液滴定至淡黄色，加 0.5mL 淀粉指示液，继续滴至无色。另取 100mL 水，准确加入碘溶液 20.0mL（0.1mol/L）、5mL 冰乙酸，按同一方法做试剂空白实验。

二氧化硫标准溶液的浓度按下式计算：

$$X = \frac{(V_2 - V_1) \times c \times 32.03}{10}$$

式中　X——二氧化硫标准溶液的浓度，mg/mL；

V_1——测定用亚硫酸氢钠-四氯汞钠溶液消耗硫代硫酸钠标准溶液的体积，mL；

V_2——试剂空白消耗硫代硫酸钠标准溶液的体积，mL；

c——硫代硫酸钠标准溶液的摩尔浓度，mol/L；

32.03——每毫升硫代硫酸钠 [($Na_2S_2O_3 \cdot 5H_2O$)＝1.000mol/L] 标准溶液相当于二氧化硫的质量，mg。

⑪ 二氧化硫使用液：临用前将二氧化硫标准溶液以四氯汞钠吸收液稀释成每毫升相当于 2μg 二氧化硫。

⑫ 氢氧化钠溶液（20g/L）。

⑬ 硫酸（1＋71）。

5. 仪器

分光光度计。

四、相关知识

（一）食品中二氧化硫含量的测定——盐酸副玫瑰苯胺法原理

亚硫酸盐与四氯汞钠反应生成稳定的络合物，再与甲醛及盐酸副玫瑰苯胺作用生成紫红色的络合物，与标准系列使用液比较定量。检出浓度为 1mg/kg。

本法摘自 GB/T 5009.34—2003，适用于食品中二氧化硫残留量的测定。

（二）注意事项

① 盐酸副玫瑰苯胺中盐酸的用量影响显色，加入盐酸量多时色浅，量少时色深。

② 直接比色法，显色时间和温度影响显色。本法显色时间在 10～30min 内稳定，温度为 10～25℃时显色稳定，高于 30℃时测定值偏低。所以显色时要严格控制显色时间和温度。

③ 亚硝酸对本法有干扰，加入氨基磺酸铵，使亚硝酸分解。

④ 二氧化硫标准使用液的浓度随放置时间逐渐降低，临用前必须用新标定的二氧化硫标准溶液稀释。

五、测定食品中亚硫酸盐的方法

（一）食品中亚硫酸盐的意义

亚硫酸盐属于允许在食品中添加的还原性漂白剂，它们在被氧化时产生二氧化硫将有色物质还原，呈现强烈的漂白作用。根据食品添加剂的使用标准，漂白剂的使用不应对食品的品质、营养价值及保存期产生不良影响。

测定亚硫酸盐的方法包括盐酸副玫瑰苯胺法、蒸馏法，均属于国家标准方法，适用于食品中二氧化硫残留量的测定。

（二）蒸馏法

在密闭容器中对试样进行酸化并加热蒸馏，以释放出其中的二氧化硫，释放物用乙酸铅溶液吸收。吸收后用浓酸酸化，再以碘标准溶液滴定，根据所消耗的碘标准溶液量计算出试样中二氧化硫的含量。本法适用于色酒及葡萄糖糖浆、果脯中二氧化硫残留量的测定。

1. 试样处理

固体试样用刀切或剪刀剪成碎末后混匀，称取约 5.00g 均匀试样（试样量可视含量高低而定）。液体试样可直接吸取 5.0～10.0mL 试样，置于 500mL 圆底蒸馏烧瓶中。

2. 测定

（1）蒸馏　将称好的试样置入圆底蒸馏烧瓶中，加入 250mL 水，装上冷凝装置，冷凝管下端应插入碘量瓶中的 25mL 乙酸铅（20g/L）吸收液中，然后在蒸馏瓶中加入 10mL 盐酸（1+1），立即盖塞，加热蒸馏。当蒸馏液约 200mL 时，使冷凝管下端离开液面，再蒸馏 1min。用少量蒸馏水冲洗插入乙酸铅溶液的装置部分。同时要做空白实验。

（2）滴定　向取下的碘量瓶中依次加入 10mL 浓盐酸、1mL 淀粉指示液（10g/L），摇匀之后用碘标准滴定溶液（0.010mol/L）滴定至变蓝且在 30s 内不褪色为止。

3. 计算

$$X = \frac{(A-B) \times 0.0032 \times 1000}{m}$$

式中　X——试样中二氧化硫的总含量，g/kg；

　　　A——滴定试样所用碘标准滴定溶液（0.01mol/L）的体积，mL；

　　　B——滴定试剂空白所用碘标准滴定溶液（0.01mol/L）的体积，mL；

　　　m——试样质量，g；

　0.0032——与 1mL 碘标准溶液 $[c(1/2I_2) = 1.0mol/L]$ 相当的二氧化硫的质量，g。

4. 试剂

① 盐酸（1+1）。

② 乙酸铅溶液（20g/L）：称取 2g 乙酸铅，溶于少量水中并稀释至 100mL。

③ 碘标准溶液 $[c(1/2I_2) = 0.010mol/L]$：将碘标准溶液（0.100mol/L）用水稀释 10 倍。

④ 淀粉指示液（10g/L）：称取 1g 可溶性淀粉，用少许水调成糊状，缓缓倾入 100mL 沸水中，随加随搅拌，煮沸 2min，放冷，备用，此溶液应临用时新制。

5. 仪器

① 全玻璃蒸馏器。

② 碘量瓶。

③ 酸式滴定管。

项目六　测定食品中的合成着色剂

一、案例

食用着色剂，又称食用色素，使食品着色，从而改善食品色调和色泽。食用色素改变食品感官色彩，刺激人们的食欲，是食品生产中不可缺少的重要组成部分。人工合成的色素，色泽鲜艳，着色力强，色调多样，在食品加工过程中稳定性好且价格低廉，但作为化学合成物常具有一定毒性，我国《食品添加剂使用卫生标准》中规定了食用合成色素的使用范围及最大使用量。其中苋菜红、胭脂红、赤藓红、诱惑红、新红的最大使用量为 0.05g/kg，柠檬黄、日落黄、靛蓝的最大使用量为 0.1g/kg，亮蓝的最大使用量为 0.025g/kg。

二、选用的国家标准

GB/T 5009.35—2003 食品中合成着色剂的测定——高效液相色谱法。

三、测定方法

1. 试样处理

(1) 橘子汁、果味水、果子露汽水等　称取 20.0～40.0g，放入 100mL 烧杯中，含二氧化碳的试样加热去除二氧化碳。

(2) 配制酒类　称取 20.0～40.0g，放入 100mL 烧杯中，加小碎瓷片数片，加热去除乙醇。

(3) 硬糖、蜜饯类、淀粉软糖等　称取 5.00～10.00g 粉碎试样，放入 100mL 小烧杯中，加水 30mL，温热溶解，若试样溶液 pH 值较高，用柠檬酸溶液调 pH 值到 6 左右。

(4) 巧克力豆及着色糖衣制品　称取 5.00～10.00g，放入 100mL 小烧杯中，用水反复洗涤色素，到试样无色素为止，合并色素漂洗液为试样溶液。

2. 色素提取

(1) 聚酰胺吸附法　试样溶液加柠檬酸溶液调 pH 值到 6，加热至 60℃，将 1g 聚酰胺粉加少许水调成粥状，倒入试样溶液中，搅拌片刻，以 G_3 垂融漏斗抽滤，用 60℃ pH 值为 4 的水洗涤 3～5 次，然后用甲醇-甲酸混合溶液洗涤 3～5 次（含赤藓红的试样用液-液分配法处理），再用水洗至中性，用乙醇-氨水-水混合溶液解吸 3～5 次，每次 5mL，收集解吸液，加乙酸中和，蒸发至近干，加水溶解，定容至 5mL。经 0.45μm 滤膜过滤，取 10μL 进高效液相色谱仪。

(2) 液-液分配法（适用于含赤藓红的试样）　将制备好的试样溶液放入分液漏斗中，加 2mL 盐酸、三正辛胺-正丁醇溶液（5%）10～20mL，振摇提取，分取有机相，重复提取至有机相无色，合并有机相，用饱和硫酸钠溶液洗 2 次，每次 10mL，分取有机相，放蒸发皿中，水浴加热浓缩至 10mL，转移至分液漏斗中，加 60mL 正己烷，混匀，加氨水提取 2～3 次，每次 5mL，合并氨水溶液层（含水溶性酸性色素），用正己烷洗 2 次，氨水层加乙酸调成中性，水浴加热蒸发至近干，加水定容至 5mL。经滤膜 0.45μm 过滤，取 10μL 进高效液相色谱仪。

3. 高效液相色谱参考条件

柱：YWG～C_{18} 10μm 不锈钢柱 4.6mm（i.d）×250mm。

流动相：甲醇-乙酸铵溶液（pH 值为 4，0.02mol/L）。

梯度洗脱：甲醇 20%～35%，3%/min；35%～98%，9%/min；98%继续 6min。

流速：1mL/min。

紫外检测器，254nm 波长。

4. 测定

取相同体积样液和合成着色剂标准使用液分别注入高效液相色谱仪，根据保留时间定性，外标峰面积法定量。

5. 结果计算

$$X = \frac{A \times 1000}{m \times \dfrac{V_2}{V_1} \times 1000 \times 1000}$$

式中　X——试样中着色剂的含量，g/kg；

A——样液中着色剂的质量，μg；

V_2——进样体积，mL；

V_1——试样稀释后总体积，mL；

m——试样质量，g。

6. 试剂

① 正己烷。

② 盐酸。

③ 乙酸。

④ 甲醇：经 0.5μm 滤膜过滤。

⑤ 聚酰胺粉（尼龙 6）：过 200 目筛。

⑥ 乙酸铵溶液（0.02mol/L）：称取 1.54g 乙酸铵加水至 1000mL，溶解，经 0.45μm 滤膜过滤。

⑦ 氨水：量取氨水 2mL，加水至 100mL，混匀。

⑧ 氨水-乙酸铵溶液（0.02mol/L），量取氨水 0.5mL，加乙酸铵溶液（0.02mol/L）至 1000mL，混匀。

⑨ 甲醇-甲酸（6+4）溶液。

⑩ 柠檬酸溶液：称取 20g 柠檬酸（$C_6H_8O_7 \cdot H_2O$），加水至 100mL，溶解混匀。

⑪ 无水乙醇-氨水-水（7+2+1）溶液：无水乙醇 70mL，氨水 20mL，水 10mL，混匀。

⑫ 三正辛胺-正丁醇溶液（5%）：量取三正辛胺 5mL，加正丁醇至 100mL，混匀。

⑬ 饱和硫酸钠溶液。

⑭ 硫酸钠溶液（2g/L）。

⑮ pH 值为 6 的水：水加柠檬酸溶液调 pH＝6。

⑯ 合成着色剂标准溶液：准确称取按其纯度折算为 100% 质量的柠檬黄、日落黄、苋菜红、胭脂红、新红、赤藓红、亮蓝、靛蓝各 0.100g，置于 100mL 容量瓶中，加 pH 值为 6 的水至刻度，配成水溶液（1.00mg/mL）。

⑰ 合成着色剂标准使用液：临用时上述溶液加水稀释 20 倍，经 0.45μm 滤膜过滤，配成每毫升相当于 50.0μg 的合成着色剂。

7. 仪器

高效液相色谱仪：带紫外检测器，254nm 波长。

四、相关知识

（一）食品中合成着色剂含量的测定——高效液相色谱法原理

食品中人工合成着色剂用聚酰胺吸附法或液-液分配法提取，制成水溶液，注入高效液相色谱仪，经反相色谱分离，根据保留时间定性和与峰面积比较进行定量。

本法摘自 GB/T 5009.35—2003，适用于食品中合成着色剂的测定。

（二）注意事项

① 如果试样中色素浓度太高，要用水适当稀释，因为在浓溶液中，色素钠盐的钠离子

不容易解离，不利于聚酰胺粉的吸附。

② 在进行蒸发浓缩时，要控制水浴温度在 70～80℃，使其缓慢蒸发，勿溅出皿外，另外，要经常摇动蒸发皿，防止色素干结在蒸发皿上。

③ 层析用的溶剂系统，不可以使用或存放太久，否则浓度和极性都起变化，影响分离效果。最好 2 天换一次，以保证分离效果。

④ 用高效液相色谱仪测定时，测定一个试样后，将流动相中甲醇浓度恢复至 20%，使之稳定 20min 后，再开始测定第二个试样。

⑤ 本方法检出限量：新红 5ng、柠檬黄 4ng，苋菜红 6ng、胭脂红 8ng、日落黄 7ng、赤藓红 18ng，亮蓝 26ng，当进样量为相当 0.025g 时，检出浓度分别为 0.2mg/kg、 0.16mg/kg、 0.24mg/kg、 0.32mg/kg、 0.28mg/kg、 0.72mg/kg、 1.04mg/kg。

五、测定食品中合成色素的方法

（一）食品中合成色素的意义

食用色素分天然食用色素和合成食用色素。天然色素主要从植物组织中提取，也包括来自动物和微生物的一些色素，如我国自古以来使用的红曲色素。除藤黄外，其余对人体无毒害。国家对每一种天然食用色素也都规定了最大使用量。合成色素即人工合成的色素，其优点很多，如色泽鲜艳，着色力强，色调多样，但有一定毒副作用。

合成色素的国家标准检测方法包括高效液相色谱法、薄层色谱法、示波极谱法，适合于食品中合成着色剂的测定。

（二）薄层色谱法简介

水溶性酸性合成着色剂在酸性条件下被聚酰胺吸附，而在碱性条件下解吸附，再用纸色谱法或薄层色谱法进行分离后，与标准使用液比较定性、定量，本方法最低检出量为 50μg，点样量为 1μL 时，检出浓度约为 50mg/kg。

（三）示波极谱法简介

食品中的合成着色剂，在特定的缓冲溶液中，在滴汞电极上可以产生敏感的极谱波，波高与着色剂的浓度成正比，当食品存在一种或两种以上互不影响测定的着色剂时，可用其定性定量分析。

项目七　测定食品中的叔丁基羟基茴香醚（BHA）与
2,6-二叔丁基对甲酚（BHT）

一、案例

食品的脂肪在长期储存中其质量会逐渐变坏，这种变化即为油脂的酸败。油脂酸败的主要原因是油脂自身的氧化。为了防止油脂自身的氧化作用，常在油脂或含脂肪较高的食品中加入一些抗氧化剂。叔丁基羟基茴香醚（BHA）与 2,6-二叔丁基对甲酚（BHT）是两种最常用的人工合成抗氧化剂。我国《食品添加剂使用卫生标准》规定，BHA 和 BHT 在油脂、油炸食品、干鱼制品、饼干、速煮面、干制食品和罐头等中，允许的最大使用量为 0.2g/kg，BHA 和 BHT 混合使用时，总量不能超过 0.2g/kg。

二、选用的国家标准

GB/T 5009.30—2003 食品中叔丁基羟基茴香醚（BHA）与 2,6-二叔丁基对甲酚（BHT）的测定——气相色谱法。

三、测定方法

1. 样品处理

（1）样品的制备　称取 500g 含油脂较多的样品，含油脂少的样品取 1000g，然后用对角线取 2/4 或 2/6 或根据样品情况取有代表性的样品，在玻璃乳钵中研碎，混合均匀后放置于广口瓶内保存于冰箱中。

（2）脂肪的提取

① 含油脂高的样品（如桃酥等）　称取 50g，混合均匀，置于 250mL 具塞锥形瓶中，加 50mL 石油醚（沸程为 30～60℃），放置过夜，用快速滤纸过滤后，减压回收溶剂，残留脂肪备用。

② 含油脂中等的样品（如蛋糕、江米条等）　称取 100g 左右，混合均匀，置于 500mL 具塞锥形瓶中，加 100～200mL 石油醚（沸程为 30～60℃），放置过夜，用快速滤纸过滤后，减压回收溶剂，残留脂肪备用。

③ 含油脂少的样品（如面包、饼干等）　称取 250～300g，混合均匀后，于 500mL 具塞锥形瓶中，加入适量石油醚浸泡样品，放置过夜，用快速滤纸过滤后，减压回收溶剂残留脂肪备用。

2. 试样制备

（1）色谱柱的制备　于色谱柱底部加入少量玻璃棉，少量无水硫酸钠，将硅胶-弗罗里矽土（6+4）共 10g，用石油醚湿法混合装柱，柱顶部再加入少量无水硫酸钠。

（2）试样的制备　称取上述制备的脂肪 0.50～1.00g，用 25μL 石油醚溶解移入上述色谱柱上，再以 100mL 二氯甲烷分五次淋洗，合并淋洗液，减压浓缩近干时，用二硫化碳定容至 2.0mL，该溶液为待测溶液。

（3）植物油试样的制备　称取混合均匀样品 2.00g，放入 50mL 烧杯中，加 30mL 石油醚溶解，转移到上述色谱柱上，再用 10mL 石油醚分数次洗涤入烧杯中，并转移到色谱柱上，用 100mL 二氯甲烷分五次淋洗，合并淋洗液，减压浓缩近干，用二硫化碳定容至 2.0mL，该溶液为待测溶液。

3. 测定

① 注入气相色谱 3.0μL 标准使用液，绘制色谱图，分别量取各组分峰高或峰面积，进 3μL 试样待测溶液（应视试样含量而定），绘制色谱图，分别量取峰高或峰面积，与标准峰高或峰面积比较计算含量。

② 气相色谱参考条件如下。

色谱柱：长 1.5m、内径 3mm 的玻璃柱，质量分数为 10%QF-1 的 GasChromQ（80～100 目）。

检测器：FID。

温度：检测室 200℃，进样口 200℃，柱温 140℃。

载气流量：氮气 70mL/min；氢气 50mL/min；空气 500mL/min。

4. 结果计算

待测溶液 BHA（或 BHT）的质量按下式进行计算。

$$m_i = \frac{h_i}{H_s} \times \frac{V_m}{V_i} \times V_s \times C_s$$

式中　m_i——待测溶液 BHA（或 BHT）的质量，mg；

　　　h_i——注入色谱试样中 BHA（或 BHT）的峰高或峰面积；

　　　H_s——标准使用液中 BHA（或 BHT）的峰高或峰面积；

　　　V_i——注入色谱试样溶液的体积，mL；

　　　V_m——待测试样定容的体积，mL；

　　　V_s——注入色谱中标准使用液的体积，mL；

　　　C_s——标准使用液的浓度，mg/mL。

食品中以脂肪计的 BHA（或 BHT）的含量按下式进行计算。

$$X = \frac{m_1 \times 1000}{m_2 \times 1000}$$

式中　X——食品中以脂肪计的 BHA（或 BHT）的含量，g/kg；

　　　m_1——待测溶液中 BHA（或 BHT）的质量，mg；

　　　m_2——油脂（或食品中脂肪）的质量，g。

5. 试剂

① 石油醚：沸程 30～60℃。

② 二氯甲烷：分析纯。

③ 二硫化碳：分析纯。

④ 无水硫酸钠：分析纯。

⑤ 硅胶 G：60～80 目于 120℃活化 4h 放入干燥器内备用。

⑥ 弗罗里矽土（Florisil）：60～80 目于 120℃活化 4h 放入干燥器中备用。

⑦ BHA、BHT 混合标准储备液：准确称取 BHA、BHT（纯度为 99.0%）各 0.1g 混合后用二硫化碳溶解，定容至 100mL 容量瓶中，此溶液分别为每毫升含 1.0mg BHA、BHT，置于冰箱中保存。

⑧ BHA、BHT 混合标准使用液：吸取标准储备液 4.0mL 于 100mL 容量瓶中，用二硫化碳定容至 100mL，此溶液分别为每毫升含 0.040mg BHA、BHT，置于冰箱中保存。

6. 仪器

① 气相色谱仪：附 FID 检测器。

② 蒸发器：容积 200mL。

③ 振荡器。

④ 色谱柱：1cm×30cm 玻璃柱，带活塞。

⑤ 气相色谱柱：柱长 1.5m、内径 3mm 的玻璃柱内装涂质量分数为 10% 的 QF-1 Gas Chrom Q（80～100 目）。

四、相关知识

(一) 食品中 BHA、BHT 含量的测定——气相色谱法原理

试样中的叔丁基羟基茴香醚（BHA）和 2,6-二叔丁基对甲酚（BHT）用石油醚提取，通过色谱柱 BHA 与 BHT 净化，浓缩后，经气相色谱分离后用氢火焰离子化检测器检测，根据试样峰高与标准峰比较定量。

本法摘自 GB/T 5009.30—2003，适用于糕点和植物油等食品中 BHA、BHT 的测定。

(二) 注意事项

① 硅胶柱长 180mm，内径 10mm，内装硅胶 12g 左右。先用石油醚调成糊状，湿法装柱，待石油醚自色谱柱停止流出时，即将样品提取液倾入柱内。

② 对于只添加 BHA 的产品，样品经石油醚提取后，取出 2～4mL 挥干（不用经柱层分离）直接进行 BHA 测定。

③ 抗氧化剂本身又是氧化剂，随存放时间延长，其含量逐渐下降，因此对采集来的样品应及时检验，不宜久存。

④ 样品中的 BHT 的含量应换算成样品脂肪中的 BHA 或 BHT 的含量。

⑤ 本方法检出限量为 2.0μg，油脂取样量 0.50g 时检出浓度为 4.0mg/kg。气相色谱法最佳线性范围 0.0～100.0μg。

五、测定食品中的 BHA 与 BHT 的方法

(一) 食品中抗氧化剂的意义

抗氧化剂是能防止或延缓食品成分氧化变质的食品添加剂，抗氧化剂按来源分为天然抗氧化剂和合成抗氧化剂两类。常用的有丁基羟基茴香醚（BHA）、二丁基羟基甲苯（BHT）和没食子酸丙酯（PG）等人工合成的油溶性抗氧化剂。

食品抗氧化剂含量测定的方法包括气相色谱法、薄层色谱法以及比色法，均属于国家标准方法，适用于糕点和植物油等食品中 BHA、BHT 的测定。

(二) 比色法简介

比色法适用于糕点和植物油等食品中 BHT 的测定。试样通过水蒸气蒸馏，使 BHT 分离，用甲醇吸收，遇邻联二茴香胺与亚硝酸钠溶液生成橙红色，用三氯甲烷提取，与标准使用液比较定量。比色法检出量为 10.0μg，油脂取样量为 0.25g 时，检出浓度为 4.0mg/kg。

(三) 薄层色谱法简介

薄层色谱法是用甲醇提取油脂或食品中的抗氧化剂，用薄层色谱定性，根据其在薄层板上显色后的最低检出量与标准品最低检出量比较而概略定量，对高脂肪食品中的 BHT、BHA、PG 能定性检出。

思 考 题

1. 常用的甜味剂有哪些？如何用薄层色谱法测定糖精钠？
2. 甜蜜素的化学名称是什么？怎样用气相色谱法测定其含量？
3. 气相色谱法测定食品中苯甲酸和山梨酸时，制备试样溶液为什么要进行酸化处理？
4. 制备镉柱时应注意什么？镉柱还原效率如何测定？
5. 盐酸副玫瑰苯胺比色法测定食品中的亚硫酸盐时，加入四氯汞钠溶液的作用是什么？
6. 说明气相色谱法测定 BHA、BHT 的原理及试样处理方法。

任务十二　测定食品中的有害元素

【技能目标】

1. 会测定食品中的铅。
2. 会测定食品中的总汞和有机汞。
3. 会测定食品中的镉。
4. 会测定食品中的铬。
5. 会测定面制食品中的铝。
6. 会测定食品中的砷。
7. 会测定食品中的氟。

【知识目标】

明确食品中有害元素的残留限量标准，掌握其测定原理。

项目一　测定食品中的铅

一、案例

铅是一种严重危害人类健康的重金属元素，人体摄入铅后，很难代谢排出，在体内长期积累，造成慢性中毒。铅中毒会使人的心血管系统功能发生严重障碍，引发动脉粥样硬化、高血压、心肌损伤及坏死，损害人的神经系统，儿童铅中毒将影响智力发育，甚至导致痴呆。食品中的铅主要来源于食品加工、包装、存放过程中的污染，含铅农药的使用，食品生产加工过程中含铅容器、器具、含铅镀锡管道的使用，陶瓷食具釉料中使用的含铅颜料等，都会直接或间接地造成食品铅污染。

二、选用的国家标准

GB 5009.12—2010 食品中铅的测定——石墨炉原子吸收光谱法。

三、测定方法

1. 试样预处理

① 在采样和制备过程中，应注意不使试样被污染。

② 粮食、豆类去杂物后，磨碎，过 20 目筛，储于塑料瓶中，保存备用。

③ 蔬菜、水果、鱼类、肉类及蛋类等水分含量高的鲜样，用食品加工机或匀浆机打成匀浆，储于塑料瓶中，保存备用。

2. 试样消解（可根据实验室条件选用以下任何一种方法消解）

（1）压力消解罐消解法　称取 1～2g 试样（精确至 0.001g）（干样、含脂肪高的试样＜

1.00g，鲜样＜2.00g 或按压力消解罐使用说明书称取试样）置于聚四氟乙烯内罐中，加硝酸 2～4mL 浸泡过夜。再加过氧化氢（30％）2～3mL（总量不能超过罐容积的 1/3），盖好内盖，旋紧不锈钢外套，放入恒温干燥箱，120～140℃保持 3～4h，在箱内自然冷却至室温，用滴管将消化液洗入或过滤入（视消化后试样的盐分而定）10～25mL 容量瓶中，用水少量多次洗涤罐，洗液合并于容量瓶中，定容至刻度，混匀备用；同时做试剂空白实验。

（2）干法灰化　称取 1.00～5.00g（根据含铅量而定）试样于瓷坩埚中，先小火在可调式电热板上炭化至无烟，移入马弗炉 500℃灰化 6～8h，冷却。若个别试样灰化不彻底，则加 1mL 混合酸在可调式电炉上小火加热，反复多次直到消化完全，冷却，用硝酸（0.5mol/L）将灰分溶解，用滴管将试样消化液洗入或过滤入（视消化后试样的盐分而定）10～25mL 容量瓶中，用水少量多次洗涤瓷坩埚，洗液合并于容量瓶中并定容至刻度，混匀备用；同时做试剂空白实验。

（3）过硫酸铵灰化法　称取 1.00～5.00g 试样于瓷坩埚中，加 2～4mL 硝酸浸泡 1h 以上，先小火炭化，冷却后加 2.00～3.00g 过硫酸铵盖于上面，继续炭化至不冒烟，转入马弗炉，500℃恒温 2h，再升至 800℃，保持 20min，冷却，加 2～3mL 硝酸（1.0mol/L）用滴管将试样消化液洗入或过滤入（视消化后试样的盐分而定）10～25mL 容量瓶中，用水少量多次洗涤瓷坩埚，洗液合并于容量瓶中并定容至刻度，混匀备用；同时做试剂空白实验。

（4）湿式消解法　称取试样 1.00～5.00g 于锥形瓶或高脚烧杯中，放数粒玻璃珠，加 10mL 混合酸，加盖浸泡过夜，加一小漏斗在电炉上消解，若变棕黑色，再加混合酸，直至冒白烟，消化液呈无色透明或略带黄色，放冷，用滴管将试样消化液洗入或过滤入（视消化后试样的盐分而定）10～25mL 容量瓶中，用水少量多次洗涤锥形瓶或高脚烧杯，洗液合并于容量瓶中并定容至刻度，混匀备用；同时做试剂空白实验。

3. 测定

（1）仪器条件　根据各自仪器性能调至最佳状态。参考条件为波长 283.3nm，狭缝 0.2～1.0nm，灯电流 5～7mA，干燥温度 120℃，20s；灰化温度 450℃，持续 15～20s，原子化温度 1700～2300℃，持续 4～5s，背景校正为氘灯或塞曼效应。

（2）标准曲线绘制　吸取铅标准使用液 10.0ng/mL、20.0ng/mL、40.0ng/mL、60.0ng/mL、80.0ng/mL（或 μg/L）各 10μL，注入石墨炉，测得其吸光值并求得吸光值与浓度关系的一元线性回归方程。

（3）试样测定　分别吸取样液和试剂空白液各 10μL，注入石墨炉，测得其吸光值，代入标准系列的一元线性回归方程中求得样液中铅的含量。

（4）基体改进剂的使用　对有干扰的试样，则注入适量的基体改进剂磷酸二氢铵溶液（20g/L），一般为 5μL 或与试剂同量消除干扰。绘制铅标准曲线时，在进行测定时也要加入与试样测定时等量的基体改进剂磷酸二氢铵溶液。

4. 结果计算

$$X = \frac{(C_1 - C_0) \times V \times 1000}{m \times 1000}$$

式中　X——试样中的铅含量，μg/kg 或 μg/L；

　　　C_1——测定样液中的铅含量，ng/mL；

　　　C_0——空白液中的铅含量，ng/mL；

　　　V——试样消化液定量总体积，mL；

　　　m——试样质量或体积，g 或 mL。

5. 试剂

① 硝酸。

② 过硫酸铵。

③ 过氧化氢（30％）。

④ 高氯酸。

⑤ 硝酸（1＋1）：取 50mL 硝酸慢慢加入 50mL 水中。

⑥ 硝酸（0.5mol/L）：取 3.2mL 硝酸加入 50mL 水中，稀释至 100mL。

⑦ 硝酸（1mol/L）：取 6.4mL 硝酸加入 50mL 水中，稀释至 100mL。

⑧ 磷酸铵溶液（20g/L）：称取 2.0g 磷酸铵，以水溶解稀释至 100mL。

⑨ 混合酸：硝酸＋高氯酸（4＋1）。取 4 份硝酸与 1 份高氯酸混合。

⑩ 铅标准储备液：准确称取 1.000g 金属铅（99.99％），分次加少量硝酸（1＋1），加热溶解，总量不超过 37mL，移入 1000mL 容量瓶，加水至刻度，混匀。此溶液每毫升含 1.0mg 铅。

⑪ 标准使用液：每次吸取铅标准储备液 1.0mL 于 100mL 容量瓶中，加硝酸（0.5mol/L）或硝酸（1mol/L）至刻度。如此经多次稀释成为每毫升含 10.0ng、20.0ng、40.0ng、60.0ng、80.0ng 铅的标准使用液。

6. 仪器

所用玻璃仪器均需以硝酸（1＋5）浸泡过夜，用水反复冲洗，最后用去离子水冲洗干净。

① 原子吸收分光光度计：附石墨炉及铅空心阴极灯。

② 马弗炉。

③ 干燥恒温箱。

④ 瓷坩埚。

⑤ 压力消解器、压力消解罐或压力溶弹。

⑥ 可调式电热板、可调式电炉。

四、相关知识

(一) 食品中铅含量的测定——石墨炉原子吸收光谱法原理

试样经灰化或酸消解后，注入原子吸收分光光度计石墨炉中，电热原子化后吸收 283.3nm 共振线，在一定浓度范围内，其吸收值与铅含量成正比，与标准系列使用液比较定量。

本法摘自 GB 5009.12—2010，适用于食品中铅的测定；最低检出限量为 $5\mu g/kg$。

(二) 注意事项

① 干燥温度应根据溶剂或样品中液态组分的沸点来选择，一般用稍高于溶剂的沸点，对稀的水溶液可在 100～130℃之间。

② 原子化温度应取决于待测元素和样品基体的挥发程度，最佳的原子化温度是能给出最大吸收信号的最低温度，一般以 2800℃ 为上限。

③ 原子化时间的确定原则是尽可能选取较短时间，但仍能使原子化完全。

五、测定食品中铅含量的方法

(一) 食品中铅含量限量

我国对食品中铅的残留量有严格的规定。蔬菜、水果、蛋类不超过 0.2mg/kg，谷物及制品、鲜薯类不超过 0.4mg/kg，肉类、鱼虾类不超过 0.5mg/kg，豆类及制品不超过

0.8mg/kg，薯类及其制品不超过 1.0mg/kg。

食品中铅含量的国家标准检测方法包括石墨炉原子吸收光谱法、火焰原子吸收光谱法、二硫腙比色法、氢化物原子荧光光谱法、单扫描极谱法等。

（二）二硫腙比色法

试样经消化后，在 pH＝8.5～9.0 时，铅离子与二硫腙生成红色络合物，溶于三氯甲烷。加入柠檬酸铵、氰化钾和盐酸羟胺等，防止铁、铜、锌等离子干扰，与标准系列使用液比较定量。本法摘自 GB/T 5009.12—2003，适用于食品中铅的测定，同样也适用于食品包装材料、食具、容器等浸泡液铅含量的测定。本法最低检出限量为 0.25mg/kg。

1. 试样预处理

同石墨炉原子吸收光谱法。

2. 试样消化

（1）硝酸-硫酸法　适用于粮食、茶叶等以及其他含水分少的固体食品。称取 5.00g 或 10.00g 粉碎试样，置于 250～500mL 定氮瓶中，先加水少许使其湿润，加数粒玻璃珠、10～15mL 硝酸，放置片刻，小火缓缓加热，待作用缓和，放冷。沿瓶壁加入 5mL 或 10mL 硫酸，再加热，至瓶中液体开始变成棕色时，不断沿瓶壁滴加硝酸至有机质分解完全。加大火力，至产生白烟，待瓶口白烟冒净后，瓶内液体不再产生白烟，消化完全，溶液应澄明无色或微带黄色，放冷。（在操作过程中应注意防止爆沸或爆炸）加 20mL 水煮沸，除去残余的硝酸至产生白烟为止，如此处理两次，放冷。将冷后的溶液移入 50mL 或 100mL 容量瓶中，用水洗涤定氮瓶，洗液并入容量瓶中，放冷，加水至刻度，混匀。定容后的溶液每 10mL 相当于 1g 试样，相当于加入 1mL 硫酸。

取与消化试样相同量的硝酸和硫酸，按照同一操作方法做试剂空白实验。

（2）灰化法　适用于粮食及其他含水分少的食品。称取 5.00g 试样，置于石英或瓷坩埚中，加热至炭化，然后移入马弗炉中，500℃灰化 3h，放冷，取出坩埚，加少量硝酸（1＋1），润湿灰分，用小火蒸干，再移入马弗炉中 500℃烧 1h，放冷。取出坩埚。加 1mL 硝酸（1＋1），加热，使灰分溶解，移入 50mL 容量瓶中，用少量水多次洗涤坩埚，洗液并入容量瓶中，加水至刻度，混匀备用。

3. 测定

吸取 10.0mL 消化后的定容试液和同量的试剂空白液，分别置于 125mL 分液漏斗中，各加水至 20mL。

吸取 0、0.10mL、0.20mL、0.30mL、0.40mL、0.50mL 铅标准使用液（相当于 0、1.0μg、2.0μg、3.0μg、4.0μg、5.0μg 铅），分别置于 125mL 分液漏斗中，各加硝酸（1＋99）至 20mL。于试样消化液、试剂空白液和铅标准液中各加 2.0mL 柠檬酸铵溶液（200g/L）、1.0mL 盐酸羟胺溶液（200g/L）和 2 滴酚红指示液，用氨水（1＋1）调至红色，再各加 2.0mL 氰化钾溶液（100g/L），混匀。各加 5.0mL 二硫腙使用液，剧烈振摇 1min，静止分层后，三氯甲烷层经脱脂棉滤入 1cm 比色杯中，以三氯甲烷调节零点于波长 510nm 处测吸光度，各点减去零管吸收值后，绘制标准曲线或计算一元回归方程，试样与曲线比较。

4. 结果计算

$$X=\frac{(m_1-m_2)\times1000}{m_3\times\dfrac{V_2}{V_1}\times1000}$$

式中　X——试样中的铅含量，mg/kg 或 mg/L；

m_1——测定用试样液中铅的含量，μg；

m_2——试剂空白液中铅的含量，μg；

m_3——试样质量或体积，g 或 mL；

V_1——试样处理液的总体积，mL；

V_2——测定用试样处理液的总体积，mL。

5. 试剂

① 氨水（1+1）。

② 盐酸（1+1）：量取 100mL 盐酸，加入 100mL 水中。

③ 酚红指示剂（1g/L）：称取 0.10g 酚红，用少量多次乙醇溶解后移入 100mL 容量瓶中并定容至刻度。

④ 盐酸羟胺溶液（200g/L）：称取 20.0g 盐酸羟胺，加水溶解至 50mL，加 2 滴酚红指示剂，加氨水（1+1），调 pH 值至 8.5～9.0（溶液由黄变红后，再多加 2 滴），用二硫腙-三氯甲烷溶液提取至三氯甲烷层绿色不变为止，再用三氯甲烷洗两次，弃去三氯甲烷层，水层加盐酸（1+1）呈酸性，加水至 100mL。

⑤ 柠檬酸铵溶液（200g/L）：称取 50.0g 柠檬酸铵，溶于 100mL 水中，加 2 滴酚红指示剂，加氨水（1+1），调 pH 值至 8.5～9.0，用二硫腙-三氯甲烷溶液提取数次，每次10～20mL，至三氯甲烷层绿色不变为止，弃去三氯甲烷层，再用三氯甲烷洗两次，每次 5mL，弃去三氯甲烷层，加水稀释至 250mL。

⑥ 氰化钾溶液（100g/L）：称取 10.0g 氰化钾，用水溶解后稀释至 100mL。氰化钾是剧毒物质，配制及使用时必须十分小心。

⑦ 三氯甲烷：应不含氧化物。

⑧ 淀粉指示液：称取 0.5g 可溶性淀粉，加 5mL 水搅匀后，慢慢倒入 100mL 沸水中，随倒随搅拌，煮沸，放冷备用，临用时配制。

⑨ 硝酸（1+99）。

⑩ 二硫腙三氯甲烷溶液（0.5g/L）：保存在冰箱中，必要时需纯化。

⑪ 二硫腙使用液：吸取 1.0mL 二硫腙溶液，加三氯甲烷至 10mL 混匀。用 1cm 比色杯，以三氯甲烷调节零点，于波长 510nm 处测吸光度（A），用下列公式算出配制 100mL 二硫腙使用液（70%透光率）所需二硫腙溶液的体积（V）。

$$V = \frac{10 \times (2 - \lg 70)}{A} = \frac{1.55}{A}$$

⑫ 硝酸-硫酸混合酸（4+1）。

⑬ 铅标准溶液：精密称取 0.1598g 硝酸铅，加 10mL 硝酸（1+99），全部溶解后，移入 100mL 容量瓶中，加水稀释至刻度。此溶液每毫升含铅 1.0mg。

⑭ 铅标准使用液：吸取 1.0mL 铅标准溶液，置于 100mL 容量瓶中，加水稀释至刻度。此溶液每毫升含铅 10.0μg。

6. 仪器

所用玻璃仪器均用硝酸（10%～20%）浸泡 24h 以上，用自来水反复冲洗，最后用去离子水冲洗干净。

分光光度计。

7. 注意事项

① 仪器清洗对测定结果影响很大，本实验所用玻璃仪器应使用 10%～20%硝酸溶液浸泡过夜，用自来水反复冲洗，最后用去离子水冲洗干净。

② 纯二硫腙（或其溶液）应在低温下（4～5℃）避光保存以免被氧化。

③ 用二硫腙法测定铅，溶液的 pH 值对其影响较大，应控制 pH 值在 8.5～9.0 范围内。

④ 二硫腙可与多种金属离子作用生成络合物。在 pH＝8.5～9.0 时，加入氰化钾可以掩蔽 Cu^{2+}、Hg^{2+}、Zn^{2+} 等离子的干扰；注意氰化钾有剧毒。

⑤ 盐酸羟胺作为还原剂，保护二硫腙不被高价金属离子、过氧化物等氧化，加入盐酸羟胺还可排除 Fe^{3+} 的干扰。

⑥ 柠檬酸铵是一种在广泛 pH 范围内有较强络合能力的掩蔽剂，加入柠檬酸铵的主要作用是络合钙、镁、铁等离子，防止生成氢氧化物沉淀使铅被吸附而受损失。

⑦ 所用试剂应尽可能做提纯处理。柠檬酸铵、二硫腙必须提纯，其余试剂可根据试剂等级或通过空白实验，再决定是否需要提纯。

（三）火焰原子吸收光谱法简介

试样经处理后，铅离子在一定 pH 条件下与 DDTC 形成络合物，经 4-甲基-2-戊酮萃取分离，导入原子吸收光谱仪中，火焰原子化后，吸收 283.3nm 共振线，其吸收量与铅含量成正比，与标准系列使用液比较定量。本法摘自 GB/T 5009.12—2003，适用于食品中铅含量的测定，同样适用于食品包装材料、食具、容器等浸泡液铅含量的测定，最低检出限量为 0.1mg/kg。

项目二　食品中总汞及有机汞的测定

一、案例

常见的汞的化合物有氯化高汞（升汞）、氧化汞、硝酸汞、碘化汞等，均属于剧毒物质。汞的化合物在工农业和医药方面应用广泛，很容易在环境中造成污染。工厂排放含汞的废水导致水体被污染，江河、湖泊、沼泽等的水生植物、水产品易积蓄大量的汞，环境中的微生物能使无机汞转化为有机汞，如甲基汞、二甲基汞等，毒性更大。汞的化合物残留在生物体内，从而导致食品污染，通过食物链的传递汞在人体内积蓄，可引起汞中毒，导致骨骼、关节疼痛等症状。

二、选用的国家标准

GB 5009.17—2010 食品中总汞及有机汞的测定——原子荧光光谱法。

三、测定方法

1. 试样消解

（1）压力罐消解法　称取固体样品 0.2～1.0g（精确至 0.001g），新鲜样品 0.5～2.0g（需称量精确至 0.001g），液体试样 1～5mL，置于消解罐中，加 5mL 硝酸浸泡过夜。盖好内盖，旋紧不锈钢外套，放入恒温干燥箱，140～160℃保持 4～6h，箱内冷却至室温，旋松不锈钢外套，取出消解罐，用少量水冲洗内盖，放在控温电热板或超声水浴箱中，于 80℃或超声脱气 2～5min 赶去棕色气体，取出消解内罐，将消化液转移至 25mL 容量瓶中，少量水分 3 次洗涤内灌，洗涤液合并于容量瓶中定容，混匀备用，同时做空白试验。

（2）微波消解法　称取固体样品 0.2～0.5g（精确至 0.001g），新鲜样品 0.2～0.8g（需称量精确至 0.001g），液体试样 1～3mL，置于消解罐中，加 5mL 硝酸浸泡过夜，旋紧灌盖，按照微波消解设备标准步骤进行操作（不同种类的试样设置微波分析的最佳条件见表 12-1、表 12-2）。冷却后取出，缓慢打开灌盖排气，其余步骤同上。

（3）回流消解法（略）

2. 标准系列使用液的配制

（1）低浓度标准系列使用液　分别吸取 100ng/mL 汞标准使用液 0.25mL、0.50mL、1.00mL、2.00mL、2.50mL 于 25mL 容量瓶中，用硝酸溶液（1＋9）稀释至刻度，混匀。各自相当于汞浓度 1.00ng/mL、2.00ng/mL、4.00ng/mL、8.00ng/mL、10.00ng/mL，此标准系列使用液适用于一般试样的测定。

表 12-1　粮食、蔬菜、鱼肉类试样微波分析条件

步骤	1	2	3
功率/%	50	75	90
压力/kPa	343	686	1096
升压时间/min	30	30	30
保压时间/min	5	7	5
排风量/%	100	100	100

表 12-2　油脂、糖类试样微波分析条件

步骤	1	2	3	4	5
功率/%	50	70	80	100	100
压力/kPa	343	514	686	959	1234
升压时间/min	30	30	30	30	30
保压时间/min	5	5	5	7	5
排风量/%	100	100	100	100	100

（2）高浓度标准系列使用液　分别吸取 500ng/mL 汞标准使用液 0.25mL、0.50mL、1.00mL、1.50mL、2.00mL 于 25mL 容量瓶中，用硝酸溶液（1＋9）稀释至刻度，混匀。各自相当于汞浓度 5.00ng/mL、10.00ng/mL、20.00ng/mL、30.00ng/mL、40.00ng/mL。此标准系列使用液适用于鱼及含汞量偏高的试样的测定。

3. 测定

（1）仪器参考条件　光电倍增管负高压：240V；汞空心阴极灯电流：30mA；原子化器：温度 300℃，高度 8.0mm；氩气流速：载气 500mL/min，屏蔽气 1000mL/min；测量方式：标准曲线法；读数方式：峰面积；读数延迟时间：1.0s；读数时间：10.0s；硼氢化钾溶液加液时间：8.0s；标液或样液加液体积：2mL。

注：AFS 系列原子荧光仪如：230、230a、2202、2202a、2201 等仪器属于全自动或断序流动的仪器，都附有本仪器的操作软件，仪器分析条件应设置本仪器所提示的分析条件，仪器稳定后，测标准系列，至标准曲线的相关系数 $r>0.999$ 后测试样，试样前处理可适用于任何型号的原子荧光仪。

（2）测定方法　根据情况任选以下一种方法。

① 浓度测定方式测量　设定好仪器最佳条件，逐步将炉温升至所需温度后，稳定 10～20min 后开始测量。连续用硝酸溶液（1＋9）进样，待读数稳定之后，转入标准系列测量，绘制标准曲线。转入试样测量，先用硝酸溶液（1＋9）进样，使读数基本回零，再分别测定试样空白和试样消化液，每测不同的试样前都应清洗进样器。

② 仪器自动计算结果方式测量　设定好仪器最佳条件，在试样参数画面输入以下参数：试样质量（g 或 mL）、稀释体积（mL），并选择结果的浓度单位，逐步将炉温升至所需温

度，稳定后测量。连续用硝酸溶液（1+9）进样，待读数稳定之后，转入标准系列测量，绘制标准曲线。在转入试样测定之前，再进入空白值测量状态，用试样空白消化液进样，让仪器取其均值作为扣底的空白值。随后即可依法测定试样。

4. 结果计算

$$X = \frac{(C - C_0) \times V \times 1000}{m \times 1000 \times 1000}$$

式中　X——试样中汞的含量，mg/kg 或 mg/L；

　　　C——试样消化液中汞的含量，ng/mL；

　　　C_0——试剂空白液中汞的含量，ng/mL；

　　　V——试样消化液总体积，mL；

　　　m——试样质量或体积，g 或 mL。

5. 试剂

① 硝酸：优级纯。

② 30%过氧化氢。

③ 硫酸：优级纯。

④ 硫酸+硝酸+水（1+1+8）：量取 10mL 硝酸和 10mL 硫酸，缓缓倒入 80mL 水中，冷却后小心混匀。

⑤ 硝酸溶液（1+9）：量取 50mL 硝酸，缓缓倒入 450mL 水中，混匀。

⑥ 氢氧化钾溶液（5g/L）：称取 5.0g 氢氧化钾，溶于水中，稀释至 1000mL，混匀。

⑦ 硼氢化钾溶液（5g/L）：称取 5.0g 硼氢化钾，溶于 5.0g/L 的氢氧化钾溶液中，并稀释至 1000mL，混匀，现用现配。

⑧ 汞标准储备溶液：精密称取 0.1354g 干燥过的二氯化汞，加入硫酸+硝酸+水（1+1+8）的混合酸溶解后移入 100mL 容量瓶中并稀释至刻度混匀，此溶液每毫升相当于 1mg 汞。

⑨ 汞标准使用溶液：用移液管吸取汞标准储备液（1mg/mL）1mL 于 100mL 容量瓶中，用硝酸溶液（1+9）稀释至刻度，混匀，此溶液浓度为 10μg/mL。在分别吸取 10μg/mL 汞标准溶液 1mL 和 5mL 于两个 100mL 容量瓶中，用硝酸溶液（1+9）稀释至刻度混匀，溶液浓度分别为 100ng/mL 和 500ng/mL。分别用于测定低浓度试样和高浓度试样，制作标准曲线。

6. 仪器

① 双道原子荧光光度计。

② 高压消解罐（100mL 容量）。

③ 微波消解炉。

四、相关知识

食品中汞含量的测定——原子荧光光谱法原理

试样经酸加热消解后，在酸性介质中，试样中的汞被硼氢化钾（KBH₄）或硼氢化钠（NaBH₄）还原成原子态汞，由载气（氩气）带入原子化器中，在特制汞空心阴极灯照射下，基态汞原子被激发至高能态，在去活化回到基态时，发射出特征波长的荧光，其荧光强度与汞含量成正比，与标准系列使用液比较定量。本法最低检出限量为 0.15μg/kg，标准曲线最佳线性范围 0~60μg/L。

本法摘自 GB 5009.17—2014，适用于各类食品中总汞的测定。

五、测定食品中汞及有机汞的方法

（一）食品中汞的含量限量

我国对食品中汞的残留量有严格的规定，粮食不超过 0.02mg/kg，蔬菜、水果、牛乳不超过 0.01mg/kg，肉、蛋（蛋制品）不超过 0.05mg/kg，鱼类不超过 0.5mg/kg。

食品中总汞国家检测标准方法包括原子荧光光谱分析法、冷原子吸收光谱法、等，均摘自 GB 5009.17—2014，适用于食品中总汞的测定。

（二）冷原子吸收光谱法简介

汞蒸气对波长 253.7nm 的共振线具有强烈的吸收作用。试样经过酸消解或催化酸消解使汞转为离子状态，在强酸性介质中以氯化亚锡还原成元素汞，以氮气或干燥空气作为载体，将元素汞吹入汞测定仪，进行冷原子吸收测定，在一定浓度范围内其吸收值与汞含量成正比，与标准系列使用液比较定量。本法最低检出限量：压力消解法为 0.4μg/kg，其他消解法为 10μg/kg。

（三）食品中甲基汞的测定方法

食品中甲基汞测定的国家标准方法是液相色谱-原子荧光光谱法，摘自 GB 5009.17—2014。

食品中甲基汞经超声辅助 5mol/L 盐酸溶液提取后，使用 C_{18} 反相色谱柱分离，色谱流出液进入在线紫外消解系统，在紫外光照射下与强氧化剂过硫酸钾反应，甲基汞转变为无机汞。在酸性环境下，无机汞与硼氢化钾在线反应生成汞蒸气，由原子荧光光谱仪测定，由保留时间定性，外标法峰面积定量。

1. 试样制备

（1）试样预处理　同项目二中"1. 试样消解"部分。

（2）试样提取　称取样品 0.50～2.0g（精确至 0.001g）置于 15mL 塑料离心管中，加入 10mL 5mol/L 盐酸溶液，放置过夜，室温下超声水浴提取 60min，期间振摇数次，4℃下以 8000r/min 转速离心 15min。准确吸取 2.0mL 上清液至 5mL 容量瓶，逐滴加入 6mol/L 氢氧化钠溶液，使样液 pH 为 2～7，加入 0.1mL 的 L-半胱氨酸溶液（10g/L），定容，用 0.45μm 有机系滤膜过滤待测。同时做空白试验。

2. 测定

（1）标准曲线制作　取 5 支 10mL 容量瓶，分别准确加入混合标准使用液（1.00μg/mL）0.00mL、0.010mL、0.020mL、0.040mL、0.060mL、0.10mL，用流动相稀释至刻度。此标准系列溶液的浓度分别是 0.0ng/mL、1.0ng/mL、2.0ng/mL、4.0ng/mL、6.0ng/mL、10.0ng/mL，吸取标准系列溶液 100μL 进样，以标准系列溶液浓度为横坐标，以色谱峰面积为纵坐标，绘制标准曲线。

（2）样液测定　将试样溶液 100μL 注入液相色谱-原子荧光光谱联用仪中，得到色谱图，以保留时间定性，外标法峰面积定量。

（3）仪器参考条件

① 液相色谱条件：色谱柱 C_{18} 分析柱（柱长 150mm，内径 4.6mm，粒径 5μm），C_{18} 预柱（柱长 10mm，内径 4.6mm，粒径 5μm）；流速 1.0mL/min；进样体积 100μL。

② 原子荧光检测参考条件：负高压 300V；汞灯电流 30mA；原子化方式为冷原子；载液为 10％盐酸溶液，流速 4.0mL/min；还原剂为 2g/L 硼氢化钾，流速 4.0mL/

min；氧化剂为 2g/L 过硫酸钾溶液，流速 1.6mL/min；载气流速 500mL/min；辅助气流速 600mL/min。

3. 结果计算

$$X = \frac{f \times (c - c_0) \times V \times 1000}{m \times 1000 \times 1000}$$

式中　X——试样中甲基汞的含量，mg/kg；

　　　f——稀释因子；

　　　c——经标准曲线得到的测定液中甲基汞浓度，ng/mL；

　　　c_0——经标准曲线得到的空白液中甲基汞浓度，ng/mL；

　　　m——试样质量，g；

　　　V——加入提取剂的体积，mL。

4. 试剂

① 甲醇（色谱级）。

② 氢氧化钠。

③ 氢氧化钾。

④ 硼氢化钾（分析纯）。

⑤ 过硫酸钾（分析纯）。

⑥ 乙酸铵（分析纯）。

⑦ 盐酸。

⑧ 氨水。

⑨ L-半胱氨酸（分析纯）。

⑩ 氯化汞。

⑪ 氯化甲基汞。

5. 仪器

① 液相色谱-原子荧光光谱联用仪。

② 离心机。

③ 组织匀浆机。

(四) 冷原子吸收法测定甲基汞简介

试样中的甲基汞用氯化钠研磨后加入含有 Cu^{2+} 的盐酸（1+11），Cu^{2+} 与组织中结合的甲基汞交换，完全萃取后，经离心或过滤，将上清液调试至一定的酸度，用巯基棉吸附，再用盐酸（1+5）洗脱，在碱性介质中用测汞仪测定，与标准系列比较定量。本法适用于水产品中甲基汞的测定。

项目三　测定食品中的镉

一、案例

镉在工业上应用十分广泛，通过废水、烟尘和矿渣都可以造成环境及食品污染，食品包装材料、陶瓷、搪瓷、铝制品等食具容器中的镉也会渗入食品造成污染。金属镉毒性很低，但其化合物毒性很大，镉在人体积蓄，主要累积在肝、肾、胰腺、甲状腺和骨骼中，使脏器发生病变，造成贫血、高血压、神经痛、骨质松软、肾炎等病症，研究表明，镉中毒还会引发心血管病、糖尿病和癌症。

二、选用的国家标准

GB 5009.15—2014 食品中镉的测定——石墨炉原子吸收光谱法。

三、测定方法

1. 试样预处理

① 在采样和制备过程中，应注意不使试样污染。

② 粮食、豆类去杂质后，磨碎，过 20 目筛，储于塑料瓶中，保存备用。

③ 蔬菜、水果、鱼类、肉类及蛋类等水分含量高的鲜样用食品加工机或匀浆机打成匀浆，储于塑料瓶中，保存备用。

2. 试样消解（可根据实验室条件选用以下任何一种方法消解）

同项目一"2. 试样消解"部分。

3. 测定

（1）仪器条件　根据各自仪器的性能调至最佳状态。参考条件为波长 228.8nm，狭缝 0.5～1.0nm，灯电流 8～10mA，干燥温度 120℃，20s；灰化温度 350℃，15～20s，原子化温度 1700～2300℃，4～5s，背景校正为氘灯或塞曼效应。

（2）标准曲线绘制　吸取镉标准使用液 0、1.0mL、2.0mL、3.0mL、5.0mL、7.0mL、10.0mL 于 100mL 容量瓶中稀释至刻度，相当于 0、1.0ng/mL、3.0ng/mL、5.0ng/mL、7.0ng/mL、10.0ng/mL，各吸取 10μL 注入石墨炉，测得其吸光值并求得吸光值与浓度关系的一元线性回归方程。

（3）试样测定　分别吸取样液和试剂空白液各 10μL 注入石墨炉，测得其吸光值，代入标准系列使用液的一元线性回归方程中求得样液中镉的含量。

（4）基体改进剂的使用　对有干扰的试样，则注入适量的基体改进剂——磷酸铁溶液（20g/L）（一般为$<5\mu$L）消除干扰。绘制镉标准曲线时，在进行测定时也要加入与试样测定时等量的基体改进剂。

4. 结果计算

$$X=\frac{(A_1-A_2)\times V\times 1000}{m\times 1000}$$

式中　X——试样中的镉含量，μg/kg 或 μg/L；

A_1——测定试样消化液中镉的含量，ng/mL；

A_2——空白液中镉的含量，ng/mL；

V——试样消化液总体积，mL；

m——试样质量或体积，g 或 mL。

5. 试剂

① 硝酸。

② 硫酸。

③ 过氧化氢（30%）。

④ 高氯酸。

⑤ 硝酸（1+1）。

⑥ 硝酸（0.5mol/L）：取 3.2mL 硝酸加入 50mL 水中，稀释至 100mL。

⑦ 盐酸（1+1）。

⑧ 磷酸铵溶液（20g/L）：称取 2.0g 磷酸铵，以水溶解稀释至 100mL。

⑨ 混合酸：硝酸＋高氯酸（4＋1）。

⑩ 镉标准储备液：准确称取 1.000g 金属镉（99.99％），分次加 20mL 盐酸（1＋1）溶解，加 2 滴硝酸，移入 1000mL 容量瓶中，加水至刻度，混匀，此溶液每毫升含 1.0mg 镉。

⑪ 镉标准使用液：每次吸取镉标准储备液 10.0mL 于 100mL 容量瓶中，加硝酸（0.5mol/L）至刻度。如此经多次稀释成为每毫升含 100.0ng 镉的标准使用液。

6. 仪器

① 原子吸收分光光度计（附石墨炉及铅空心阴极灯）。

② 马弗炉。

③ 恒温干燥箱。

④ 瓷坩埚。

⑤ 压力消解器、压力消解罐或压力溶弹。

⑥ 可调式电热板、可调式电炉。

四、相关知识

(一) 食品中镉含量的测定——石墨炉原子吸收光谱法原理

试样经灰化或酸消解后，注入原子吸收分光光度计石墨炉中，电热原子化后吸收 228.8nm 共振线，在一定浓度范围内，其吸收值与镉含量成正比，与标准系列使用液比较定量。本法摘自 GB 5009.15—2014，适用于各类食品中镉的测定，最低检出限量为 $0.1\mu g/kg$，标准曲线最佳线性范围为 0～50ng/mL。

(二) 注意事项

所用玻璃仪器均需以硝酸（1＋5）浸泡过夜，用水反复冲洗，最后用去离子水冲洗干净。

五、测定食品中镉的方法

(一) 食品中镉的含量限量

我国食品卫生标准中对镉的含量有严格的规定，大米、大豆不得超过 0.2mg/kg，面粉、杂粮不得超过 0.1mg/kg，鱼类、禽畜肉类不得超过 0.1mg/kg，叶菜类、芹菜、食用菌类不得超过 0.2mg/kg。

食品中镉的测定方法还有石墨炉原子吸收光谱法、原子吸收光谱法（碘化钾-4-甲基-2-戊酮法、二硫腙-乙酸丁酯法）、比色法、原子荧光法等。

(二) 碘化钾-4-甲基-2-戊酮法简介

试样经处理后，在酸性溶液中镉离子与碘离子形成络合物，并经 4-甲基-2-戊酮萃取分离，导入原子吸收仪中，原子化以后，吸收 228.8nm 共振线，其吸收量与镉含量成正比，与标准系列使用液比较定量。本法最低检出限量为 $5\mu g/kg$，标准曲线最佳线性范围为 0～50ng/mL。

(三) 二硫腙-乙酸丁酯法简介

试样经处理后，在 pH 值为 6 左右的溶液中，镉离子与二硫腙形成络合物，并经乙酸丁酯萃取分离，导入原子吸收仪中，原子化以后，吸收 228.8nm 共振线，其吸收值与镉含量成正比，与标准系列使用液比较定量。适用于各类食品中镉的测定，也适用于食品包装材、食具、容器等浸泡液中镉含量的测定。本法最低检出限量为 $5\mu g/kg$，标准曲线最佳线性范围为 0～50ng/mL。

(四) 6-溴苯并噻唑偶氮萘酚比色法简介

试样经消化后，在碱性溶液中镉离子与 6-溴苯并噻唑偶氮萘酚形成红色络合物，溶于三氯甲烷，与标准系列使用液比较定量。本法最低检出限量为 $50\mu g/kg$。

（五）原子荧光法简介

食品试样经湿消解或干灰化后，加入硼氢化钾，试样中的镉与硼氢化钾反应生成镉的挥发性物质，由氩气带入石英原子化器中，在特制镉空心阴极灯的发射光激发下产生原子荧光，其荧光强度在一定条件下与被测定液中的镉浓度成正比，与标准系列使用液比较定量。本法最低检出限量为 $1.2\mu g/kg$。标准曲线线性范围为 $0\sim50 ng/mL$。

项目四　测定食品中的铬

一、案例

铬是自然界中广泛存在的一种元素，主要分布于岩石、土壤、大气、水及生物体中。铬主要以三价铬和六价铬的形式存在。三价铬参与人和动物体内的糖与脂肪的代谢，是人体必需的微量元素，食物若不能提供足够的铬，人体会出现铬缺乏症，影响糖类及脂类代谢；六价铬则是有害元素，更易被人体吸收，且能积蓄体内，能使人体血液中某些蛋白质沉淀，引起贫血、肾炎、神经炎等疾病，长期与六价铬接触还会引起呼吸道炎症并诱发肺癌，更为严重的是六价铬中毒还会致人死亡。

二、选用的国家标准

GB 5009.123—2014 食品中铬的测定——石墨炉原子吸收光谱测定法。

三、测定方法

1. 试样消解

（1）微波消解　称取试样 $0.2\sim0.5 g$（精确至 $0.001 g$），置于消解罐中，加 5mL 硝酸，按照微波消解设备标准步骤进行操作，冷却后取出消解罐，在电热板上于 $140\sim160℃$ 赶酸至 $0.5\sim1.0 mL$，冷却后将消化液移至 10mL 容量瓶，用少量水洗涤消解罐 $2\sim3$ 次，洗涤液合并于容量瓶中定容，混匀备用，同时做空白试验。

（2）湿法消解　称取式样 $0.5\sim3 g$（精确至 $0.001 g$）于消化管，加入 10mL 硝酸、0.5mL 高氯酸置于电炉上，$120℃$ 保持 $0.5\sim1 h$、升温至 $180℃$ 保持 $2\sim4 h$、升温至 $200\sim220℃$，若消化液呈棕褐色，再加硝酸，消解至冒白烟，消化液呈无色透明或略带黄色，取出冷却后用水定容至 10mL，同时做空白试验。

（3）高压消解　（略）

（4）干法灰化　（略）

2. 标准曲线的制作

（1）仪器测试条件　波长 357.9nm，狭缝 0.2nm，灯电流 $5\sim7 mA$，干燥温度 $85\sim120℃/40\sim50 s$，灰化温度 $85\sim120℃/40\sim50 s$，原子化温度 $85\sim120℃/40\sim50 s$。

（2）标准曲线制作　将标准系列溶液工作液按浓度由高到低的顺序分别取 $10\mu L$ 注入石墨管，原子化后测其吸光度值，以浓度为横坐标，吸光度值为纵坐标，绘制标准曲线。

3. 试样测定

与标准溶液测定相同的实验条件下，将空白溶液和样品分别取 $10\mu L$ 注入石墨管，原子化后测其吸光度值，与标准系列溶液比较定量。

4. 结果计算

$$X = \frac{(c-c_0) \times V}{m \times 1000}$$

式中 X——试样中铬的含量，mg/kg；

　　　c——测定样液中铬的含量，ng/mL；

　　　c_0——空白液中铬的含量，ng/mL；

　　　V——样品消化液的定容总体积，mL；

　　　m——试样质量，g。

5. 试剂

（1）铬标准储备液：准确称取 1.4135g 于 110℃ 干燥的优级纯重铬酸钾（$K_2Cr_2O_7$）溶于水中，稀释至 500mL，混匀，此液 1mL 含 1.0mg 铬（Ⅵ）。

（2）铬标准使用液：吸取储备液逐级稀释成 1mL 含 $0.1\mu g$ 铬（Ⅵ）的使用液。

（3）硝酸。

（4）高氯酸。

（5）磷酸二氢铵。

6. 仪器

（1）原子吸收光谱仪，配石墨炉原子化器，附铬空心阴极灯。

（2）微波消解仪。

（3）可调式电热炉。

（4）可调式电热板。

（5）电子天平。

四、相关知识

（一）食品中铬含量测定——石墨炉原子吸收光谱法

试样经消解处理后，采用石墨炉原子吸收光谱法，在 357.9nm 处测定吸收值，在一定浓度范围内其吸收值与标准系列溶液比较定量。本法摘自 GB 5009.123—2014，适用于各类食品中铬的测定，最低检出限量为 1ng/mL。

（二）注意事项

（1）所用玻璃仪器及高压消解罐的聚四氟乙烯内筒均需在每次使用前用热盐酸（1+1）浸泡 1h，用热的硝酸（1+1）浸泡 1h，再用水冲洗干净后使用。

（2）铬标准储备液应储存于聚乙烯瓶内，冰箱内保存。

五、测定食品中铬的方法

（一）食品中铬含量限量

我国食品卫生标准中对铬的含量有严格的规定，粮食、豆类、肉类、蛋类不超过 1.0mg/kg，薯类、蔬菜、水果不超过 0.5mg/kg，鱼贝类、奶粉不超过 2.0mg/kg。食品中铬测定的其他方法有示波极谱法等。

（二）示波极谱法简介

试样经硫酸-过氧化氢处理后，铬（Ⅵ）在氨-氯化铵缓冲液中，在有 α,α'-联吡啶和亚硝酸钠存在下，于 -1.4V 左右产生灵敏的极谱波，极谱波峰电流大小与铬含量成正比，与标准系列比较定量。

项目五　测定面制食品中的铝

一、案例

食品中含铝主要是由于制作过程中使用含铝添加剂所致，如明矾等，其作用是使食品膨松酥脆。有的食品企业片面追求口感，超标添加食品添加剂，导致铝超标食品危害人们的健康。当人体摄入过量铝时，日积月累，就会因铝的蓄积而对人体造成危害，导致记忆力减退，智力低下，反应迟钝，影响钙和磷的代谢，进而影响骨骼的正常功能，促进老年痴呆症的发展及骨质疏松症等。

二、选用的国家标准

GB/T 5009.182—2003 面制食品中铝的测定——分光光度法。

三、测定方法

1. 试样处理

将试样（不包括夹心、夹馅部分）粉碎均匀，取约 30g 置于 85℃ 烘箱中干燥 4h，称取 1.000～2.000g，置于 100mL 锥形瓶中，加数粒玻璃珠，加 10～15mL 硝酸-高氯酸（5＋1）混合液，盖好玻片盖，放置过夜，置电热板上缓缓加热至消化液无色透明，并出现大量高氯酸烟雾，取下锥形瓶，加入 0.5mL 硫酸，不加玻片盖，再置于电热板上适当升高温度加热除去高氯酸，加 10～15mL 水，加热至沸，取下放冷后用水定容至 50mL，如果试样稀释倍数不同，应保证试样溶液中含 1% 硫酸。同时做两个试剂空白。

2. 测定

吸取 0、0.5mL、1.0mL、2.0mL、3.0mL、4.0mL、6.0mL 铝标准使用液（相当于含铝 0、0.5μg、1.0、2.0μg、4.0μg、6.0μg）分别置于 25mL 比色管中，依次向各管中加入 1mL 1% 硫酸溶液。吸取 1.0mL 消化好的试样液，置于 25mL 比色管中，向标准管、试样管、试剂空白管中依次加入 8.0mL 乙酸-乙酸钠缓冲液、1.0mL 10g/L 抗坏血酸溶液，混匀，加 2.0mL 0.2g/L 溴化十六烷基三甲胺溶液，混匀，再加 2.0mL 0.5g/L 铬天青 S 溶液，摇匀后，用水稀释至刻度，室温放置 20min 后，用 1cm 比色杯，于分光光度计上，以零管调零点，于 640nm 波长处测其吸光度，绘制标准曲线比较定量。

3. 结果计算

$$X = \frac{(A_1 - A_2) \times 1000}{m \times \dfrac{V_2}{V_1} \times 1000}$$

式中　X——试样中铝的含量，mg/kg；

A_1——测定用试样液中铝的质量，μg；

A_2——试剂空白液中铝的质量，μg；

m——试样质量，g；

V_1——试样消化液的总体积，mL；

V_2——测定用试样消化液的体积，mL。

4. 试剂

① 硝酸。

② 高氯酸。

③ 硫酸。

④ 盐酸。

⑤ 6mol/L 盐酸：量取 50mL 盐酸，加水稀释至 100mL。

⑥ 1% （体积分数）硫酸溶液。

⑦ 硝酸-高氯酸 （5+1）。

⑧ 乙酸-乙酸钠溶液：称取 34g 乙酸钠 （NaAc·3H$_2$O）溶于 450mL 水中，加 2.6mL 冰乙酸，调 pH 值至 5.5，用水稀释至 500mL。

⑨ 0.5g/L 铬天青 S （Chrome azurol S）溶液：称取 50mg 铬天青 S，用水溶解并稀释至 100mL。

⑩ 0.2g/L 溴化十六烷基三甲胺溶液：称取 20mg 溴化十六烷基三甲胺，用水溶解并稀释至 100mL。必要时加热助溶。

⑪ 10g/L 抗坏血酸溶液：称取 1.0g 抗坏血酸，用水溶解并定容至 100mL。

⑫ 铝标准储备液：精密称取 1.0000g 金属铝 （纯度 99.99%），加 50mL 6mol/L 盐酸溶液，加热溶解，冷却后，移入 1000mL 容量瓶中，用水稀释至刻度，该溶液每毫升含 1mg 铝。

⑬ 铝标准使用液：吸取 1.00mL 铝标准储备液，置于 100mL 容量瓶中，用水稀释至刻度，再从中吸取 5.00mL 于 50mL 容量瓶中，用水稀释至刻度，该溶液每毫升含 1μg 铝。

5. 仪器

① 分光光度计。

② 食品粉碎机。

③ 电热板。

四、相关知识

（一）食品中铝含量的测定——分光光度法原理

试样经处理后，三价铝离子在乙酸-乙酸钠缓冲介质中，与铬天青 S 及溴化十六烷基三甲胺反应形成蓝色三元络合物，于 640nm 波长处测定吸光度并与标准比较定量。本法摘自 GB/T 5009.182—2003，适用于面制食品中铝的测定，最低检出限量为 0.5μg。

（二）注意事项

① 铝标准储备液应储存于聚乙烯瓶内，于冰箱内保存。

② 抗坏血酸溶液容易被氧化，应临用时现配。

（三）食品中铝含量限量

铝元素不是人体所需的微量元素，国家标准中规定食品中铝残留量不得超过 100mg/kg。

项目六　测定食品中的砷

一、案例

砷与砷的化合物具有强烈的毒性。砷化合物包括有机砷和无机砷两种形态，无机砷毒性大于有机砷。食品受到污染的主要途径有：各种砷化合物的工业应用，如矿石冶炼和煤的燃烧可产生"三废"、直接、间接污染食品；含砷农药的使用；畜牧业生产中含砷制剂的使用；水生生物的富集作用；食品加工过程中原料、添加剂和包装材料的污染。砷对人体的危害包括急性中毒和慢性中毒，急性砷中毒会引起恶心呕吐、剧烈腹痛、幻觉、抽搐，严重者可出现中枢神经系统麻痹，四肢疼痛性痉挛，意识丧失而死亡，长期摄入可致慢性中毒。

二、选用的国家标准

GB 5009.11—2014 食品中总砷及无机砷的测定——氢化物原子荧光光度法测定总砷。

三、测定方法

1. 试样消解

（1）湿消解 固体试样称样 1～2.5g，液体试样称样 5～10g（或 mL）（精确至 0.01g），置入 50～100mL 锥形瓶中，同时做两份试剂空白，加硝酸 20～40mL，硫酸 1.25mL，摇匀后放置过夜，置于电热板上加热消解。若消解液处理至 10mL 左右时仍有未分解物质或色泽变深，取下放冷，补加硝酸 5～10mL，再消解至 10mL 左右观察，如此反复两三次，注意避免炭化，如仍不能消解完全，则加入高氯酸 1～2mL，继续加热至消解完全后，再持续蒸发至高氯酸的白烟散尽，硫酸的白烟开始冒出。冷却，加水 25mL，再蒸发至冒硫酸白烟，冷却，用水将内容物转入 25mL 容量瓶或比色管中，加入 50g/L 硫脲 2.5mL，补水至刻度并混匀，备测。

（2）干法灰化 一般应用于固体试样。称取 1.00～2.50g 样品于 50～100mL 坩埚中，同时做两份试剂空白。加 150g/L 硝酸镁 10mL 混匀，低热蒸干，将氧化镁 1g 仔细覆盖在干渣上，于电炉上炭化至无黑烟，移入 550℃高温炉灰化 4h，取出放冷，小心加入（1+1）盐酸 10mL 以中和氧化镁并溶解灰化，转入 25mL 容量瓶或比色管中，向容量瓶或比色管中加入 50g/L 硫脲 2.5mL，另用（1+9）硫酸分次涮坩埚后转出合并，直至 25mL 刻度，混匀备测。

2. 标准系列使用液的制备

取 25mL 容量瓶或比色管 6 支，依次准确加入 1μg/mL 砷使用标准液 0、0.05mL、0.20mL、0.50mL、2.00mL、5.00mL（相当于砷浓度 0、2.0ng/mL、8.0ng/mL、20.0ng/mL、80.0ng/mL、200.0ng/mL）各加（1+9）硫酸 12.5mL、50g/L 硫脲 2.5mL，补加水至刻度，混匀备测。

3. 测定

（1）仪器参考条件 光电倍增管电压：400V；砷空心阴极灯电流：50～80mA；原子化器：温度 820～850℃；高度 7mm；氩气流速：载气 500mL/min；测量方法：荧光强度或浓度直读，读数方式：峰面积；读数延迟时间：1s；读数时间 15s；硼氢化钠溶液加入时间：5s；标液或样液加入体积：2mL。

（2）浓度方式测量 如直接测荧光强度，则在开机并设定好仪器条件后，预热稳定约 20min。按"B"键进入空白值测量状态，连续用标准系列的"0"管进样，待读数稳定后，按空挡键记录下空白值（即让仪器自动扣底）即可开始测量。先依次测标准系列（可不再测"0"管），标准系列测完后应仔细清洗进样器（或更换一支），并再用"0"管测试使读数基本回零后，才能测试剂空白和试样，每测不同的试样前都应清洗进样器，记录（或打印）下测量数据。

（3）仪器自动方式 利用仪器提供的软件功能可进行浓度直读测定，为此在开机、设定条件和预热后，还需输入必要的参数，即：试样量（g 或 mL）、稀释体积（mL）、进样体积（mL）结果的浓度单位、标准系列各点的重复测量次数、标准系列的点数（不计零点），以及各点的浓度值。首先进入空白值测量状态，连续用标准系列的"0"管进样以获得稳定的空白值并执行自动扣底后，再依次测标准系列（此时"0"管需再测一次）。在测样液前，需再进入空白值测量状态，先用标准系列"0"管测试使读数复原并稳定后，再用两个试剂空白各进一次样，让仪器取其均值作为扣底的空白值，随后即可依次测试样。测定完毕后退回主菜单，选择"打印报告"即可将测定结果打出。

4. 结果计算

如果采用荧光强度测量方式，则需先对标准系列的结果进行回归运算（由于测量时"0"管强制为0，故零点值应该输入以占据一个点位），然后根据回归方程求出试剂空白液和试样被测液的砷浓度，再按下式计算试样的砷含量：

$$X = \frac{(C_1 - C_0) \times 25}{m \times 1000}$$

式中　X——试样的砷含量，mg/kg 或 mg/L；

　　　C_1——试样被测液的浓度，ng/mL；

　　　C_0——试剂空白液的浓度，ng/L；

　　　m——试样的质量或体积，g 或 mL。

5. 试剂

① 氢氧化钠溶液（2g/L）。

② 硼氢化钠（NaBH₄）溶液（10g/L）：称取硼氢化钠 10.0g，溶于 2g/L 氢氧化钠液 1000mL 中，混匀。此液于冰箱中可保存 10 天，取出后应当日使用（也可称取 14g 硼氢化钾代替 10g 硼氢化钠）。

③ 硫脲溶液（50g/L）。

④ 硫酸溶液（1+9）。

⑤ 氢氧化钠溶液（100g/L）：供配制砷标准溶液用，少量即够。

⑥ 砷标准储备液：含砷 0.1mg/mL。精确称取于 100℃ 下干燥 2h 以上的三氧化二砷 As_2O_3 0.1320g，加 10mL 氢氧化钠（100g/L）溶解，用适用量水转入 1000mL 容量瓶中，加（1+9）硫酸 25mL，用水定容至刻度。

⑦ 砷使用标准液：含砷 1μg/mL。吸取 1.00mL 砷标准储备液于 100mL 容量瓶中，用水稀释至刻度。此液应当日配制使用。

⑧ 湿消解试剂：硝酸、硫酸、高氯酸。

⑨ 干灰化试剂：六水硝酸镁（150g/L）、氯化镁、盐酸（1+1）。

6. 仪器

原子荧光光度计。

四、相关知识

食品中总砷含量的测定——氢化物原子荧光光度法原理

食品试样经湿消解或干灰化后，加入硫脲使五价砷预还原为三价砷，再加入硼氢化钠或硼氢化钾使还原生成砷化氢，由氩气载入石英原子化器中分解为原子态砷，在特制砷空心阴极灯的发射光激发下产生原子荧光，其荧光强度在固定条件下与被测液中的砷浓度成正比，与标准系列使用液比较定量。本法摘自 GB/T 5009.11—2003，适用于各类食品中总砷的测定，最低检出限量为 0.01mg/kg。

五、测定食品中总砷及无机砷的方法

（一）食品中砷含量限量

我国对食品中砷的残留量有严格的规定，大米不超过 0.15mg/kg，食用油脂、面粉、豆类、鱼类不超过 0.1mg/kg，蔬菜、水果、酒类、肉类、蛋类不超过 0.05mg/kg。

食品中总砷测定的方法包括电感耦合等离子体质谱法、氢化物原子荧光光度法、银盐法，这些方法均出自 GB 5009.11—2014，适用于各类食品中砷的测定。

（二）银盐法测定总砷简介

试样经消化后，以碘化钾、氯化亚锡将高价砷还原为三价砷，然后与锌粒和酸产生的新生态氢生成砷化氢，通过用乙酸铅溶液浸泡的棉花去除硫化氢的干扰，然后与溶于三乙醇胺-三氯甲烷溶液的二乙基二硫代氨基甲酸银作用，形成棕红色胶态银，在 520nm 波长处有最大吸光度，在一定浓度范围内，其吸光度与砷含量成正比，可通过与标准系列使用液比较定量。本法最低检出限量为 0.2mg/kg。

（三）食品中无机砷的测定方法

食品中无机砷的测定的方法包括液相色谱-原子荧光光谱法、液相色谱-电感耦合等离子质谱法，均出自 GB 5009.11—2014。

项目七 测定食品中的氟

一、案例

一般食品中含有微量的氟，非污染区粮食中含氟一般低于 1mg/kg，蔬菜、水果中含量低于 0.5mg/kg，动物性食品的含氟量略高于植物性食品。造成氟污染食品的主要来源是工业废水、废气、废渣，土壤中的氟化物由作物通过根部吸收，附着在牧草上的氟化物被禽畜食后进入食物链，对食品造成污染。氟化物在一定量的范围内，为人体所必需，当氟缺乏时，人易发生龋齿。但如果长期食用受氟影响的食品，摄入过量氟，在体内蓄积，可引起氟中毒，得"牙斑病"，还可产生氟骨病，引起自发性骨折。

二、选用的国家标准

GB/T 5009.18—2003 食品中氟的测定——扩散-氟试剂比色法。

三、测定方法

1. 试样处理

（1）谷类试样　稻谷去壳，其他粮食除去可见杂质，取有代表性的试样 50～100g，粉碎，过 40 目筛。

（2）蔬菜、水果　取可食部分，洗净、晾干、切碎、混匀，称取 100～200g 试样，80℃鼓风干燥粉碎，过 40 目筛，结果以鲜重表示，同时要测水分。

（3）特殊试样（含脂肪高、不易粉碎过筛的试样，如花生、肥肉，含糖分高的果实等）　称取研碎的试样 1.00～2.00g 于坩埚（镍、银、瓷等）内，加 4mL 硝酸镁溶液（100g/L），加氢氧化钠溶液（100g/L）使呈碱性，混匀后浸泡 0.5h，将试样中的氟固定，然后在水浴上挥干，再加热炭化至不冒烟，再于 600℃马弗炉内灰化 6h，待灰化完全，取出

放冷，取灰分进行扩散。

2. 测定

① 取塑料盒若干个，分别于盒盖中央加 0.2mL 氢氧化钠-无水乙醇溶液（40g/L），在圈内均匀涂布，于（55±1）℃恒温箱中烘干，形成一层薄膜，取出备用，或把滤纸片贴于盒内。

② 称取 1.00～2.00g 处理后的试样于塑料盒内，加 4mL 水，使试样均匀分布，不能结块，加 4mL 硫酸银-硫酸溶液（20g/L），立即盖紧，轻轻摇匀。如试样经灰化处理，则先将灰分全部移入塑料盒内，用 4mL 水分数次将坩埚洗净，洗液均倒入塑料盒内，并使灰分均匀分散，如坩埚还未完全洗净，可加 4mL 硫酸银-硫酸溶液（20g/L）于坩埚内继续洗涤，将洗液倒入塑料盒内，立即盖紧，轻轻摇匀，置（55±1）℃恒温箱内保温 20h。

③ 分别于塑料盒内加 0、0.2mL、0.4mL、0.8mL、1.2mL、1.6mL 氟标准使用液（相当于 0、1.0μg、2.0μg、4.0μg、6.0μg、8.0μg 氟），补加水至 4mL，各加 4mL 硫酸银-硫酸溶液（20g/L），立即盖紧，轻轻摇匀（切勿将酸溅在盖上），置恒温箱内保温 20h。

④ 将盒取出，取下盒盖，分别用 20mL 水少量多次地将盒盖内氢氧化钠薄膜溶解，用滴管小心完全地移入 100mL 分液漏斗中。

⑤ 分别于分液漏斗中加 3mL 茜素氨羧络合剂溶液、3.0mL 缓冲液、8.0mL 丙酮、3.0mL 硝酸镧溶液、13.0mL 水，混匀，放置 10min，各加入 10.0mL 二乙基苯胺-异戊醇（5+100）溶液，振摇 2min，待分层后，弃去水层，分出有机层，并用滤纸过滤入 10mL 带塞比色管中。

⑥ 用 1cm 比色杯于 580nm 波长处以标准零管调节零点，测吸光值，绘制标准曲线，试样吸光值与曲线比较求得含量。

3. 结果计算

$$X = \frac{A \times 1000}{m \times 1000}$$

式中　X——试样中氟的含量，mg/kg；

　　　A——测定用试样中氟的质量，μg；

　　　m——试样的质量，g。

4. 试剂

本方法所用水均为不含氟的去离子水，试剂为分析纯，全部试剂储于聚乙烯塑料瓶中。

① 丙酮。

② 硫酸银-硫酸溶液（20g/L）：称取 2g 硫酸银，溶于 100mL 硫酸（3+1）中。

③ 氢氧化钠-无水乙醇溶液（40g/L）：取 4g 氢氧化钠，溶于无水乙醇并稀释至 100mL。

④ 乙酸溶液（1mol/L）：取 3mL 冰乙酸，加水稀释至 50mL。

⑤ 茜素氨羧络合剂溶液：称取 0.19g 茜素氨羧络合剂，加少量水及氢氧化钠溶液（40g/L）使其溶解，加 0.125g 乙酸钠，用乙酸溶液（1mol/L）调节 pH 值为 5.0（红色），加水稀释至 500mL，置于冰箱内保存。

⑥ 乙酸钠溶液（250g/L）。

⑦ 硝酸镧溶液：称取 0.22g 硝酸镧，用少量乙酸溶液（1mol/L）溶解，加水至约450mL，用乙酸钠溶液（250g/L）调节 pH 值为 5.0，再加水稀释至 500mL，置于冰箱内保存。

⑧ 缓冲液（pH=4.7）：称取 30g 无水乙酸钠，溶于 400mL 水中，加 22mL 冰乙酸，再缓缓加冰乙酸调节 pH 值为 4.7，然后加水稀释至 500mL。

⑨ 二乙基苯胺-异戊醇溶液（5+100）：量取 25mL 二乙基苯胺，溶于 500mL 异戊醇中。

⑩ 硝酸镁溶液（100g/L）。

⑪ 氢氧化钠溶液（40g/L）：称取 4g 氢氧化钠，溶于水并稀释至 100mL。

⑫ 氟标准溶液：准确称取 0.2210g 经 95～105℃ 干燥 4h 的冷的氟化钠，溶于水，移入 100mL 容量瓶中，加水至刻度，混匀，置于冰箱中保存，此溶液每毫升含 1.0mg 氟。

⑬ 氟标准使用液：吸取 1.0mL 氟标准溶液，置于 200mL 容量瓶中，加水至刻度，混匀。此溶液每毫升含 5.0μg 氟。

⑭ 圆滤纸片：把滤纸剪成直径为 4.5cm，浸于氢氧化钠（40g/L）-无水乙醇溶液中，于 100℃ 下烘干、备用。

5. 仪器

① 塑料扩散盒：内径 4.5cm，深 2cm，盖内壁顶部光滑，并带有凸起的圈（盛放氢氧化钠吸收液用），盖紧后不漏气。其他类型塑料盒亦可使用。

② 恒温箱：（55±1）℃。

③ 可见分光光度计。

④ 酸度计。

⑤ 马弗炉。

四、相关知识

（一）食品中氟含量的测定——扩散-氟试剂比色法原理

食品中氟化物在扩散盒内与酸作用，产生氟化氢气体，经扩散被氢氧化钠吸收。氟离子与镧（Ⅲ）、氟试剂（茜素氨羧络合剂）在适宜 pH 条件下生成蓝色三元络合物，颜色随氟离子浓度的增大而加深，用或不用含胺类有机溶剂提取，与标准系列使用液比较定量。本法摘自 GB/T 5009.18—2003，适用于各类食品中氟的测定，最低检出限量为 0.10mg/kg。

（二）注意事项

① 本方法全部试剂储存于聚乙烯塑料瓶中。

② 茜素氨羧络合剂溶液、硝酸镧溶液、氟标准储备液、氟标准使用液应在冰箱中保存。

③ 被测溶液的 pH 值对氟离子活度和浓度有一定影响。通常在氟化物含量较低时，理想的 pH 范围为 5～6。

④ 离子强度调节缓冲液的作用是：消除由于各离子浓度与活度之间的差异而引起的误差；防止 $[OH^-]$ 对测定的干扰；离子强度调节缓冲液中的柠檬酸盐，能络合被测溶液中的铝和铁，使氟离子从铁、铝的络合物中释放出来。

五、测定食品中氟的方法

（一）食品中氟的限量

我国对食品中氟的含量有明确的规定，大米、面粉、豆类、蛋类、蔬菜不超过 1.0mg/kg，肉类、鱼类不超过 2.0mg/kg，水果不超过 0.5mg/kg。

食品中氟的测定方法包括扩散-氟试剂比色法、灰化蒸馏-氟试剂比色法、氟离子选择电极法，均出自 GB/T 5009.18—2003，适用于各类食品中氟的测定。

（二）氟离子选择电极法简介

氟离子选择电极的氟化镧单晶膜对氟离子产生选择性的对数响应，氟电极和饱和甘汞电极在被测试液中，电位差可随溶液中氟离子活度的变化而改变，电位变化规律符合能斯特

（Nernst）方程式，见下式：

$$E = E^{\ominus} - \frac{2.303RT}{F} \lg C_{F^-}$$

E 与 $\lg C_{F^-}$ 呈线性关系。$2.303RT/F$ 为该直线的斜率（25℃时为 59.16）。

能与氟离子形成络合物的铁、铝等离子会干扰测定结果，其他常见离子对测定无影响，测量溶液的酸度为 pH 值 5～6，用总离子强度缓冲剂，消除干扰离子及酸度的影响。

本法适用于各类食品中氟的测定，但不适用于脂肪含量高而又未经灰化的试样（如花生、肥肉等）。

思　考　题

1. 用二硫腙比色法测定食品中的铅时，干扰因素有哪些，如何消除？
2. 简述荧光光度法测定食品中汞的原理和操作要点。
3. 试比较几种汞含量测定方法的异同点。
4. 简述石墨炉原子吸收光谱法测定食品中镉含量的原理和操作要点。
5. 简述示波极谱法测铬含量时试样制备的要点。
6. 砷的测定主要有哪些方法？砷斑法的基本原理是什么？

任务十三　测定食品中的农药及药物残留

【技能目标】

1. 会测定食品中有机磷农药的残留量。
2. 会测定粮食、蔬菜样品中的有机氯、拟除虫菊酯农药残留量。
3. 会测定蔬菜、水果中氨基甲酸酯类农药残留量。
4. 会测定食品中土霉素、四环素、金霉素、强力霉素的残留量。
5. 会测定食品中氯霉素的残留量。
6. 会测定食品中磺胺类药物的残留量。

【知识目标】

1. 了解农药及农药残留、兽药及兽药残留在食品中的允许残留标准。
2. 明确食品中农药及药物残留检测原理。

项目一　测定蔬菜和水果中有机磷类农药残留

一、案例

农药对防治果蔬病虫害及促进果蔬生长效果明显，但不少果疏农民由于缺乏科学使用农药的知识，滥用农药，违规使用农药，导致了果蔬产品中农药残留量超出国家标准，不仅使生态环境受到污染，更为严重的是损害了人们的身体健康。有机磷是果蔬上主要的农药残留物，人体摄入过量的有机磷农药，能引起神经功能紊乱，出现一系列神经性中毒症状。

二、选用的标准

NY/T 761—2008 蔬菜和水果中有机磷、有机氯、拟除虫菊酯和氨基甲酸酯类农药残留的测定。

三、测定方法

1. 试样制备

取不少于 1kg 蔬菜水果样品，取可食部分，用干净纱布轻轻擦去试样表面的附着物，经缩分后，将其切碎，充分混合放入食品加工器粉碎，制成待测样，放入分装容器中，于 −20～−16℃条件下保存，备用。

2. 提取与净化

（1）提取　准确称取 25.0g 试样放入匀浆机中，加入 50.0mL 乙腈，在匀浆机中高速匀浆 2min 后用滤纸过滤，滤液收集到装有 5～7g 氯化钠的 100mL 具塞量筒中，收集滤液 40～50mL，盖上塞子，剧烈振荡 1min，在室温下静置 30min，使乙腈相和水相分层。

（2）净化　从具塞量筒中吸取 10.00mL 乙腈溶液，放入 150mL 烧杯中，将烧杯放在 80℃水浴锅上加热，杯内缓缓通入氮气或空气流，蒸发近干，加入 2.0mL 丙酮，盖上铝箔，备用。

将上述备用液完全转移至 15mL 刻度离心管中，再用约 3mL 丙酮分三次冲洗烧杯，并转移至离心管，最后定容至 5.0mL，在旋涡混合器中混匀，分别移入两个 2mL 自动进样瓶中，供色谱测定。如定容后的样品溶液过于混浊，应用 0.2μm 滤膜过滤后再进行测定。

3. 测定

（1）色谱柱参考条件

① 色谱柱　具体如下。

预柱：长 1.0m，0.53mm 内径，脱活石英毛细管柱。

两根色谱柱分别为如下。

A柱：50%聚苯基甲基硅氧烷（DB-17 或 HP-50$^+$），30m×0.53mm×1.0μm，或相当者。

B柱：100%聚甲基硅氧烷（DB-1 或 HP-1）柱，30m×0.53mm×1.50μm，或相当者。

② 温度　进样口温度：220℃。检测器温度：250℃。柱温：150℃（保持 2min），按 8℃/min 升至 250℃（保持 12min）。

③ 气体及流量　如下。

载气：氮气，纯度≥99.999%，流速为 10mL/min。

燃气：氢气，纯度≥99.999%，流速为 75mL/min。

助燃气：空气，流速为 100mL/min。

④ 进样方式　不分流进样。样品溶液一式两份，由双自动进样器同时进样。

（2）色谱分析　由自动进样器分别吸取 1.0μL 标准混合溶液和净化后的样品溶液注入色谱仪中，以双柱保留时间定性，以 A 柱获得的样品溶液峰面积与标准溶液峰面积比较定量。

4. 结果表述

（1）定性分析　双柱测得样品溶液中未知组分的保留时间（RT）分别与标准溶液在同一色谱柱上的保留时间（RT）相比较，如果样品溶液中某组分的两组保留时间与标准溶液中某一农药的两组保留时间相差都在±0.05min 内，可认定为该农药。

（2）结果计算　按下式计算：

$$X = \frac{V_1 \times A \times V_3}{V_2 \times A_s \times m} \times \rho$$

式中　X——试样中农药的残留量，mg/kg；

ρ——标准溶液中农药的质量浓度，mg/L；

A——样品溶液中被测农药的峰面积；

A_s——农药标准溶液中被测农药的峰面积；

V_1——提取溶剂总体积，mL；

V_2——吸取出用于检测的提取溶液的体积，mL；

V_3——样品溶液定容体积，mL；

m——试样的质量，g。

5. 试剂

① 乙腈。

② 丙酮：重蒸。

③ 氯化钠，140℃烘烤 4h。

④ 滤膜，$0.2\mu m$，有机溶剂膜。

⑤ 铝箔。

⑥ 农药标准品。

⑦ 单一农药标准溶液。

准确称取一定量（精确至 0.1mg）某农药标准品，用丙酮溶解，逐一配制成 1000mg/L 的单一农药标准储备液，储存在 −18℃ 以下冰箱中。使用时根据各农药在对应检测器上的响应值，准确吸取适量的标准储备液，用丙酮稀释配制成所需的标准工作液。

⑧ 农药混合标准液。

6. 仪器

① 气相色谱仪，带有双火焰光度检测器（FPD 磷滤光片），双自动进样器，双分流/不分流进样口。

② 食品加工器。

③ 旋涡混合器。

④ 匀浆机。

⑤ 氮吹仪。

⑥ 其他常用仪器设备。

四、相关知识

食品中有机磷农药残留测定——气相色谱法原理

试样中有机磷类农药经乙腈提取，提取液经过滤、浓缩后，用丙酮定容，用双自动进样器同时注入气相色谱仪的两个进样口，农药组分经不同极性的两根毛细管柱分离，经火焰光度检测器（FPD 磷滤光片）检测，用双柱的保留时间定性，外标法定量。本法摘自 NY/T 761—2008 蔬菜和水果中有机磷、有机氯、拟除虫菊酯和氨基甲酸酯类农药残留量的测定，适用于蔬菜和水果中甲胺磷等 54 种有机磷农药残留量的测定，最低检出限量为 0.01～0.3mg/kg。

五、测定食品中有机磷的方法

（一）食品中有机磷农药的限量

有机磷农药是用于防治植物病、虫、害的含磷的有机化合物。它可作为杀虫剂、杀菌剂、除草剂和植物生长调节剂使用，我国生产的杀虫剂中，有机磷杀虫剂占总产量的 70%。有机磷农药品种多，药效高，用途广，易分解，对农作物药害小，在人、畜体内一般不积累，在农药中是极为重要的一类化合物。但是某些有机磷农药属高毒农药，对哺乳动物急性毒性较强，常因使用、保管、运输不慎，污染食品，造成急性中毒；过量或施用时期不当是造成有机磷农药污染食品的主要原因。食品中，特别是果蔬中有机磷残留量的测定，是一项重要检测项目。

我国对有机磷农药在水果、蔬菜中允许量的规定为：甲拌磷不超过 0.01mg/kg，甲胺磷不超过 0.05mg/kg，甲基对硫磷不超过 0.02mg/kg，久效磷不超过 0.03mg/kg，氧乐果不超过 0.02mg/kg 等。

（二）食品中有机磷农药的检测方法

有机磷农药残留分析检测方法包括色谱法和酶抑制法。

1. 色谱法

我国陆续制定了若干食品有机磷农药残留的检测方法。GB/T 5009.207—2008《糙米中

50 种有机磷农药残留量的测定》，采用乙酸乙酯提取样品，凝胶渗透色谱净化后，用气相色谱-氮磷检测器检测糙米中 50 种有机磷农药残留，检出限为 0.01～0.005mg/kg。GB/T 5009.161—2003《动物性食品中有机磷农药多组分残留量的测定》，该标准适用于禽畜肉及其制品、乳与乳制品、蛋与蛋制品中甲胺磷等 13 种有机磷农药残留的测定，试样经提取、净化、浓缩、定容，用毛细管柱气相色谱分离，火焰光度检测器检测，各种农药检出限为 1.2～12μg/kg 不等。还有 GB/T 5009.145—2003《植物性食品中有机磷和氨基甲酸酯类农药多种残留的测定》。

2. 酶抑制法

是常常被用于快速检测有机磷农药的简便快捷的方法，有 GB/T 5009.199—2003《蔬菜中有机磷和氨基甲酸酯类农药残留量的快速检测》、GB/T 18626—2002《肉中有机磷及氨基甲酸酯农药残留量的简易检验方法》和 GB/T 18625—2002《茶中有机磷及氨基甲酸酯农药残留量的简易检验方法》等。

项目二 测定食品中有机氯和拟除虫菊酯农药残留

一、案例

有机氯农药和拟除虫菊酯农药是我国常用的两类农药。有机氯农药属于高残毒农药，其中六六六、DDT 等我国早已禁用，但至今仍有违规使用的情况，果蔬及粮、谷、薯、茶、烟草都可残留有机氯，禽、鱼、蛋、奶等动物性食物污染率高于植物性食物，而且不会因其储藏、加工、烹调而减少，很容易进入人体积蓄。拟除虫菊酯杀虫剂主要用于防治棉田、菜地、果树和茶叶上的农业害虫以及卫生害虫，也用于渔业生产上杀灭寄生虫。拟除虫菊酯类农药因其高效低毒而得到广泛使用，是传统有机磷农药的替代品，这类农药也都具有一定毒性，尤其对鱼类毒性很高，且有一定蓄积性。

二、选用的国家标准

GB/T 5009.146—2008 植物性食品中有机氯和拟除虫菊酯类农药多种残留量的测定——粮食、蔬菜中 16 种有机氯和拟除虫菊酯农药残留量的测定。

三、测定方法

1. 试样制备与提取

取粮食试样经粮食粉碎机粉碎，过 20 目筛制成粮食试样。

(1) 蔬菜试样 擦净去掉非可食部分后备用。称取 20g 蔬菜试样。置于组织捣碎机中，加入 30mL 丙酮和 30mL 石油醚，于捣碎机上捣碎 2min，捣碎液经抽滤，滤液移入 250mL 分液漏斗中，加入 100mL 2%硫酸钠水溶液，充分摇匀，静置分层，将下层溶液转移到另一 250mL 分液漏斗中，用 2×20mL 石油醚萃取，合并两次萃取的石油醚层，过无水硫酸钠，于旋转蒸发仪上浓缩至 10mL。

(2) 粮食试样 称取 10g 粮食试样，置于 100mL 具塞锥形瓶中，加入 20mL 石油醚，于振荡器上振摇 0.5h。

2. 净化与浓缩

(1) 色谱柱的制备 玻璃色谱柱中先加入 1cm 高的无水硫酸钠，再加入 5g 5%水脱活弗罗里硅土，最后加入 1cm 高的无水硫酸钠，轻轻敲实，用 20mL 石油醚淋洗净化柱，弃去淋洗液，柱面要留有少量液体。

（2）净化与浓缩　准确吸取试样提取液 2mL，加入已淋洗过的净化柱中，用 100mL 石油醚-乙酸乙酯（95＋5）洗脱，收集洗脱液于蒸馏瓶中，于旋转蒸发仪上浓缩近干，用少量石油醚多次溶解残渣于刻度离心管中，最终定容至 1.0mL，供气相色谱分析。

3. 测定

（1）气相色谱参考条件

① 色谱柱：石英弹性毛细管柱，0.25mm（内径）×15m，内涂有 OV-101 固定液。

② 气体流速：氮气 40mL/min，尾吹气 60mL/min，分流比 1：50。

③ 温度：柱温自 180℃升至 230℃保持 30min；检测器、进样口温度 250℃。

（2）色谱分析　吸收 1μL 试样注入气相色谱仪，记录色谱峰的保留时间和峰高，再吸收 1μL 混合标准使用液进样，记录色谱峰的保留时间和峰高，根据组分在色谱上的出峰时间与标准组分比较定性，用外标法与标准组分比较定量。

4. 结果计算

$$X = \frac{h_i \times m_{is} \times V_2}{h_{is} \times V_1 \times m} \times K$$

式中　X——试样中农药的含量，mg/kg；

　　　h_i——试样中 i 组分农药的峰高，mm；

　　　m_{is}——标准样品中 i 组分农药的含量，ng；

　　　V_2——最后定容体积，mL；

　　　V_1——试样进样体积，μL；

　　　h_{is}——标准样品中 i 组分农药的峰高，mm；

　　　m——试样的质量，g；

　　　K——稀释倍数。

5. 试剂

① 石油醚：沸程 60～90℃，重蒸。

② 苯：重蒸。

③ 丙酮：重蒸。

④ 乙酸乙酯：重蒸。

⑤ 无水硫酸钠。

⑥ 弗罗里硅土：层析用，于 620℃下灼烧 4h 后备用，使用前于 140℃下烘 2h，趁热加 5％水灭活。

⑦ 农药标准品。

⑧ 标准溶液：准确称取不同农药标准品，分别用苯溶解并配制成 1mg/mL 储备液，使用时用石油醚配成单品种标准使用液，再根据各农药品种在仪器上的响应情况吸取不同量的标准储备液，用石油醚稀释成混合标准使用液。

6. 仪器

① 气相色谱仪：附电子捕获检测器（ECD）。

② 电动振荡器。

③ 组织捣碎机。

④ 旋转蒸发仪。

⑤ 过滤器具：布氏漏斗（直径 80mm）、抽滤瓶（20mL）。

⑥ 具塞锥形瓶：100mL。

⑦ 分液漏斗：250mL。

⑧ 色谱柱。

四、相关知识

植物性食品中有机氯和拟除虫菊酯类农药多种残留量的测定——气相色谱法原理

试样中有机氯和拟除虫菊酯农药用石油醚、丙酮等有机溶剂提取，经液液分配及弗罗里硅土层析净化除去干扰物质，用附有电子捕获检测器的气相色谱仪检测，根据色谱峰的保留时间定性，外标法定量。本法摘自 GB/T 5009.146—2008 植物性食品中有机氯和拟除虫菊酯类农药多种残留量的测定，对粮食、蔬菜中 16 种有机氯和拟除虫菊酯农药残留量进行测定，检出限见表 13-1。

表 13-1 植物性食品中有机氯和拟除虫菊酯类农药多种残留量的测定检出限

农药名称	检出限/(μg/kg)	农药名称	检出限/(μg/kg)
α-六六六	0.1	p,p'-滴滴涕	0.8
β-六六六	0.2	p,p'-滴滴滴	1.0
γ-六六六	0.6	p,p'-滴滴伊	1.0
δ-六六六	0.6	o,p'-滴滴涕	1.0
七氯	0.8	氯菊酯	16
艾氏剂	0.8	氰戊菊酯	3.0
氯氟氰菊酯	0.8	溴氰菊酯	1.6

五、测定食品中有机氯和拟除虫菊酯农药的方法

（一）食品中有机氯农药的限量

有机氯农药，是一类人工合成的杀虫广谱、残效期长的化学杀虫剂，主要可分为以苯为原料和以环戊二烯为原料的两大类。以苯为原料的包括六六六、滴滴涕和六氯苯。以环戊二烯为原料的有机氯农药包括作为杀虫剂的氯丹、七氯、艾氏剂、狄氏剂、异狄氏剂、硫丹、碳氯特灵等。氯苯结构较稳定，生物体内酶难以降解，有机氯脂溶性强，不易水解和降解，非常稳定，残留时间长，累积浓度大。所以积存在动、植物体内的有机氯农药分子消失缓慢。由于这一特性，它通过生物富集和食物链的作用，环境中的残留农药会进一步得到富集和扩散。通过食物链进入人体的有机氯农药能在肝、肾、心脏等组织中蓄积，特别是由于这类农药脂溶性大，所以在体内脂肪中的蓄积更突出，蓄积的残留农药也能通过母乳排出，或转入卵蛋等组织，影响后代。

我国于 1983 年开始禁止生产有机氯农药，但由于其半衰期长，虽然禁止使用，但是一些食品中仍有残留存在，我国规定了食品中有机氯农药限量，粮食中六六六不超过 0.3mg/kg，滴滴涕不超过 0.2mg/kg；蔬菜、水果中六六六不超过 0.2mg/kg，滴滴涕不超过 0.1mg/kg；肉（鲜重计）中六六六不超过 0.4mg/kg，滴滴涕不超过 0.2mg/kg；牛乳中六六六不超过 0.1mg/kg，滴滴涕不超过 0.1mg/kg 等。

拟除虫菊酯农药，是一类仿生合成的杀虫剂，是改变天然除虫菊酯化学结构的衍生的合成酯类。其杀虫毒力比老一代杀虫剂如有机氯、有机磷、氨基甲酸酯类提高了 10～100 倍。拟除虫菊酯对昆虫具有强烈的触杀作用，目前常用的人工合成的拟除虫菊酯类杀虫药有溴氰菊酯（敌杀死）、氰戊菊酯（速灭杀丁）、氯氰菊酯、二氯苯醚菊酯等。自 20 世纪 70 年中期起被广泛使用，它具有高效广谱、低残留的特点，对光稳定，在哺乳动物体内代谢、

排泄迅速，但是对水生态系统危害较大，且有一定蓄积性，有些品种有致癌、致畸、致突变作用。

（二）食品中有机氯农药和拟除虫菊酯农药残留的方法

我国近年来颁布了多个测定有机氯农药和拟除虫菊酯农药残留的标准方法，具体如下。

① GB/T 5009.19—2008《食品中有机氯农药多组分残留量的测定》，将试样中的有机氯农药组分经有机溶剂提取、凝胶色谱层析净化，用毛细管柱或填充柱气相色谱分离，经电子捕获检测器，以保留时间定性，外标法定量测定。检出限量根据不同品种试样在 0.018～0.634μg/kg 之间。

② GB/T 5009.162—2008《动物性食品中有机氯农药和拟除虫菊酯农药多组分残留量的测定》，利用气相色谱-质谱法测定，在均匀的试样溶液中定量加入13C-六氯苯和13C-灭蚁灵稳定性同位素内标，经有机溶剂振荡提取、凝胶色谱层析净化，采用选择离子监测的气相色谱-质谱法（GC-MS）测定，以内标法定量。

③ NYT 761—2008《蔬菜和水果中有机磷、有机氯、拟除虫菊酯和氨基甲酸酯类农药多残留的测定》，将试样中的有机氯类、拟除虫菊酯类农药用乙腈提取，提取液经过滤、浓缩后，采用固相萃取柱分离、净化，淋洗液经浓缩后，用双塔自动进样器同时将样品溶液注入气相色谱仪的两个进样口，农药组分经不同极性两根毛细管柱分离，用电子捕获检测器（ECD）检测，双柱保留时间定性，外标法定量。

项目三　测定植物性食物中氨基甲酸酯类农药残留

一、案例

氨基甲酸酯类农药在农业生产和日常生活中，主要用作杀虫剂、杀螨剂、除草剂、杀菌剂等。氨基甲酸酯类农药具有杀虫力强、作用迅速和对人畜毒性较低的特点，20 世纪 70 年代以来，有机氯农药受到禁用或限用，且抗有机磷农药的昆虫品种日益增多，氨基甲酸酯类农药的用量逐年增多，这就使得氨基甲酸酯类农药的残留情况备受关注。

二、选用的国家标准

GB/T 5009.145—2003 植物性食品中有机磷和氨基甲酸酯类农药多种残留的测定。

三、测定方法

1. 试样制备

粮食经粉碎机粉碎，过 20 目筛即可，蔬菜擦去表层泥水，取可食部分匀浆即可。

2. 提取

（1）蔬菜

方法一：称取 10g 试样于锥形瓶中，加入与试样含水量之和为 10g 的水和 20mL 丙酮，振荡 30min，抽滤，取 20mL 滤液于分液漏斗中。

方法二：称取 5g 试样（视试样中农药残留量而定），置于 50mL 离心管中，加入与试样含水量之和为 5g 的水和 10mL 丙酮，置于超声波清洗器中，超声提取 10min 在 5000r/min 离心转速下离心使蔬菜沉降，用移液管吸取上清液 10mL 于分液漏斗中。

（2）粮食　称取 20g 试样于锥形瓶中，加入 5g 无水硫酸钠和 100mL 丙酮，振荡 30min 提取，过滤后取滤液 50mL 于分液漏斗中。

3. 净化

向方法一分液漏斗中加入 40mL 凝结液和 1g 助滤剂 celite545，或向方法二分液漏斗中加入 20mL 凝结液和 1g 助滤剂 celite545，轻摇后放置 5min，经两层滤布的布氏漏斗抽滤，并用少量凝结液洗涤分液漏斗和布氏漏斗，将滤液移至分液漏斗，加入 3g 氯化钠，依次用 50mL、50mL、30mL 二氯甲烷提取，合并三次提取液，经无水硫酸钠漏斗过滤至浓缩瓶中，在 35℃ 水浴的旋转蒸发仪上浓缩至少量，氮气吹干，取下浓缩瓶，加入少量正己烷，以少许棉花塞住 5mL 医用注射器出口，以 1g 硅胶以正己烷湿法装柱，敲实，将浓缩瓶中的液体倒入，再以少量正己烷＋二氯甲烷（9＋1）洗涤浓缩瓶，倒入柱中。依次以 4mL 正己烷＋丙酮（7＋3）、4mL 乙酸乙酯、8mL 丙酮＋乙酸乙酯（1＋1）、4mL 丙酮＋甲醇（1＋1）洗柱，汇集全部滤液经旋转蒸发仪 45℃ 水浴浓缩近干，定容至 1mL。

向粮食提取液漏斗中加入 50mL 5％氯化钠溶液，再以 50mL、50mL、30mL 二氯甲烷提取三次，合并二氯甲烷经无水硫酸钠过滤后，在 40℃ 水浴上浓缩近干，定容至 1mL。

4. 测定

气相色谱参考条件如下。

① 色谱柱　BP5 或 OV-10125m×0.32mm（内径）石英弹性毛细管柱。

② 气体流速

a. 氮气：50mL/min。

b. 尾吹气：（氮气）30mL/min。

c. 氢气：0.5kg/cm²。

d. 空气：0.3kg/cm²。

③ 温度　柱温采用程序升温方式

$$140℃ \xrightarrow{50℃/min} 185℃ \xrightarrow[恒温2min]{2℃/min} 195℃ \xrightarrow{10℃/min} 235℃ \xrightarrow{恒温1min} 235℃，进样口温$$
度 240℃

④ 检测器　氮磷检测器（FTD）。

5. 色谱分析

取 1μL 混合标准溶液及试样净化液注入色谱仪中，以保留时间定性，以试样峰高或峰面积与标准比较定量。

6. 结果计算

$$X_i = \frac{h_i \times E_{si} \times 1000}{h_{si} \times m \times f}$$

式中　X_i——i 组分有机磷（氨基甲酸酯类）农药的含量，mg/kg；

　　　h_i——试样中 i 组分的峰高或峰面积；

　　　h_{si}——标样中 i 组分的峰高或峰面积；

　　　E_{si}——标样中 i 组分的量，ng；

　　　m——试样量，g；

　　　f——换算系数，粮食为 1/2，蔬菜为 2/3。

7. 试剂

① 丙酮：重蒸。

② 二氯甲烷：重蒸。

③ 乙酸乙酯：重蒸。

④ 甲醇：重蒸。

⑤ 正己烷：重蒸。

⑥ 磷酸。

⑦ 氯化钠。

⑧ 无水硫酸钠。

⑨ 氯化铵。

⑩ 硅胶：60~80目130℃烘2h，以5％水灭活。

⑪ 助滤剂：celite545。

⑫ 凝结剂：5g氯化铵＋10mL磷酸＋100mL水，用前稀释5倍。

⑬ 农药标准品。

⑭ 农药标准溶液的配制：分别准确称取农药标准品，用丙酮溶解，分别配制成1mg/mL标准储备液，储于冰箱，使用时用丙酮稀释配成单品种的标准使用液。再根据各农药品种在仪器上的响应情况，吸收不同量的标准使用液，用丙酮稀释成混合标准使用液。

8. 仪器

① 组织捣碎机。

② 离心机。

③ 超声波清洗器。

④ 旋转蒸发仪。

⑤ 气象色谱仪：附氮磷检测器（FTD）。

四、相关知识

植物性食品中有机磷和氨基甲酸酯类农药多种残留的测定——气相色谱法原理

试样中有机磷和氨基甲酸酯类农药用有机溶剂提取，再经液液分配、微型柱净化等步骤除去干扰物，用氮磷检测器（FTD）检测，根据色谱峰的保留时间定性，外标法定量。

本方法摘自GB/T 5009.145—2003，适用于使用过有机磷及氨基甲酸酯类农药的粮食、蔬菜等作物的残留量分析，检出限见表13-2。

表13-2   植物性食品中有机磷和氨基甲酸酯类农药多种残留量的测定检出限

农药名称	检出限/(μg/kg)	农药名称	检出限/(μg/kg)
敌敌畏	4	甲基对硫磷	2
乙酰甲胺磷	2	马拉氧磷	8
速灭威	8	毒死蜱	8
叶蝉散	4	甲基嘧啶磷	8
仲丁威	15	倍硫磷	6
甲基内吸磷	4	马拉硫磷	6
甲拌磷	2	对硫磷	8
久效磷	10	杀扑磷	10
乐果	2	克线磷	10
甲萘威	4	乙硫磷	14

五、测定食品中氨基甲酸酯类农药的方法

（一）食品中氨基甲酸酯类农药限量

氨基甲酸酯类农药包括杀虫剂、除草剂、杀菌剂等，其毒性选择性较强，多数品种对高等动物毒性较低，除克百威（呋喃丹）、涕灭威属高毒，甲萘威、异丙威（叶蝉散）、速灭威

属中等毒性外，其余常用品种均属低毒性。氨基甲酸酯类农药的低毒、低残留，对环境的危害较小，被认为是取代六六六、滴滴涕的优良药剂品种。

我国食品种氨基甲酸酯类农药的允许限量，西维因粮食中不超过 5.0mg/kg、蔬菜中不超过 2.0mg/kg，水果中不超过 2.5mg/kg，食用油中不超过 0.5mg/kg；呋喃丹稻谷中不超过 0.5mg/kg；涕灭威花生仁中不超过 0.05mg/kg，食用油中不得检出。

(二) 测定氨基甲酸酯类农药残留的方法

① NYT 1679—2009《植物性食品中氨基甲酸酯类农药残留的测定——液相色谱-串联质谱法》。该方法适用于蔬菜、水果中抗蚜威、硫双威、灭多威、克百威、异丙威、甲萘威、仲丁威和甲硫威共 8 种氨基甲酸酯类农药残留量的检测。试样用乙腈提取，提取液过滤后浓缩，以氨基固相萃取柱净化，用甲醇＋二氯甲烷洗脱，采用配有电喷雾离子源的液相色谱-串联质谱仪测定，外标法定量。

② SN/T 2085—2008《进出口粮谷中多种氨基甲酸酯类农药残留量检测方法——液相色谱-串联质谱法》，该方法适用于大米和小麦中甲硫威、恶虫威、异丙威、甲萘威、灭多威、克百威、抗蚜威、仲丁威残留量的检测。试样用乙腈提取，经中性氧化铝层析净化，用丙酮-乙醚洗脱，采用配有电喷雾离子源和四级杆质量分析器的液相色谱-串联质谱仪测定，外标法定量。该方法的测定检出限为 0.01mg/kg。

③ GB/T 21132—2007《烟草及烟草制品二硫代氨基甲酸酯农药残留量的测定——分子吸收光度法》，该方法适用于烟草及烟草制品中二硫代氨基甲酸酯农药残留量的测定。在氯化亚锡的存在下，将试样与盐酸共热分解二硫代氨基甲酸酯。蒸馏分解形成的二硫化碳，通过硫酸去除干扰物质后吸收于氢氧化钾甲醇溶液中。测定形成的钾-O-甲基二硫代碳酸盐的吸光度。

另外，GB/T 18630—2002《蔬菜中有机磷及氨基甲酸酯农药残留量的简易检验方法——酶抑制法》和 GB/T 18626—2002《肉中有机磷及氨基甲酸酯农药残留量的简易检验方法——酶抑制法》，能够快速简便地检测出食品中氨基甲酸酯农药的残留量。

(三) 蔬菜中有机磷和氨基甲酸酯类农药残留的定性检测

胆碱酯酶可催化靛酚乙酸酯（红色）水解为乙酸与靛酚（蓝色），有机磷或氨基甲酸酯类农药对胆碱酯酶有抑制作用，使催化、水解、变色的过程发生改变，由此可判断出样品中是否有高剂量的有机磷或氨基甲酸酯类农药，可做定性检测。

本法摘自 GB/T 5009.199—2003 蔬菜中有机磷和氨基甲酸酯类农药残留量的快速检测，适用于蔬菜中有机磷和氨基甲酸酯类农药残留量的快速筛选测定。

1. 测定方法

(1) 整体测定法　选取有代表性的蔬菜样品，擦去表面泥土，剪成 1cm 见方的碎片，取 5g 放入带盖瓶中，加入 10mL 缓冲溶液，振荡 50 次，放置 2min 以上。

取一片速测卡，用白色药片沾取提取液，放置 10min 以上进行预反应，有条件时放在 37℃恒温装置中 10min，预反应后的药片表面必须保持湿润。将速测卡对折，用手捏 3min 或用恒温装置恒温 3min，使红色药片与白色药片叠合发生反应。每批测定设一个缓冲液的空白对照卡。

(2) 表面测定法（粗筛法）　擦去蔬菜表面的泥土，滴 2～3 滴缓冲溶液在蔬菜表面，用另一片蔬菜在滴液处轻轻摩擦。取一片速测卡，将蔬菜上的液滴滴在白色药片上。放置 10min 以上进行预反应，有条件时放在 37℃恒温装置中 10min，预反应后的药片表面必须保持湿润。将速测卡对折，用手捏 3min 或用恒温装置恒温 3min，使红色药片与白色药片叠合发生反应。每批测定设一个缓冲液的空白对照卡。

2. 结果判定

结果以酶被有机磷或氨基甲酸酯类农药抑制（为阳性）或未抑制（为阴性）表示。白色药片不变色或略有浅蓝色为阳性结果。白色药片变为天蓝色或与空白对照卡相同，为阴性结果。阳性结果样品可以用其他方法进一步确定具体农药品种和含量。

3. 注意事项

① 韭菜、生姜、葱、蒜、辣椒、胡萝卜等蔬菜中，含有破坏酶活性或使蓝色产物褪色的物质，处理这类样品时不要剪得太碎，浸提时间不要太长，必要时可用整株蔬菜浸提的方法。

② 当温度低于37℃时，酶反应速度放慢，药片加液后放置，反应的时间应相对延长，延长时间以空白对照卡用手捏 3min 时可变色为准。

③ 空白卡如果不变色，原因一是由于药片表面缓冲溶液过少，药片表面不够湿润，二是由于温度太低。

④ 白色和红色药片叠合时间以 3min 为准，3min 后蓝色会逐渐加深，24h 后颜色会逐渐褪去。

项目四　测定食品中土霉素、四环素、金霉素、强力霉素的残留

一、案例

四环素类抗生素（TCs）是一类碱性广谱抗生素，包括四环素、土霉素、金霉素、强力霉素等，在畜禽生产中被广泛地用作饲料添加剂来防治动物疾病和提高饲料利用率。在我国，由于四环素药的用量很大，有些地方使用不合理及滥用，导致四环素成为牛乳及乳制品中残留最多的抗生素。牛乳是人们尤其是婴幼儿的主要营养食品，牛乳中残留的抗生素会危害饮用者身体健康。

二、选用的国家标准

GB/T 22990—2008 牛乳和乳粉中土霉素、四环素、金霉素、强力霉素残留量的测定。

三、测定方法

1. 试样的制备与保存

牛乳置于0~4℃冰箱中避光保存。使用时，从冰箱中取出，放置至室温，摇匀。乳粉常温避光保存。

2. 提取与净化

牛乳试样称取 10.00g，置于 50mL 具塞塑料离心管中，乳粉试样称取 2.00g，置于50mL 具塞塑料离心管中，向试样中加入 20mL 0.1mol/L Na_2 EDTA-Mcllvaine 缓冲溶液（pH＝4），于涡旋振荡器上混合 2min，于 10℃，5000r/min 离心 10min，上清液过滤至另一离心管中，残渣中再加入 20mL 缓冲溶液，重复提取一次，合并上清液，待净化。

将上清液通过处理好的 Oasis HLB 固相萃取柱，使上清液以不超过 3mL/min 的流速通过 Oasis HLB 固相萃取柱，待上清液完全流出后，用 5mL 甲醇＋水（体积比 5＋95）洗柱，弃去全部流出液。减压抽干 5min，最后用 5mL 甲醇洗脱，收集洗脱液于 10mL 样

品管中。

将上述洗脱液通过羧酸型阳离子交换柱，待洗脱液全部流出后，用 5mL 甲醇洗柱，减压抽干，用 4mL 0.01mol/L 草酸-乙腈溶液洗脱，收集洗脱液于 10mL 样品管中，45℃下氮气吹至 1.5mL 左右，定容至 2mL，供测定。

3. 测定

(1) 液相色谱条件

① 色谱柱：Kromasil 100-5C$_{18}$，5μm，150mm×4.6mm（内径）或相当者。

② 流动相：0.01mol/L 草酸溶液＋乙腈＋甲醇（77＋18＋5）。

③ 流速：1.0mL/min。

④ 柱温：40℃。

⑤ 检测波长：350nm。

⑥ 进样量：60μL。

(2) 液相色谱测定　将混合标准工作溶液分别进样，以浓度为横坐标，峰面积为纵坐标，绘制标准工作曲线，用标准工作曲线对样品进行定量，样品溶液中土霉素、四环素、金霉素、强力霉素的响应值均应在仪器测定的线性范围内。

(3) 平行试验　按上述步骤，对同一试样进行平行试验测定。除不称取试样外，均按上述步骤同时完成空白试验。

4. 结果计算

$$X = c \times \frac{V}{m} \times \frac{1000}{1000}$$

式中　X——试样中被测组分残留量，μg/kg；

c——从标准工作曲线得到的被测组分溶液的浓度，ng/mL；

V——试样溶液定容体积，mL；

m——试样溶液所代表的质量，g。

注：计算结果应扣除空白值。

5. 试剂

① 甲醇：色谱纯。

② 乙腈：色谱纯。

③ 磷酸氢二钠（Na$_2$HPO$_4$·12H$_2$O）。

④ 柠檬酸（C$_6$H$_8$O$_7$·H$_2$O）。

⑤ 乙二酸四乙酸二钠（Na$_2$EDTA·2H$_2$O）。

⑥ 草酸（C$_2$H$_2$O$_4$·2H$_2$O）。

⑦ 0.2mol/L 磷酸氢二钠溶液：称取 71.63g 磷酸氢二钠，用水溶解，定容至 1000mL。

⑧ 0.1mol/L 柠檬酸溶液：称取 21.04g 柠檬酸，用水溶解，定容至 1000mL。

⑨ McIlvaine 缓冲溶液：将 625mL 0.2mol/L 磷酸氢二钠溶液与 1000mL 0.1mol/L 柠檬酸溶液混合，必要时用 NaOH 或 HCl 调 pH＝4.00±0.05。

⑩ 0.1mol/L Na$_2$EDTA-McIlvaine 缓冲溶液：称取 60.50g 乙二酸四乙酸二钠放入 1625mL McIlvaine 缓冲溶液中，使其溶解，摇匀。

⑪ 0.01mol/L 草酸溶液：称取 1.26g 草酸，用水溶解，定容至 1000mL。

⑫ 甲醇＋水（1＋19）。

⑬ 0.01mol/L 草酸-乙腈溶液（1＋1）：量取 50mL 草酸溶液与 50mL 乙腈混均。

⑭ 土霉素、四环素、金霉素、强力霉素标准物质：纯度≥96%。

⑮ 0.1mg/mL 土霉素、四环素、金霉素、强力霉素标准储存溶液：准确称取适量的土霉素、四环素、金霉素、强力霉素标准物质，分别用甲醇配成 0.1mg/mL 的标准储存液。储存液于−20℃保存。

⑯ 土霉素、四环素、金霉素、强力霉素混合标准工作溶液：根据需要用流动相将土霉素、四环素、金霉素、强力霉素标准储存溶液，稀释成所需溶度的混合标准工作液。储存于冰箱中，每周配置。

⑰ OasisHLB 固相萃取柱或相当者：500mg，6mL。使用前分别用 5mL 甲醇和 10mL 水预处理，保持柱体湿润。

⑱ 羧酸型阳离子交换柱：500mg，6mL。使用前用 5mL 甲醇预处理，保持柱体湿润。

6. 仪器

① 液相色谱仪：配有紫外检测器。

② 分析天平：感量 0.1mg。

③ 涡旋振荡器。

④ 冷冻离心机：转数大于 5000r/min。

⑤ 固相萃取装置。

⑥ 真空泵。

⑦ 氮气吹干仪。

⑧ pH 计：测量精度±0.02。

⑨ 刻度样品管：10mL，精度为 0.1mL。

四、相关知识

食品中四环素族抗生素残留测定——液相色谱-紫外检测法原理

用 0.1mol/L Na_2EDTA-Mcllvaine 缓冲溶液提取试样中四环素族抗生素残留，用 Oasis HLB 或相当的固相萃取柱和羧酸型阳离子柱净化，液相色谱仪测定，外标法定量。

本法摘自 GB/T 22990—2008，该方法的检出限量，牛乳中土霉素、四环素为 5μg/kg、金霉素、强力霉素为 10μg/kg；乳粉中土霉素、四环素为 25μg/kg、金霉素、强力霉素为 50μg/kg。

五、测定食品中四环素族抗生素药物的方法

（一）食品中四环素族抗生素药物的限量

四环素类抗生素，包括金霉素、土霉素、四环素等，为抑菌性广谱抗生素，除革兰阳性、阴性细菌外，对立克次氏体、衣原体、支原体、螺旋体均有作用，广泛用于多种细菌及立克次氏体、衣原体、支原体等所致的感染。它们自 1948 年问世以来，陆续被应用于临床，并已成为应用最多、最广泛的广谱抗菌素，目前四环素是我国广泛运用于防治感染性疾病的兽药之一，畜禽喂饲了一定量的四环素后，如代谢时间不足，则残留于肌肉及各器官组织内，食用这些畜禽后，不仅损害人类健康，且由于人体内的病原菌长期接触这些低浓度的药物，从而产生对四环素的耐药性，引起人类和动物感染性疾病治疗的失败。

许多国家对 TCs 残留实施例行监控，欧盟及我国均规定牛乳中四环素类抗生素的最大残留限量为 0.1mg/kg。

（二）测定土霉素、四环素、金霉素、强力霉素残留的方法

① GB/T 20764—2006 可食动物肌肉中土霉素、四环素、金霉素、强力霉素残留量的测

定。适用于牛肉、羊肉、猪肉、鸡肉和兔肉中土霉素、四环素、金霉素、强力霉素残留量的测定。其方法是用 0.1mol/L Na$_2$EDTA-Mcllvaine（pH 值为 4.00±0.05）缓冲溶液提取可食动物肌肉中的四环素族抗生素残留，提取液经离心后，上清液用 Oasis HLB 或相当的固相萃取柱和羧酸型阳离子交换柱净化，以乙腈＋甲醇＋0.01mol/L 草酸溶液（2＋1＋7）为流动相，液相色谱-紫外检测器测定。该法检出限量：土霉素、四环素、金霉素、强力霉素均为 0.005mg/kg。

②　GB/T 18932.23—2003 蜂蜜中土霉素、四环素、金霉素、强力霉素残留量的测定方法——液相色谱-串联质谱法，适用于蜂蜜中土霉素、四环素、金霉素、强力霉素残留量的测定。试样中四环素族抗生素残留，用 0.1mol/L Na$_2$EDTA-Mcllvaine（pH 值为 4.00±0.05）缓冲溶液提取，提取液经离心后，上清液用 Oasis HLB 或相当的固相萃取柱和阴离子交换柱净化，采用配有电喷雾离子源的液相色谱-串联四极杆质谱仪测定。该法检出限：土霉素、四环素为 0.01mg/kg；金霉素、强力霉素为 0.02mg/kg。

③　DB33T 691—2008 水产品中土霉素、四环素、金霉素、强力霉素残留量的测定——高效液相色谱荧光检测法，适用于水产品中土霉素、四环素、金霉素、强力霉素残留量的测定。样品经柠檬酸缓冲液提取，正己烷脱脂，Oasis HLB 固相萃取柱净化，以咪唑缓冲溶液-甲醇为流动相，用高效液相色谱荧光检测器检测，外标法定量。本方法检出限为土霉素 0.01mg/kg，四环素 0.01mg/kg，金霉素 0.03mg/kg，强力霉素 0.03mg/kg。

项目五　测定食品中氯霉素残留

一、案例

氯霉素是一种广谱抗生素，由于其具有效果好以及价格低廉等优点被普遍应用于各类家禽、家畜、水产品等的各种传染性疾病的治疗。然而食品中氯霉素残留会抑制人体骨髓的造血功能，引起再生障碍性贫血和粒细胞缺乏症，低浓度的药物残留还会诱发致病菌的耐药性，如果长期微量摄入含有氯霉素残留的食物，不仅能使大肠杆菌、沙门菌等菌株产生耐药性，而且能使机体正常菌群失调，从而感染各种疾病。

二、选用的国家标准

GB/T 9695.32—2009 肉与肉制品氯霉素含量的测定——气相色谱-质谱法。

三、测定方法

1. 提取

称取 10.00g 样品于 50mL 具塞离心管中，加入少量无水硫酸钠和 30mL 乙酸乙酯，均质 1min，以 5000r/min 离心 5min，用吸管吸出上层乙酸乙酯转移至浓缩瓶中，残渣用 15mL 乙酸乙酯再提取一次，合并提取液，提取液在 50℃ 水浴中旋转蒸发，除去乙酸乙酯，加入 1mL 甲醇-氯化钠溶液和 4mL 正己烷，充分振摇后，移至 10mL 具塞离心管中，用 1mL 甲醇-氯化钠清洗浓缩瓶，合并清洗液于 10mL 具塞离心管中，涡旋 0.5min，于 3000r/min 离心 3min 后，用吸管吸去正己烷，加入 4mL 正己烷重复上述操作。然后在离心管中加入 4mL 乙酸乙酯，涡旋 1min，经 3000r/min 离心 3min 后，用吸管吸去乙酸乙酯，加入 4mL 乙酸乙酯重复上述操作。合并乙酸乙酯于浓缩瓶中，在 50℃ 水浴中旋转蒸发，至近干，用 5mL 水溶解残渣。

2. 净化与衍生化

依次用 5mL 甲醇、5mL 三氯甲烷、5mL 甲醇、5mL 水活化 C_{18} 固相萃取柱，然后加上述提取液，加 5mL 甲醇＋水（2＋8）淋洗色谱柱，用 25mL 甲醇洗脱于浓缩瓶中，洗脱液在 50℃水浴中浓缩至近干，用 100μL 甲醇溶解残渣。转移至 10mL 具塞离心管中，再用甲醇冲洗浓缩瓶，合并洗液，于 50℃下用氮气吹干。

在吹干的试样残渣中加入 100μL 甲苯和 100μL 混合衍生剂，盖紧塞后，涡旋混匀 1min，60℃下反应 30min，于 50℃下用氮气吹干，用 1mL 正己烷溶解残渣。

标准工作液和空白液（除不称取试样外）按照上述步骤衍生化。

3. 测定

（1）气相色谱-质谱条件

① 色谱柱：DB-5MS 石英毛细管柱，30m×0.25mm（内径）×0.25μm，或相当者。

② 色谱柱温度：初始 55℃保持 1min，以 25℃/min 升至 280℃，保持 6min。

③ 进样口温度：250℃。

④ 进样量：1.0μL。

⑤ 进样方式：不分流进样，保持 1min。

⑥ 载气：氦气，纯度≥99.999%。

⑦ 流速：1.65mL/min。

⑧ 接口温度：280℃。

⑨ 离子源：NCI 源，70eV。

⑩ 溶剂延迟：7min。

⑪ 离子源温度：150℃。

⑫ 反应气：甲烷，纯度≥99.99%。

⑬ 选择离子检测：见表 13-3。

表 13-3　选择离子检测

保留时间/min	目标物	检测离子 m/z
12.58	CAP-TMS	466,468,376,378

（2）定性测定　进行试样测定时，如果检出色谱峰的保留时间与标准物质相一致，并且在扣除背景后的样品质谱图中，所选择的离子均出现，而且所选择的离子比与标准物质衍生物的离子比相一致（各相关离子比在相关标准品的 10% 之内），则可判断样品中存在氯霉素。

（3）定量测定　吸取 1μL 衍生的试样液、标准液或空白液注入气相色谱-质谱联用仪中，以 m/z 466 为定量离子，标准工作液氯霉素的浓度为横坐标，峰面积为纵坐标，绘制标准曲线。根据试样液的峰面积，从标准曲线上查出对应的氯霉素浓度值。用标准工作曲线对试样进行定量，样品溶液中氯霉素衍生物的响应值均应在仪器测定的线性范围内。

在上述色谱条件下，氯霉素衍生物的参考保留时间为 12.58min。

4. 结果计算

$$X = \frac{(c - c_0) \times V \times 10^{-3}}{m \times 10^{-3}}$$

式中　X——试样中氯霉素的含量，μg/kg；

　　　c——从标准工作曲线上查到的试样液中氯霉素的浓度，ng/mL；

　　　c_0——从标准工作曲线上查到的空白液中氯霉素的浓度，ng/mL；

V——试样溶液的定容体积，mL；

m——试样的质量，g。

5. 试剂

① 氯霉素（CAP）标准物质：纯度≥99％。

② 甲醇：色谱纯。

③ 三氯甲烷。

④ 正己烷：色谱纯。

⑤ 乙酸乙酯。

⑥ 无水硫酸钠。

⑦ 氯化钠。

⑧ N,O-双(三甲基硅烷)三氟乙酰胺(BSTFA)。

⑨ 三甲基氯硅烷（TMCS）。

⑩ 丙酮：色谱纯。

⑪ 甲苯。

⑫ 甲醇＋水溶液（2＋8）。

⑬ 氯化钠溶液（40g/L）。

⑭ 甲醇-氯化钠溶液：量取甲醇溶液20mL、氯化钠溶液80mL，混匀。

⑮ 混合衍生化试剂：N,O-双三甲基硅烷三氟乙酰胺＋三甲基氯硅烷（99＋1）。

⑯ 氯霉素标准储备液：准确称取适量氯霉素标准品（精确到0.1mg），以甲醇配制成浓度为100μg/mL的标准储备液。

⑰ 氯霉素标准工作溶液：根据需要，用丙酮稀释标准储备液，配成适当浓度的标准工作溶液。

6. 仪器

① 气相色谱-质谱联用仪。

② 均质器。

③ 固相萃取装置。

④ 振荡器。

⑤ 旋转蒸发仪。

⑥ 漩涡混合器。

⑦ 离心机。

⑧ 恒温箱。

⑨ 氮吹仪。

⑩ 具塞离心管。

⑪ C_{18}固相萃取柱或相当者：200mg，3mL。

四、相关知识

食品中氯霉素残留的测定——气相色谱-质谱法原理

样品中氯霉素用乙酸乙酯提取，正己烷除去脂肪，经C_{18}净化，以N,O-双三甲基硅烷三氟乙酰胺-三甲基氯硅烷（BSTFA＋TMCS，99＋1）衍生化，用负离子化学源NCI源选择m/z为466的特征离子为目标离子，在SIM模式下测定。

本法摘自GB/T 9695.32—2009，适用于禽畜肉中氯霉素残留的测定，该方法测定低限为：氯霉素 0.2μg/kg。

五、测定食品中氯霉素残留的方法

（一）食品中氯霉素的限量

1999 年 9 月我国农业部发布了《动物性食品中兽药最高残留限量》，规定了氯霉素在所有食品动物的可食用组织中不得检出。2002 年 3 月被我国农业部关于发布《食品动物禁用的兽药及其化合物清单》列为禁止使用的抗生素。欧盟、美国等国家规定动物源性食品中氯霉素的残留限量标准为"零容许量"，即不得检出。

（二）测定氯霉素残留的方法

① 酶联免疫法。采用间接竞争 ELISA 筛选法，在酶标板微孔条上包被偶联抗原，样本中残留的氯霉素和微孔条上包被的偶联抗原竞争抗氯霉素抗体，加入酶标二抗后，加入底物显色，样本吸光度值与其残留物氯霉素的含量成负相关，与标准曲线比较再乘以其对应的稀释倍数，即可得出样品中氯霉素的含量。该方法测定低限为氯霉素 0.05μg/kg。

② GB/T 22338—2008 动物源性食品中氯霉素类药物残留量测定——气相色谱-质谱法和液相色谱-质谱法测定水产品、畜禽产品和畜禽副产品中氯霉素、氟甲砜霉素和甲砜霉素残留量。气相色谱-质谱法是样品用乙酸乙酯提取，4%氯化钠溶液和正己烷溶液-液分配净化，再经弗罗里硅土（Florisil）柱净化后，以甲苯为反应介质，用 N,O-双（三甲基硅烷）三氟乙酰胺-三甲基氯硅烷（BSTFA＋TMCS，99＋1）于 70℃硅烷化，用气相色谱/负化学电离源质谱测定，内标工作曲线法定量。该方法测定低限为氯霉素 0.1μg/kg，氟甲砜霉素和甲砜霉素 0.5μg/kg。液相色谱-质谱法是针对不同动物源性食品中氯霉素、氟甲砜霉素和甲砜霉素残留量，分别采用乙腈、乙酸乙酯-乙醚或乙酸乙酯提取，提取液用固相萃取柱进行净化，液相色谱-质谱/质谱仪进行测定，氯霉素采用内标法定量，氟甲砜霉素和甲砜霉素采用外标法定量。该方法对氯霉素的测定低限为 0.1μg/kg；氟甲砜霉素和甲砜霉素为 0.1μg/kg。

项目六　测定食品中磺胺类药物残留

一、案例

磺胺类药物是一类应用最早的人工合成抗菌药物，能抑制革兰阳性菌及一些阴性菌，可以治疗多种细菌感染，具有抗菌谱广、疗效强等优点。磺胺类药物特别是磺胺嘧啶、磺胺甲基嘧啶、磺胺二甲氧嘧啶、磺胺甲基异噁唑等作为饲料添加剂或动物疫病治疗药物被广泛应用。然而磺胺类药物在体内作用时间和代谢时间较长，过量使用必会导致磺胺类药物在食用动物产品中的蓄积。食品磺胺类药物残留，可引起过敏、中毒和导致耐药性菌的产生，它还能引起造血系统障碍，发生急性溶血性贫血、粒细胞缺乏症、再生障碍性贫血等。

二、选用的标准

农业部 1025 号公告-7—2008 动物性食品中磺胺类药物残留检测——酶联免疫吸附法。

三、测定方法

1. 样品的制备与保存

取新鲜或解冻的空白或供试动物组织，剪碎，置于组织匀浆机中高速匀浆。取鸡蛋去除壳后用均质器 500r/min 匀浆 20s，使蛋清和蛋黄充分混合。将已制备的样品在－20℃冰箱中储存备用。

2. 提取

称取样品 (2.00±0.02)g 于 50mL 离心管中，加乙腈 8mL，振荡 20min，4000r/min 离心 5min；分取上清液 2.5mL 于 10mL 离心管中，于 50℃ 水浴下用氮气吹干；加正己烷 1mL，涡动 20s 溶解残留物，再加缓冲液工作液 1mL，涡动 1min，4000r/min 离心 10min，取下层水相 20μL 分析。

3. 测定

① 使用前将试剂盒于室温（19～25℃）下放置 1～2h。

② 每个标准溶液和试样溶液按两个或两个以上平行计算，将所需数目的酶标板条插入板架。

③ 加系列标准溶液或试样液 20μL 于对应的微孔中，随即加酶标记物工作液 50μL/孔，再加磺胺类药物抗体工作液 80μL/孔，轻轻振荡混匀，用盖板膜盖板，置 25℃ 避光反应 60min。

④ 倒出微孔中的液体，将酶标板倒置在吸水纸上拍打，以保证完全除去孔中的液体。再加洗涤工作液 250μL/孔，重复操作两遍以上（或用洗板机洗涤）。

⑤ 加底物液 A 液和 B 液各 50μL/孔，轻轻振荡混匀，用盖板膜盖板，室温下避光反应 30min。

⑥ 加终止液 50μL/孔，轻轻振荡混匀，置酶标仪于 450nm 波长处测量吸光度值。

4. 结果判定和表述

用所获得的标准溶液和试样溶液吸光度值的比值进行计算。

$$相对吸光度值（\%）=\frac{B}{B_0}\times100\%$$

式中　B——标准（试样）溶液的吸光度值；

　　　B_0——空白（浓度为 0 的标准溶液）的吸光度值。

将计算的相对吸光度值（％）对应磺胺类药物标准品浓度（μg/L）的自然对数作半对数坐标系统曲线图，对应的试样浓度可从校正曲线算出。

方法筛选结果为阳性的样品，需要用确证的方法进行确证。

5. 竞争物的交叉反应率

见表 13-4。

表 13-4　竞争物的交叉反应率

竞　争　物	交叉反应率/%	竞　争　物	交叉反应率/%
磺胺二甲嘧啶	100	磺胺噻唑	<1
磺胺二甲氧嘧啶	23	磺胺吡啶	<1
磺胺二甲基嘧啶	12	磺胺喹鰠啉	<1
磺胺嘧啶	<1	磺胺间甲氧嘧啶	<1
磺胺甲基异鰠唑	<1		

6. 试剂

① 乙腈。

② 正己烷。

③ 十二水合磷酸氢二钠。

④ 二水合磷酸氢二氢钾。

⑤ 氯化钠。

⑥ 氯化钾。

⑦ 磺胺类药物快速检测试剂盒：2～8℃保存。

　　a. 系列标准工作溶液：0、1μg/L、3μg/L、9μg/L、27μg/L、81μg/L。

　　b. 包被有磺胺类药物偶联抗原的 96 孔板，12×8 孔。

　　c. 磺胺类药物抗体工作液。

　　d. 酶标记物工作液。

　　e. 底物液 A 液。

　　f. 底物液 B 液。

　　g. 终止液。

　　h. 20 倍浓缩洗涤液。

　　i. 20 倍浓缩缓冲液。

⑧ 洗涤工作液：用水将 20 倍浓缩洗涤液按 1∶19 的体积比进行稀释（1 份 20 倍浓缩洗涤液＋19 份水），用于酶标板的洗涤。2～8℃保存，有效期 1 个月。

⑨ 缓冲工作液：用水将 20 倍浓缩缓冲液按 1∶19 的体积比进行稀释（1 份 20 倍浓缩洗涤液＋19 份水），用于酶标板的洗涤。2～8℃保存，有效期 1 个月。

7. 仪器

① 酶标仪（配备有 450nm 滤光片）。

② 氮气吹干装置。

③ 均质器。

④ 振荡器。

⑤ 离心机。

⑥ 天平（感量 0.01g）。

⑦ 微量移液器（单道 20～200μL、100～1000μL；多道 250μL）。

四、相关知识

动物性食品中磺胺类药物残留测定——酶联免疫吸附法原理

　　本方法是基于抗原抗体反应进行竞争抑制测定。酶标板的微孔包被有偶联抗原，加标准品或待测样品，再加磺胺类药物单克隆抗体和酶标记物。包被抗原与加入的标准品或待测样品竞争抗体，酶标记物与抗体结合。通过洗涤除去游离的抗原、抗体及抗原抗体复合物。加入底物液，使结合到板上的酶标记物将底物转化为有色产物。加终止液，在 450nm 处测定吸光度值，吸光度值与试样中磺胺类药物浓度的自然对数成反比。

　　本法摘自农业部 1025 号公告-7—2008 动物性食品中磺胺类药物残留检测酶联免疫吸附法，适用于猪肌肉、猪肝脏、鸡肌肉、鸡肝脏和鸡蛋中磺胺二甲嘧啶、磺胺二甲氧嘧啶、磺胺二甲基嘧啶残留量的检测，检测限为 2.0μg/kg。

五、测定食品中磺胺类药物残留的方法

（一）食品中磺胺类药物的限量

　　各国对动物性食品中的磺胺都有严格的要求，比如联合国兽药法典委员会、欧盟、日本及我国等多数国家规定动物性食品中磺胺类药物总量及磺胺二甲基嘧啶等单个药物的含量不得超过 0.1mg/kg。

（二）测定磺胺类药物残留的方法

① 液相色谱-质谱/质谱法检测动物源性食品中磺胺类药物残留。本法摘自 GB/T

21316—2007，适用于动物源食品中磺胺类药物的多残留量的检验。组织样品经乙酸乙酯提取、液液分配和固相萃取净化后，用液相色谱-串联质谱检测，用外标法定量。本方法磺胺类药物检测限为 0.5μg/kg。

② SNT 2312—2009 进出口乳及乳制品中磺胺类药物残留量测定方法——放射受体分析法。对鲜乳和乳粉中磺胺嘧啶、磺胺甲基嘧啶、磺胺二甲基嘧啶等十多种磺胺类药物残留的测定，检测的基础是竞争性免疫受体反应。[³H] 标记的磺胺二甲基嘧啶和样品中残留的磺胺类药物与微生物细胞上的特异性受体竞争性结合。用液体闪烁计数仪测定样品中 [³H] 含量的计数值（cpm）。计数值与样品中磺胺类药物残留量成反比。该方法的测定低限是以磺胺二甲嘧啶计磺胺类药物总量，鲜乳 10μg/kg，乳粉 20μg/kg。

③ GB/T 19542—2007 饲料中磺胺类药物的测定——高效液相色谱法，用高效液相色谱仪测定了饲料中的磺胺类药物，试样中磺胺类药物经乙腈振荡提取后，用碱性氧化铝小柱净化注入高效液相色谱仪反相色谱系统中进行分离，用紫外检测器或二极管矩阵检测器检测，外标法计算磺胺类药物的含量。该方法的测定低限是磺胺嘧啶、磺胺间甲氧嘧啶 5mg/kg，磺胺二甲基嘧啶、磺胺甲噁唑、磺胺喹噁啉 2mg/kg。

思　考　题

1. 简述有机磷农药残留的测定原理、步骤。
2. 简述有机氯、拟除虫菊酯农药残留的测定原理、步骤。
3. 氨基甲酸酯类农药残留的测定方法有哪些？
4. 高效液相色谱法测定四环素族药物残留的原理及步骤是什么？
5. 检测食品中氯霉素残留的方法有哪些？

任务十四　测定食品中的毒素（天然毒素）和激素

【技能目标】

1. 会测定贝类产品中麻痹性贝类毒素的含量。
2. 会测定粮食样品中黄曲霉毒素 B_1 的含量。
3. 会测定动物性食品中克伦特罗残留量。
4. 会测定食品中己烯雌酚的残留量。

【知识目标】

明确食品中毒素和激素的测定原理。

项目一　测定贝类食品中麻痹性贝类毒素（PSP）

一、案例

麻痹性贝类是指以石房蛤毒素为代表的，摄食后能产生麻痹作用的存在于贝类体内的海洋生物性毒性物质的总称。麻痹性贝类毒素是一种神经毒素，能阻断神经细胞钠离子通道，对人体神经系统产生麻痹作用，麻痹性贝类毒素很少量时就对人类产生高度毒性，是低分子毒物中毒性较强的一种。主要表现为摄取有毒贝类后 15min 到 2～3h，人出现唇、手、足和面部的麻痹，接着出现行走困难、呕吐和昏迷，严重者常在 2～12h 之内死亡。

二、选用的国家标准

GB/T 5009.213—2008 贝类中麻痹性贝类毒素的测定。

三、测定方法

1. 试样制备

（1）牡蛎、蛤、贻贝、扇贝等　用清水洗净贝类外壳，切断闭壳肌，开壳，用清水淋洗内部，除去泥沙及其他外来杂质，仔细取出贝肉，勿割破肉体，开壳前不使用麻醉剂或加热。收集约 200g 肉沥水 5min，避免贝肉堆积，拣出碎壳等杂物，贝肉均质。

（2）冷冻贝类　室温下将样品自然融化，其余操作同上。

（3）贝类罐头　将罐内所有内容物（包括贝肉和汁液）倒入均质器中均质，大容量罐头可以过滤贝肉，分别称重，然后将固形物和汁液按比例混匀，充分均质。

（4）干贝类　等体积 0.18mol/L 盐酸溶液浸泡 24～48h（4℃冷藏），按照上法沥干，分别存放贝肉和酸液备用。

2. 保存

样品不能及时送检，可以取 200g 样品用 200mL 0.18mol/L 盐酸浸泡，4℃冷藏保存。

3. 麻痹性贝类毒素（PSP）标准品对照试验

略。

4. 试样提取

① 将 100g 处理后的样品于 800mL 烧杯中，加 0.18mol/L HCl 溶液 100mL，充分搅拌，均质，调 pH 值于 2.0～4.0，需要时可以用 5mol/L HCl 或 0.1mol/L NaOH 逐滴滴加，并不断搅拌，防止毒素被破坏。

② 混合物加热，徐徐煮沸 5min，室温冷却后倒入 200mL 量筒中，调 pH 值于 2.0～4.0，pH 值勿大于 4.5，稀释至 200mL。

③ 混合物倒回烧杯中，搅拌均匀，自然沉降至上清液半透明，直至不阻塞针头为止，必要时可以用 3000r/min 离心上清液或混合物 5min。

5. 小鼠试验

① 取 19.0～21.0g 健康雄性小鼠 6 只，称重并记录体重，分空白组和实验组，每组 3 只。

② 对每只实验组小鼠腹腔注射 1mL 提取液，注射时若有一滴以上提取液溢出，须将该小鼠丢弃，并重新注射 1 只小鼠。

③ 记录注射完毕时间，仔细观察并用秒表记录小鼠停止呼吸时的死亡时间（到小鼠呼出最后一口气时）。

④ 若小鼠死亡时间小于 5min，则要稀释样品提取液后，注射另一组 3 只小鼠，得到 5～7min 的死亡时间，稀释提取液时，要逐滴加入 0.1mol/L 或 0.01mol/L HCl，调节 pH 值至 2.0～4.0。注射样品后，有 1 只或 2 只小鼠的死亡时间大于 7min，则需要注射至少 3 只小鼠以确定样品的毒力。

6. 结果计算与判断

（1）待测样品校正鼠单位（CMU）的确定　根据待测样品的小鼠死亡时间，在表 14-1PSP 死亡时间-鼠单位的关系中，查出相应的鼠单位；再根据小鼠的质量，在表 14-2 小鼠体重校正表中查出质量校正系数，同一只小鼠的鼠单位（MU）与质量校正系数之积，即该小鼠的 CMU。选取检测样品受试组中 3 只小鼠 CMU 的中位数，即为该样品受试组的中位数。

（2）PSP 的计算与结果陈述

① PSP 结果计算：

$$X = CMU_1 \times CF \times DF \times 200$$

式中　X——每 100g 样品中 PSP 的含量，$\mu g/100g$；

　CMU_1——检测样品受试组小鼠的中位数校正鼠单位；

　　CF——毒素转换系数；

　　DF——稀释倍数；

　200——样品提取液的体积，mL。

② PSP 毒力结果表述：若空白对照组小鼠正常，则报告待测样品中 PSP 含量为：$\times\times\times\mu g/100g$。

（3）MU 毒力的计算与结果陈述　对于取得麻痹性贝类毒素标准品有困难的实验室可以按照下式，使用鼠单位 MU 对检验结果进行计算。

① MU 毒力计算：

$$Y = CMU_1 \times DF \times 200$$

式中　Y——每 100g 样品的 MU 值，MU/100g。

其余同上式。

② MU 毒力与结果表述：空白组正常情况下表述如下。

若小鼠死亡时间大于 60min，则待测样品的鼠单位即小于 0.875MU/g。

若小鼠死亡时间小于 5min，则应对样品提取液稀释后，注射另一组 3 只小鼠，直到得到中位数死亡时间在 5～7min 为止，根据最后的稀释实验结果计算样品的鼠单位毒力，报告该样品的鼠单位为×××MU/100g。

若实验组中位数死亡时间大于 7min，则直接计算确定样品鼠单位毒力，报告该样品的鼠单位为×××MU/100g。

若实验组中所有小鼠在 15min 内无死亡，则报告该样品鼠单位小于 400MU/100g。

7. 试剂

① 0.18mol/L 盐酸：15mL 浓盐酸稀释至 1L。

② 5mol/L 盐酸：41.7mL 浓盐酸稀释至 100mL。

③ 0.1mol/L 氢氧化钠溶液：4.0g 氢氧化钠溶于 1L 水。

④ PSP 毒素（saxitoxin）标准溶液（10μg/mL）：20％乙醇溶液，用 5mol/L 盐酸调节 pH 值至 2.0～4.0，用该液配制 PSP 标准溶液。

⑤ 小鼠：体重在 19～21g 的雄性小鼠。

⑥ 蒸馏水（pH＝3）：用盐酸调。

8. 仪器

① 均质器。

② 离心机。

③ 天平。

④ 注射器。

⑤ 电炉。

⑥ 秒表。

⑦ 玻璃器皿。

四、相关知识

（一）贝类中麻痹性贝类毒素的测定——生物法原理

根据小鼠注射贝类提取液后死亡的时间，查出鼠单位，并按小鼠体重，查表校正鼠单位，计算确定每 100g 贝类肉内的 PSP 含量，所测结果代表存在于该贝肉内各种化学结构的 PSP 总量。

本法摘自 GB/T 5009.213—2008，适用于贝类及其制品中 PSP 的检测。

（二）注意事项

① 鼠单位（MU）：对体重 20g 的雄性小鼠腹腔注射 1mL 麻痹性贝类毒素提取液，使其在 15min 内死亡所需最小毒素量。

② 毒素对人体有害，应该在有保护的情况下进行操作，所用玻璃实验室仪器应该用 5％次氯酸钠溶液浸泡 1h，使毒素分解；废弃提取液也需用 5％次氯酸钠处理。

③ PSP 死亡时间与 MU 的关系：见表 14-1。

表 14-1　PSP 死亡时间与 MU 的关系

t	MU	t	MU	t	MU	t	MU
1：00	100	3：00	3.70	4：55	1.96	9：30	1.13
1：10	66.2	3：05	3.57	5：00	1.96	10：00	1.11
1：15	38.3	3：10	3.43	5：05	1.89	10：30	1.09
1：20	26.4	3：15	3.31	5：10	1.86	11：00	1.075
1：25	20.7	3：20	3.19	5：15	1.83	11：30	1.06
1：30	16.5	3：25	3.08	5：20	1.80	12：00	1.05
1：35	13.9	3：30	2.98	5：30	1.74	13：00	1.03
1：40	11.9	3：35	2.88	5：40	1.69	14：00	1.015
1：45	10.4	3：40	2.79	5：45	1.67	15：00	1.000
1：50	9.33	3：45	2.71	5：50	1.64	16：00	0.99
1：55	8.42	3：50	2.63	6：00	1.60	17：00	0.98
2：00	7.67	3：55	2.56	6：15	1.54	18：00	0.972
2：05	7.04	4：00	2.50	6：30	1.48	19：00	0.965
2：10	6.52	4：05	2.44	6：45	1.43	20：00	0.96
2：15	6.06	4：10	2.38	7：00	1.39	21：00	0.954
2：20	5.66	4：15	2.32	7：15	1.35	22：00	0.948
2：25	5.32	4：20	2.26	7：30	1.31	23：00	0.942
2：30	5.00	4：25	2.21	7：45	1.28	24：00	0.937
2：35	4.73	4：30	2.16	8：00	1.25	25：00	0.934
2：40	4.48	4：35	2.12	8：15	1.22	30：00	0.917
2：45	4.26	4：40	2.08	8：30	1.20	40：00	0.898
2：50	4.06	4：45	2.04	8：45	1.18	60：00	0.875
2：55	3.88	4：50	2.00	9：00	1.16		

④ 小鼠体重的校正：见表 14-2。

表 14-2　小鼠体重的校正

小鼠质量/g	MU	小鼠质量/g	MU	小鼠质量/g	MU	小鼠质量/g	MU
10	0.50	13.5	0.70	17	0.88	20.5	1.015
10.5	0.53	14	0.73	17.5	0.905	21	1.03
11	0.56	14.5	0.76	18	0.93	21.5	1.04
11.5	0.59	15	0.785	18.5	0.95	22	1.05
12	0.62	15.5	0.81	19	0.97	22.5	1.06
12.5	0.65	16	0.84	19.5	0.985	23	1.07
13	0.675	16.5	0.86	20	1.000		

五、测定食品中麻痹性贝类毒素的方法

（一）进出口贝类中麻痹性贝类毒素的检测方法

本法摘 SN/T 1773—2006 酶联免疫吸附试验法测定贝类中麻痹性贝类毒素，适用于双壳类贝肉、贝柱和其他可食用部分麻痹性贝类毒素的筛选检测。称取一定质量的试样，用 0.1mol/L 盐酸提取麻痹性贝类毒素。基于竞争性酶联免疫吸附试验反应，游离麻痹性贝类毒素与麻痹性贝类毒素酶标记物竞争麻痹性贝类毒素抗体，同时，麻痹性贝类毒素抗体与捕捉抗体连接，没有被结合的酶标记物在洗涤步骤中被除去，结合的酶标记物将无色的发色剂转化为蓝色的产物。加入反应停止液 1mol/L 硫酸后使颜色由蓝色转为黄色。在 450nm 波长处用酶标仪测量微孔溶液的吸光度值，样品中的麻痹性贝类毒素与吸光度值成反比。按绘

制的校正曲线定量计算。该方法检出低限为 $50\mu g/kg$。

（二）高效液相色谱法测定贝类产品中麻痹性贝类毒素

本法摘自 SN/T 1735—2006 进出口贝类产品中麻痹性贝类毒素检验方法，适用于贝类产品中麻痹性贝类毒素的检验。试样中的麻痹性贝类毒素用 0.1mol/L 的盐酸提取，离心后，将上清液过 C_{18} 固相萃取柱净化，再经过 10000D 的超滤离心管过滤，滤液用高效液相色谱进行分离，经在线柱后衍生反应后，进行荧光检测，用外标法定量。

任何麻痹性贝类毒素含量值超过 $800\mu g/kg$ 即被认为是有害的。麻痹性贝类毒素通过食物链累积在贝类食品中，严重威胁着消费者的身体健康和生命安全，并阻碍着贝类经济贸易的发展。

项目二　测定食品中的黄曲霉毒素

一、案例

黄曲霉毒素是一类真菌（如黄曲霉和寄生曲霉）的有毒的代谢产物，是一种毒性极强的剧毒物质。黄曲霉毒素 B_1 的半数致死量为 $0.36mg/kg$（体重），属特剧毒的毒物。它的毒性比氰化钾大 10 倍，比砒霜大 68 倍。它引起人的中毒主要是损害肝脏，发生肝炎、肝硬化、肝坏死等。黄曲霉毒素是目前发现的最强的致癌物质，其致癌力是奶油黄的 900 倍，比二甲基亚硝胺诱发肝癌的能力大 75 倍，比 3,4-苯并芘大 4000 倍，它主要诱使动物发生肝癌，也能诱发胃癌、肾癌、直肠癌及乳腺、卵巢、小肠等部位的癌症，1993 年黄曲霉毒素被世界卫生组织（WHO）的癌症研究机构划定为 1 类致癌物。黄曲霉毒素主要污染粮油及粮油制品，如花生、花生油、大豆、高粱、玉米、小麦、大米等，也可以广泛污染其他各类食品，如蛋类、乳及乳制品。在各类黄曲霉毒素中，以 B_1 分布最广，毒性最大，致癌性最强，因此食品中黄曲霉毒素含量以黄曲霉素 B_1 为主要指标。

二、选用的国家标准

GB/T 5009.22—2003 食品中黄曲霉毒素 B_1 的测定——薄层色谱法。

三、测定方法

1. 取样

试样中污染黄曲霉毒素 B_1 的霉粒一粒左右可以测定结果。由于有毒霉粒的比例小，且分布不均匀，为避免取样带来的误差，应大量取样，并将该大量试样粉碎，混合均匀，才有可能得到确切能代表一批试样的相对可靠的结果，因此采样应注意以下几点。

① 根据规定采取有代表性试样。

② 对局部发霉变质的试样检验时，应单独取样。

③ 每份分析测定用的试样应从大样经粗碎并连续多次用四分法缩减至 $0.5\sim1kg$，然后全部粉碎。粮食试样全部通过 20 目筛，混匀。花生试样全部通过 10 目筛，混匀。或将好、坏分别测定，再计算其含量。花生油和花生酱等试样不需制备，但取样时应搅拌均匀。必要时，每批试样可采取 3 份大样作试样制备及分析测定用，以观察所采试样是否具有一定的代

表性。

2. 提取

（1）玉米、大米、麦类、面粉、薯干、豆类、花生、花生酱等。

① 甲法　称取 20.00g 粉碎过筛试样（面粉、花生酱不需粉碎），置于 250mL 具塞锥形瓶中，加 30mL 正己烷或石油醚和 100mL 甲醇水溶液，在瓶塞上涂上一层水，盖严防漏。振荡 30min，静置片刻，以折叠式的快速定性滤纸过滤于分液漏斗中，待下层甲醇水溶液分清后，放出甲醇水溶液于另一具塞锥形瓶内。取 20.00mL 甲醇水溶液（相当于 4g 试样）置于另一 125mL 分液漏斗中，加 20mL 三氯甲烷，振摇 2min，静置分层，如出现乳化现象可滴加甲醇促使分层。放出三氯甲烷层，经盛有约 10g 预先用三氯甲烷润湿的无水硫酸钠的定量慢速滤纸过滤于 50mL 蒸发皿中，再加 5mL 三氯甲烷于分液漏斗中，重复振摇提取，三氯甲烷层一并滤于蒸发皿中，最后取少量洗过滤器，洗液并于蒸发皿中。将蒸发皿放在通风柜于 65℃ 水浴上通风挥干，然后放在冰盒上冷却 2～3min 后，准确加入 1mL 苯-乙腈混合液（或将三氯甲烷用浓缩蒸馏器减压吹气蒸干后，准确加入 1mL 苯-乙腈混合液）。用带橡胶皮头的滴定管的管尖将残渣充分混合，若有苯的结晶析出，将蒸发皿从冰盒上取出，继续溶解、混合，晶体即消失，再用此滴管吸取上清液转移于 2mL 具塞试管中。

② 乙法（限于玉米、大米、小麦及其制品）　称取 20.00g 粉碎过筛试样于 250mL 具塞锥形瓶中，用滴管滴加约 6mL 水，使试样润湿，准确加入 60mL 三氯甲烷，振荡 30min，加 12g 无水硫酸钠，振摇后，静置 30min，用折叠式的快速定性滤纸过滤于 100mL 具塞锥形瓶中。取 12mL 滤液（相当于 4g 试样）于蒸发皿中，在 65℃ 水浴上通风挥干，准确加入 1mL 苯-乙腈混合液，以下按"甲法"自"用带橡胶皮头的滴定管的管尖将残渣充分混合……"起依法操作。

（2）花生油、香油、菜油等　称取 4.00g 试样置于小烧杯中，用 20mL 正己烷或石油醚将试样移于 125mL 分液漏斗中。用 20mL 甲醇水溶液分次洗烧杯，洗液一并移入分液漏斗中，振摇 2min，静置分层后，将下层甲醇水溶液移入第二个分液漏斗中，再用 5mL 甲醇水溶液重复振摇提取一次，提取液一并移入第二个分液漏斗中，在第二个分液漏斗中加入 20mL 三氯甲烷，以下按"甲法"自"振摇 2min，静置分层……"起依法操作。

（3）酱油、醋　称取 10.00g 试样于小烧杯中，为防止提取时乳化，加 0.4g 氯化钠，移入分液漏斗中，用 15mL 三氯甲烷分次洗涤烧杯，洗液并入分液漏斗中。以下按"甲法"自"振摇 2min，静置分层……"起依法操作，最后加入 2.5mL 苯-乙腈混合液，此溶液每毫升相当于 4g 试样。

或称取 10.00g 试样，置于分液漏斗中，再加 12mL 甲醇（以酱油体积代替水，故甲醇与水的体积比仍约为 55∶45），用 20mL 三氯甲烷提取，以下按"甲法"自"振摇 2min，静置分层……"起依法操作，最后加入 2.5mL 苯-乙腈混合液。此溶液每毫升相当于 4g 试样。

（4）干酱类（包括豆豉、腐乳制品）　称取 20.00g 研磨均匀的试样，置于 250mL 具塞锥形瓶中，加入 20mL 正己烷或石油醚与 50mL 甲醇水溶液。振荡 30min，静置片刻，以折叠式快速定性滤纸过滤，滤液静置分层后，取 24mL 甲醇水层（相当于 8g 试样，其中包括 8g 干酱类本身约含有 4mL 水的体积在内）置于分液漏斗中，加入 20mL 三氯甲烷，以下按"甲法"自"振摇 2min，静置分层……"起依法操作，最后加入 2mL 苯-乙腈混合液。此溶液每毫升相当于 4g 试样。

（5）发酵酒类　同（3）处理方法，但不加氯化钠。

3. 测定

（1）单向展开法

① 薄层板的制备 称取约 3g 硅胶 G，加相当于硅胶量 2～3 倍左右的水，用力研磨 1～2min 至成糊状后立即倒于涂布器内，推成 5cm×20cm，厚度约为 0.25mm 的薄层板三块。在空气中干燥约 15min 后，在 100℃ 活化 2h，取出，放入干燥器中保存。一般可保存 2～3 天，若放置时间较长，可再活化后使用。

② 点样 将薄层板边缘附着的吸附剂刮净，在距薄层板下端 3cm 的基线上用微量注射器或血色素吸管滴加样液。一块板可滴加 4 个点，点距边缘和点间距约为 1cm，点直径约为 3mm。在同一块板上滴加的大小应一致，滴加时可用吹风机用冷风边吹边滴加。滴加样式如下。

第一点：10μL 黄曲霉毒素 B_1 标准使用液 （0.04μg/mL）。

第二点：20μL 样液。

第三点：20μL 样液＋10μL 0.04μg/mL 黄曲霉毒素 B_1 标准使用液。

第四点：20μL 样液＋10μL 0.2μg/mL 黄曲霉毒素 B_1 标准使用液。

③ 展开与观察 在展开槽内加 10mL 无水乙醚，预展 12cm，取出挥干。再于另一展开槽内加 10mL 丙酮-三氯甲烷 （8＋92），展开 10～12cm，取出。在紫外线下观察结果，方法如下。

由于样液点上加滴黄曲霉毒素 B_1 标准使用液，可使黄曲霉毒素 B_1 标准点与样液中的黄曲霉毒素 B_1 荧光点重叠。如样液为阴性，薄层板上的第三点中黄曲霉毒素 B_1 为 0.0004μg，可用作检查在样液内黄曲霉毒素 B_1 最低检出量是否正常出现；如为阳性，则起定性作用。薄层板上的第四点中黄曲霉毒素 B_1 为 0.002μg，主要起定位作用。

若第二点在与黄曲霉素标准点的相应位置上无蓝紫色荧光点，表示试样中黄曲霉毒素 B_1 含量在 5μg/kg 以下；如在相应位置上有蓝紫色荧光点，则需进行确证试验。

④ 确证试验 为了证实薄层板上样液荧光系是由黄曲霉毒素 B_1 产生的，滴加三氟乙酸，产生黄曲霉毒素 B_1 的衍生物，展开后此衍生物的比移值约在 0.1。于薄层板左边依次滴加两个点。

第一点：0.04μg/mL 黄曲霉毒素 B_1 标准使用液 10μL。

第二点：20μL 样液。

于以上两点各加一小滴三氟乙酸盖于其上，反应 5min 后，用吹风机吹热风 2min 后，使热风吹到薄层板上的温度不高于 40℃，再于薄层板上滴加以下两个点。

第三点：0.04μg/mL 黄曲霉毒素 B_1 标准使用液 10μL。

第四点：20μL 样液。

再展开，在紫外灯下观察样液是否产生与黄曲霉毒素 B_1 标准点相同的衍生物。未加三氟乙酸的三、四两点，可依次作为样液与标准的衍生物空白对照。

⑤ 稀释定量 样液中的黄曲霉毒素 B_1 荧光点的荧光强度如与黄曲霉毒素 B_1 标准点的最低检出量 （0.0004μg） 的荧光强度一致，则试样中黄曲霉毒素 B_1 含量即为 5μg/kg。如样液中荧光强度比最低检出量强，则根据其强度估计减少滴加微升数或将样液稀释后再滴加不同微升数，直至样液点的荧光强度与最低检出量的荧光强度一致为止。滴加式样如下：

第一点：10μL 黄曲霉毒素 B_1 标准使用液 （0.04μg/mL）。

第二点：根据情况滴加 10μL 样液。

第三点：根据情况滴加 15μL 样液。

第四点：根据情况滴加 20μL 样液。

（2）双向展开法 如用单向展开法展开后，薄层色谱由于杂质干扰掩盖了黄曲霉毒素 B_1 的荧光强度，需采用双向展开法。薄层板先用无水乙醚作横向展开，将干扰的杂质展至样液点的一边而黄曲霉毒素 B_1 不动，然后再用丙酮-三氯甲烷 （8＋92）作纵向展开，试样

在黄曲霉毒素 B_1 相应处的杂质底色大量减少，因而提高了方法灵敏度。如用双向展开中滴加两点法展开仍有杂质干扰时，则可改用滴加一点法。

① 滴加两点法　介绍如下。

a. 点样　取薄层板三块，在距下端 3cm 基线上滴加黄曲霉毒素 B_1 标准使用液与样液。即在三块板的距左边缘 0.8～1cm 处各滴加 10μL 黄曲霉毒素 B_1 标准使用液（0.04μg/mL），在距左边缘 2.8～3cm 处各滴加 20μL 样液，然后在第二块板的样液点上加滴 10μL 黄曲霉毒素 B_1 标准使用液（0.04μg/mL），在第三块板的样液点上加滴 10μL 0.2μg/mL 黄曲霉毒素 B_1 标准使用液。

b. 展开　横向展开：在展开槽内的长边置一玻璃支架，加 10mL 无水乙醇，将上述点好的薄层板靠标准点的长边置于展开槽内展开，展至板端后，取出挥干，或根据情况需要时可再重复展开 1～2 次。纵向展开：挥干的薄层板以丙酮-三氯甲烷（8＋92）展开至 10～12cm 为止。丙酮与三氯甲烷的比例根据不同条件自行调节。

c. 观察及评定结果　在紫外灯光下观察第一板、第二板，若第二板的第二点在黄曲霉毒素 B_1 的相应处出现最低检出量，而第一板在与第二板的相同位置上未出现荧光点，则试样中黄曲霉毒素 B_1 含量在 5μg/kg 以下。

若第一板在与第二板的相同位置上出现荧光点，则将第一板与第三板比较，看第三板上第二点与第一板上的第二点的相同位置上的荧光点是否与黄曲霉毒素 B_1 标准点重叠，如果重叠，再进行确证试验。在具体测定中，第一、二、三板可以同时做，也可按照顺序做。如按顺序做，当在第一板出现阴性时，第三板可以省略，如第一板为阳性，则第二板可以省略，直接作第三板。

d. 确证试验　另取薄层板两块，于第四、第五两板距左边缘 0.8～1cm 处各滴加 10μL 黄曲霉毒素 B_1 标准使用液（0.04μg/mL）及 1 小滴三氟乙酸；在距左边缘 2.8～3cm 处，于第四板滴加 20μL 样液及 1 小滴三氟乙酸；于第五板滴加 20μL 样液、10μL 黄曲霉毒素 B_1 标准使用液（0.04μg/mL）及 1 小滴三氟乙酸，反应 5min 后，用吹风机吹热风 2min，使热风吹到薄层板上的温度不高于 40℃。再用双向展开法展开后，观察样液是否产生与黄曲霉毒素 B_1 标准点重叠的衍生物。观察时，可将第一板作为样液的衍生物空白板。如样液黄曲霉毒素 B_1 含量高时则将样液稀释后，按单向展开法中确证试验的方法做确证试验。

e. 稀释定量　如样液黄曲霉毒素 B_1 含量高时，按单向展开法中稀释定量操作。如黄曲霉毒素 B_1 含量低，稀释倍数小，在定量的纵向展开板上仍有杂质干扰，影响结果判断时，可将样液再做双向展开法测定，以确定含量。

② 滴加一点法　介绍如下。

a. 点样　取薄层板三块，在距下端 3cm 基线上滴加黄曲霉毒素 B_1 标准使用液与样液。即在三块板距左边缘 0.8～1cm 处各滴加 20μL 样液，在第二板的点上滴加 10μL 黄曲霉毒素 B_1 标准使用液（0.04μg/mL）在第三板的点上滴加 10μL 黄曲霉毒素 B_1 标准溶液（0.2μg/mL）。

b. 展开　同滴加两点法的横向展开与纵向展开。

c. 观察及评定结果　在紫外灯下观察第一、二板，如第二板出现最低检出量的黄曲霉毒素 B_1 标准点，而第一板与其相同位置上未出现荧光点，试样中黄曲霉毒素 B_1 含量在 5μg/kg 以下。如第一板在与第二板黄曲霉毒素 B_1 相同位置上出现荧光点，则将第一板与第三板比较，看第三板与第一板相同位置上的荧光点是否与黄曲霉毒素 B_1 标准点重叠，如果重叠再进行以下确证试验。

d. 确证试验　另取两板，于距左边缘 0.8～1cm 处，第四板滴加 20μL 样液、1 滴三氟乙酸；第五板滴加 $20\mu L$ 样液、$10\mu L$ $0.04\mu g/mL$ 黄曲霉毒素 B_1 标准使用液及 1 滴三氟乙酸。产生衍生物及展开方法同滴加两点法中的"d. 确证试验"。再将以上两板在紫外灯下观察，以确定样液点是否产生与黄曲霉毒素 B_1 标准点重叠的衍生物，观察时可将第一板作为样液的衍生物空白板。经过以上确证试验定为阳性后，再进行稀释定量，如含黄曲霉毒素 B_1 低，不需稀释或稀释倍数小，杂质荧光仍有严重干扰，可根据样液中黄曲霉毒素 B_1 荧光的强度，直接用双向展开法定量。

4. 结果计算

$$X = 0.0004 \times \frac{V_1 \times D}{V_2} \times \frac{1000}{m}$$

式中　X——试样中黄曲霉毒素 B_1 的含量，$\mu g/kg$；

　　　V_1——加入苯-乙腈混合液的体积，mL；

　　　V_2——出现最低荧光时滴加样液的体积，mL；

　　　D——样液的总稀释倍数；

　　　m——加入苯-乙腈混合液溶解时相当试样的质量，g；

　0.0004——黄曲霉毒素 B_1 的最低检出量，μg。

5. 试剂

① 三氯甲烷。

② 正己烷或石油醚（沸程 30～60℃或 60～90℃）。

③ 甲醇。

④ 苯。

⑤ 乙腈。

⑥ 无水乙醚或乙醚经无水硫酸钠脱水。

⑦ 丙酮。

以上试剂在试验时先进行一次试剂空白试验，如不干扰测定即可使用，否则需逐一进行重蒸。

⑧ 硅胶 G：薄层色谱用。

⑨ 三氟乙酸。

⑩ 无水硫酸钠。

⑪ 氯化钠。

⑫ 苯-腈混合液：量取 98mL 苯，加 2mL 乙腈，混匀。

⑬ 甲醇水溶液（55＋45）。

⑭ 黄曲霉毒素 B_1 标准溶液。

a. 仪器校正　测定重铬酸钾溶液的摩尔消光系数，以求出使用仪器的校正因素。准确称取 25mg 经干燥的重铬酸钾（基准级），用硫酸（0.5＋1000）溶解后并准确稀释至 200mL。相当于 $[c(K_2Cr_2O_7)=0.0004mol/L]$。再吸取 25mL 此稀释液于 50mL 容量瓶中，加硫酸（0.5＋1000）稀释至刻度，相当于 0.0002mol/L 溶液。再吸取 25mL 此稀释溶液于 50mL 容量瓶中，加硫酸（0.5＋1000）稀释至刻度，相当于 0.0001mol/L 溶液。用 1cm 石英比色皿，在最大吸收峰的波长（接近 350nm）处用硫酸（0.5＋1000）作空白，测得以上三种不同浓度的摩尔溶液的吸光度，并按下式计算以上三种浓度浓液的摩尔消光系数的平均值。

$$E_1 = A/c$$

式中　E_1——重铬酸钾溶液的摩尔消光系数；

　　　A——测得重铬酸钾溶液的吸光度；

c——重铬酸钾溶液的摩尔浓度。

再以此平均值与重铬酸钾的摩尔消光系数值 3160 比较，即求出使用仪器的校正因素。

$$f = \frac{3160}{E}$$

式中　f——使用仪器的校正因素；

　　　E——测得的重铬酸钾摩尔消光系数平均值。

若 f 大于 0.95 或小于 1.05，则使用仪器的校正因素可忽略不计。

b. 黄曲霉毒素 B_1 标准溶液的制备　准确称取 1.0～1.2mg 黄曲霉毒素 B_1 标准品，先加入 2mL 乙腈溶解后，再用苯稀释至 100mL，避光，置于 4℃冰箱内保存。该标准溶液约为 10μg/mL。用紫外分光光度计测此标准溶液的最大吸收峰的波长及该波长的吸光度值。

结果计算

$$X = \frac{A \times M \times 1000 \times f}{E_2}$$

式中　X——黄曲霉毒素 B_1 标准溶液的浓度，μg/mL；

　　　A——测得的吸光度值；

　　　f——使用仪器的校正因素；

　　　M——黄曲霉毒素 B_1 的相对分子质量 312；

　　　E_2——黄曲霉毒素 B_1 在苯-乙腈混合液中的摩尔消光系数 19800。

根据计算，用苯-乙腈混合液调到标准溶液浓度恰为 10.0μg/mL，并用分光光度计核对其浓度。

c. 纯度的测定　取 5μL 10μg/mL 黄曲霉毒素 B_1 标准溶液，滴加于涂层厚度 0.25mm 的硅胶 G 薄层板上，用甲醇-三氯甲烷（4+96）与丙酮-三氯甲烷（8+92）展开剂展开，在紫外灯下观察荧光的产生，应符合以下条件：在展开后，只有单一的荧光点，无其他杂质荧光点；原点上没有任何残留的荧光物质。

⑮ 黄曲霉毒素 B_1 标准使用液　准确吸取 1mL 标准溶液（10μg/mL）于 10mL 容量瓶中，加苯-乙腈混合液至刻度，混匀。此溶液每毫升含 1.0μg 黄曲霉毒素 B_1，吸取 1.0mL 此稀释液，置于 5mL 容量瓶中，加苯-乙腈混合液稀释至刻度，此溶液每毫升含 0.2μg 黄曲霉毒素 B_1。再吸取黄曲霉毒素 B_1 标准溶液（0.2μg/mL）1.0mL 置于 5mL 容量瓶中，加苯-乙腈混合液稀释至刻度。此溶液每毫升含 0.04μg 黄曲霉毒素 B_1。

⑯ 次氯酸钠溶液（消毒用）　取 100g 漂白粉，加入 500mL 水，搅拌均匀。另将 80g 工业用碳酸钠（$Na_2CO_3 \cdot 10H_2O$）溶于 500mL 温水中，再将两液混合、搅拌，澄清后过滤。此滤液含次氯酸钠浓度约为 25g/L。若用漂粉精制备，则碳酸钠的量可以加倍。所得溶液的浓度约为 50g/L。污染的玻璃仪器用 10g/L 次氯酸钠溶液浸泡半天或用 50g/L 次氯酸钠溶液浸泡片刻后，即可达到去毒效果。

6. 仪器

① 小型粉碎机。

② 样筛。

③ 电动振荡器。

④ 全玻璃浓缩器。

⑤ 玻璃板：5cm×20cm。

⑥ 薄层板涂布器。

⑦ 展开槽：内长 25cm、宽 6cm、高 4cm。

⑧ 紫外灯：100～125W，带有波长 365nm 滤光片。

⑨ 微量注射器或血色素吸管。

四、相关知识

食品中黄曲霉毒素 B_1 的测定——薄层色谱法原理

试样中黄曲霉毒素 B_1 经提取、浓缩、薄层分离后，在波长 365nm 紫外灯下产生蓝紫色荧光，根据其在薄层上显示荧光的最低检出量来测定含量。

本法摘自 GB/T 5009.22—2003，适用于粮食、花生及其制品、薯类、豆类、发酵食品及酒类等各种食品中黄曲霉毒素 B_1 的测定。本法黄曲霉毒素 B_1 的最低检出量为 0.0004μg，检出限为 5μg/kg。

五、测定食品中黄曲霉毒素的方法

（一）食品黄曲霉毒素的限量

世界各国对黄曲霉毒素在食品中的限量都有严格规定。我国食品卫生标准中规定，黄曲霉毒素 B_1 在玉米、花生及其制品中不得超过 20μg/kg，在大米、植物油（花生油和玉米油除外）中不得超过 10μg/kg，在其他食品、豆类、发酵食品和婴幼儿食品中不得超过 5μg/kg。

（二）食品黄曲霉毒素的测定方法

测定食品中黄曲霉毒素的其他方法包括薄层色谱法、酶联免疫吸附剂法、高效液相色谱法、微柱筛选法等，出自 GB/T 5009.22—2003，GB/T 5009.23—2003，GB/T 5009.24—2003。

1. 酶联免疫吸附剂法测定食品中黄曲霉毒素 B_1 的原理

试样中的黄曲霉毒素 B_1 经提取、脱脂、浓缩后与定量特异性抗体反应，多余的游离抗体则与酶标板内的包被抗原结合，加入酶标记物和底物后显色，与标准比较测定含量。本法摘自 GB/T 5009.22—2003，黄曲霉毒素 B_1 的检出限为 0.01μg/kg。

2. 高效液相色谱法测定食品中黄曲霉毒素

试样经乙腈-水提取，提取液过滤后，经装有反相离子交换吸附剂的多功能净化柱，去除脂肪、蛋白质、色素及碳水化合物等干扰物质。净化液中的黄曲霉毒素以三氟乙酸衍生，用带有荧光检测器的液相色谱系统分析，外标法定量。

3. GB/T 23212—2008《牛奶和奶粉中黄曲霉毒素 B_1、B_2、G_1、G_2、M_1、M_2 的测定》——液相色谱-荧光检测法

试样经溶解、离心、过滤后，当样品通过免疫亲和柱时，黄曲霉毒素特异性抗体选择性地与存在的黄曲霉毒素 B_1、B_2、G_1、G_2、M_1、M_2（抗原）结合。形成抗体-抗原复合体。用甲醇-乙腈混合溶液洗脱，带荧光检测器的高效液相色谱仪经柱后衍生测定黄曲霉毒素 B_1、B_2、G_1、G_2、M_1、M_2。

项目三 测定食品中盐酸克伦特罗的含量

一、案例

盐酸克伦特罗，人称"瘦肉精"。既不是兽药，也不是饲料添加剂，而是肾上腺类受体激动剂（神经兴奋剂）。虽然并没有被批准作为合法的动物生长调节剂，但一些年来，由于

人们知道在畜牧生产中，能改进脂肪型动物的肉与脂肪的比例或加速动物生长，因此，为谋取暴利，国内一些饲料加工企业、饲料添加剂企业及养猪饲养业主，为使商品猪多长瘦肉少长脂肪，在饲料中任意滥施"瘦肉精"。人食用了"瘦肉精"的猪肉和内脏，"瘦肉精"摄入量超过 20mg 就会出现中毒症状，产生心悸、心慌，严重时产生恶心、呕吐以及肌肉颤抖。

二、选用的国家标准

GB/T 5009.192—2003 动物性食品中克伦特罗残留量的测定——高效液相色谱法。

三、测定方法

1. 提取

（1）肌肉、肝脏、肾脏试样　称取肌肉、肝脏或肾脏试样 10g（精确 0.01g），用 20mL 0.1mol/L 高氯酸溶液匀浆，置于磨口玻璃离心管中；然后置于超声波清洗器中超声 20min，取出置于 80℃ 水浴中加热 30min，取出冷却后 4500r/min 离心 15min。倾出上清液，沉淀用 5mL 0.1mol/L 高氯酸溶液洗涤，再离心，将两次的上清液合并。用 1mol/L 氢氧化钠溶液调 pH 值至 9.5，若有沉淀产生，再以 4500r/min 离心 10min，将上清液转移至磨口玻璃离心管中，加入 8g 氯化钠，混匀，加入 25mL 异丙醇＋乙酸乙酯（40＋60），置于振荡器上振荡提取 20min。提取完毕，放置 5min（若有乳化层稍离心一下）。用吸管小心地将上层有机相移至旋转蒸发瓶中，用 20mL 异丙醇＋乙酸乙酯（40＋60）再重复萃取一次，合并有机相，于 60℃ 在旋转蒸发器上浓缩至近干。用 1mL 0.1mol/L 磷酸二氢钠缓冲液（pH＝6.0）充分溶解残留物，经针筒式微孔过滤膜过滤，洗涤三次后完全转移至 5mL 玻璃离心管中，用 0.1mol/L 磷酸二氢钠缓冲液（pH＝6.0）定容至刻度。

（2）尿液试样　用移液管量取尿液 5mL，加入 20mL 0.1mol/L 高氯酸溶液，超声 20min 混匀。置于 80℃ 水浴中加热 30min。以下按（1）从"用 1mol/L 氢氧化钠溶液调 pH 值至 9.5……"起开始操作。

（3）血液试样　将血液于 4500r/min 离心，用移液管量取上层血清 1mL，置于 5mL 玻璃离心管中，加入 2mL 0.1mol/L 高氯酸溶液，混匀，置于超声波清洗器中超声 20min，取出置于 80℃ 水浴中加热 30min。取出冷却后以 4500r/min 离心 15min。倾出上清液，沉淀用 1mL 0.1mol/L 高氯酸溶液洗涤，4500r/min 离心 10min，合并上清液，再重复一遍洗涤步骤，合并上清液。向上清液中加入约 1g 氯化钠，加入 2mL 异丙醇＋乙酸乙酯（40＋60），在涡旋式混合器上振荡萃取 5min，放置 5min（若有乳化层稍离心一下），小心移出有机相于 5mL 玻璃离心管中，按以上萃取步骤重复萃取两次，合并有机相。将有机相在 N₂-浓缩器上吹干。用 1mL 0.1mol/L 磷酸二氢钠缓冲液（pH＝6.0）充分溶解残留物，经筒式微孔过滤膜过滤完全转移至 5mL 玻璃离心管中，并用 0.1mol/L 磷酸二氢钠缓冲液（pH＝6.0）定容至刻度。

2. 净化

依次用 10mL 乙醇、3mL 水、3mL 0.1mol/L 磷酸二氢钠缓冲液（pH＝6.0）、3mL 水冲洗弱阳离子交换柱，取适量上述提取液至弱阳离子交换柱上，弃去流出液，分别用 4mL 水和 4mL 乙醇冲洗柱子，弃去流出液，用 6mL 乙醇＋浓氨水（98＋2）冲洗柱子，收集流出液。将流出液在 N₂-蒸发器上浓缩至干。

3. 试样测定前的准备

于净化、吹干的试样残渣中加入 100～500μL 流动相，在涡旋式混合器上充分振摇，使残渣溶解，液体混浊时用 0.45μm 的针筒式微孔过滤膜过滤，上清液待进行液相色谱测定。

4. 测定

(1) 液相色谱测定参考条件

① 色谱柱：BDS 或 ODS 柱，250mm×4.6mm，5μm。

② 流动相：甲醇＋水（45＋55）。

③ 流速：1mL/min。

④ 进样量：20～50μL。

⑤ 柱箱温度：25℃。

⑥ 紫外检测器：244nm。

(2) 测定　吸取 20～50μL 标准校正溶液及试样液注入液相色谱仪，以保留时间定性，用外标法单点或多点校准法定量。

5. 结果计算

$$X = \frac{A \times f}{m}$$

式中　X——试样中克伦特罗的含量，μg/kg 或 μg/L；

A——试样色谱峰与标准色谱峰的峰面积比值对应的克伦特罗的质量，ng；

f——试样稀释倍数；

m——试样的取样量，g 或 mL。

6. 试剂

① 氯化钠。

② 高氯酸溶液（0.1mol/L）。

③ 氢氧化钠溶液（1mol/L）。

④ 磷酸二氢钠缓冲液（0.1mol/L，pH＝6.0）。

⑤ 异丙醇＋乙酸乙酯（40＋60）。

⑥ 乙醇＋浓氨水（98＋2）。

⑦ 甲醇＋水（45＋55）。

⑧ 克伦特罗标准溶液的配制：准确称取克伦特罗标准品，用甲醇配成浓度为 250mg/L 的标准储备液，储于冰箱中；使用时用甲醇稀释成 0.5mg/L 的克伦特罗标准使用液，进一步用甲醇＋水（45＋55）适当稀释。

7. 仪器

① 水浴超声清洗器。

② 磨口玻璃离心管：11.5cm（长）×3.5cm（内径），具塞。

③ 5mL 玻璃离心管。

④ 酸度计。

⑤ 离心机。

⑥ 振荡器。

⑦ 旋转蒸发器。

⑧ 涡旋式混合器。

⑨ 针筒式微孔过滤膜（0.45μm，水相）。

⑩ N_2-蒸发器。

⑪ 匀浆器。

⑫ 高效液相色谱仪。

⑬ 弱阳离子交换柱（LC-WCX）（3mL）。

四、相关知识

动物性食品中克伦特罗残留量的测定——高效液相色谱法原理

固体试样剪碎,用高氯酸溶液匀浆，液体试样加入高氯酸溶液，进行超声加热提取后，用异丙醇＋乙酸乙酯（40＋60）萃取，有机相浓缩、经弱阳离子交换柱进行分离，用乙醇＋氨（98＋2）溶液洗脱，洗脱液经浓缩、流动相定容后在高效液相色谱仪上进行测定，外标法定量。

本法摘自 GB/T 5009.108—2003，适用于新鲜或冷冻的畜、禽肉与内脏及其制品中克伦特罗残留的测定，也适用于生物材料（人或动物血液、尿液）中克伦特罗的测定。检出限量为 0.5μg/kg；线性范围 0.5～4ng。

五、测定食品中盐酸克伦特罗的方法

测定食品中盐酸克伦特罗的方法还有高效液相色谱法、酶联免疫法等国家标准方法，出自 GB/T 5009.108—2003，以及一些行业测定法。

（一）气相色谱-质谱法测定动物性食品中克伦特罗的残留

适用于新鲜或冷冻的畜、禽肉与内脏及其制品中克伦特罗残留的测定。也适用于生物材料（人或动物血液、尿液）中克伦特罗的测定。方法是固体试样剪碎，用高氯酸溶液匀浆。液体试样加入高氯酸溶液，进行超声加热提取，用异丙醇＋乙酸乙酯（40＋60）萃取，有机相浓缩，经弱阳离子交换柱进行分离，用乙醇＋浓氨水（98＋2）溶液洗脱，洗脱液浓缩，经 N,O-双三甲基硅烷三氟乙酰胺（BSTFA）衍生后于气质联用仪上进行测定。以美托洛尔为内标定量。本法检出限量为 0.5μg/kg；线性范围：0.025～2.5ng。

（二）酶联免疫法测定动物性食品中克伦特罗的残留

本法适用于新鲜或冷冻的畜、禽肉与内脏及其制品中克伦特罗残留的测定，也适用于生物材料（人或动物血液、尿液）中克伦特罗的测定。其原理是基于抗原抗体反应进行竞争性抑制测定。微孔板包被有针对克伦特罗 IgG 的包被抗体。克伦特罗抗体被加入，经过孵育及洗涤步骤后，加入竞争性酶标记物、标准或试样溶液。克伦特罗与竞争性酶标记物竞争克伦特罗抗体，没有与抗体连接的克伦特罗标记酶在洗涤步骤中被除去。将底物（过氧化尿素）和发色剂（四甲基联苯胺）加入到孔中孵育，结合的标记酶将无色的发色剂转化为蓝色的产物。加入反应停止液后使颜色由蓝转变为黄色。在 450nm 处测量吸光度值，吸光度比值与克伦特罗浓度的自然对数成反比。检出限量为 0.5μg/kg；线性范围 0.004～0.054ng。

（三）动物组织中盐酸克伦特罗的测定

本法摘自 NY/T 468—2006，适用于动物肝组织中盐酸克伦特罗的测定。对样品在碱化条件下用乙酸乙酯提取，合并提取液后，利用盐酸克伦特罗易溶于酸性溶液的特点，用稀盐酸反萃取，萃取的样液 pH 值调至 5.2 后用 SCX 固相萃取小柱净化，分离的药物残留经过双三甲基硅烷三氟乙酰胺（BSTFA）衍生后用带有质量选择检测器的气象色谱仪测定。检出限为 2.0μg/kg。

项目四　测定食品中的己烯雌酚

一、案例

己烯雌酚（DES）是一种人工合成的激素类药物，医学上主要用于治疗雌激素缺乏症。但是其具有促进动物生长，促进动物蛋白质的合成代谢，提高动物日增重和提高饲料转化率的作用，曾被作为动物生长促进剂用于畜禽以及水产品的养殖中。但是含有己烯雌酚的肉制品能扰乱人体内的激素平衡，导致妇女更年期紊乱，女童性早熟，男性女性化，生育能力降低；国际癌症研究机构（IARC）研究发现 DES 是一种致癌物质，诱发女性乳腺癌、卵巢癌等。从 1981年，世界卫生组织禁止使用己烯雌酚、己烷雌酚作为动物的生长促进剂。世界各国规定食品动物养殖中不得以任何途径和方式使用 DES，养殖动物及动物性食品中不得检出 DES。我国农业部早已明令禁止在畜牧养殖业中使用己烯雌酚及其盐、酯等。但受利益驱动，仍有部分养殖者非法使用。为保障畜产品质量安全，我国已将其作为兽药残留监控的重点对象。

二、选用的国家标准

GB/T 5009.108—2003 畜禽肉中己烯雌酚的测定。

三、测定方法

1. 提取及净化

精确称取 5.0g 绞碎肉试样，放入 50mL 具塞离心管中，加 10.00mL 甲醇，充分搅拌，振荡 20min，于 3000r/min 离心 10min，将上清液移出，残渣中加 10.00mL 甲醇，混匀后振荡 20min，于 3000r/min 离心 10min，合并上清液，此时如出现混浊，需再离心 10min，取上清液过 0.5μmFH 滤膜，备用。

2. 色谱条件

① 紫外线检测器：检测波长 230nm。

② 灵敏度：0.04AUFS。

③ 流动相：甲醇＋0.043mol/L 磷酸二氢钠（70＋30），用磷酸调 pH 值至 5。

④ 流速：1mL/min。

⑤ 进样量：20μL。

⑥ 色谱柱：CLC-ODS-C_{18}(5μm)6.2mm×150mm 不锈钢柱。

⑦ 柱温：室温。

3. 标准曲线绘制

精确称取 5 份（每份 5.0g）绞碎的肉试样，放入 50mL 具塞离心管中，分别加入不同浓度的标准液 0、6.0μg/mL、12.0μg/mL、18.0μg/mL、24.0μg/mL，其中甲醇总量为 20.00mL，使其测定浓度为 0、0.30μg/mL、0.60μg/mL、0.90μg/mL、1.20μg/mL，按步骤一方法提取备用。

4. 测定

分别取样 20μL，注入 HPLC 柱中，可测得不同浓度 DES 标准溶液峰高，以 DES 浓度对峰高绘制工作曲线，同时取样液 20μL，注入 HPLC 中，测得的峰高从工作曲线图中查相应含量，$Rt＝8.235$

5. 结果计算

$$X = \frac{A \times 1000}{m \times \frac{V_2}{V_1}} \times \frac{1000}{1000 \times 1000}$$

式中　X——试样中己烯雌酚的含量，mg/kg；

　　　A——进样体积中己烯雌酚的含量，ng；

　　　m——试样质量，g；

V_1——试样甲醇提取液总体积，mL；

V_2——进样体积，mL。

6. 试剂

① 甲醇。

② 0.043mol/L 磷酸二氢钠溶液：取 1g 磷酸二氢钠（$NaH_2PO_4 \cdot 2H_2O$）溶于水，定容至 500mL。

③ 己烯雌酚（DES）标准溶液：精确称取 100mg 己烯雌酚（DES）溶于甲醇，移入 100mL 容量瓶中加甲醇定容，混匀，每毫升含 DES1.0mg，储存于冰箱中。

④ 己烯雌酚（DES）标准使用液：吸取 10.00mL DES 储备液，移入 100mL 容量瓶，加甲醇定容，每毫升含 DES100μg。

⑤ 磷酸。

7. 仪器

① 高效液相色谱仪：具紫外检测器。

② 小型绞肉机。

③ 小型粉碎机。

④ 电动振荡器。

四、相关知识

肉类中己烯雌酚的测定——高效液相色谱法原理

试样匀浆后经甲醇提取过滤，注入 HPLC 柱中，经紫外线检测器鉴定，于波长 230nm 处测定吸光度，同条件下绘制工作曲线，己烯雌酚的含量与吸光值在一定浓度范围内成正比，试样与工作曲线比较定量。

本方法摘自 GB/T 5009.108—2003，适用于新鲜鸡肉、牛肉、猪肉、羊肉中己烯雌酚残留量的测定，检出限为 0.25mg/kg。

五、测定食品中己烯雌酚的方法

(一) 气相色谱-质谱法检测己烯雌酚残留

本法摘自农业部 1031 号公告-4—2008 鸡肉和鸡肝中己烯雌酚残留检测气相色谱-质谱法。鸡肉和鸡肝样品中呈结合态的己烯雌酚在乙酸铵溶液中经酶解后呈游离状态，再用乙腈提取。合并提取液，利用溶剂的极性差异，加入一定量的正己烷和乙酸乙酯混合溶剂使提取液分成三层，取中间层经旋转蒸发后溶解在乙酸乙酯中，再通过碳酸钠溶液和硅胶柱进行净化处理。净化后的样品经甲基硅烷化后进行气相色谱-质谱分析。检出限量为 1.0μg/kg。

(二) 肉及肉制品中己烯雌酚残留量的检测方法

本法摘自 SN/T 1956—2007，应用酶联免疫法测定鸡肉、猪肉、牛肉、羊肉以及猪肉饼中己烯雌酚的含量。方法的测定基础是竞争性酶联免疫反应，己烯雌酚与己烯雌酚酶标记物共同竞争己烯雌酚抗体的结合位点，用酶标仪测量微孔溶液的吸光度值，己烯雌酚浓度与吸光度值成反比。检出限量为 0.5μg/kg。

思　考　题

1. 如何提取贝类产品中的贝类毒素？

2. 简述生物法测定贝类产品中麻痹性贝类毒素的原理。检测中是如何定量的？

3. 简述薄层色谱法测定花生中黄曲霉毒素的提取过程。

4. 高效液相色谱法测定动物性食品中克伦特罗残留量的原理及方法是什么？

5. 鸡肉中的己烯雌酚残留是如何提取和净化的？

6. 动物食品中己烯雌酚残留采用什么方法测定？

任务十五　测定食品加工和包装中有害物质含量

【技能目标】

1. 会测定食品中三聚氰胺的含量。
2. 会测定食品中苏丹红的含量。
3. 会测定食品塑料、纸包装及橡胶用品中渗出物的含量。

【知识目标】

1. 明确食品中三聚氰胺的测定原理。
2. 明确食品中苏丹红的测定原理。
3. 明确食品包装材料渗出物的测定条件。

项目一　测定食品中的三聚氰胺

一、案例

2008 年 9 月，我国部分地区发现报告多例婴幼儿泌尿系统结石病例，调查发现患儿多有食用某品牌婴幼儿配方乳粉，经相关部门调查，某知名乳制品公司生产的婴幼儿配方乳粉受到三聚氰胺的污染。三聚氰胺是一种化工原料，可导致人体泌尿系统产生结石，而部分不法奶农为谋求私利，在原料乳中添加了三聚氰胺，造成了震惊全国的三聚氰胺毒奶事件。

二、选用的国家标准

GB/T 22388—2008 原料乳与乳制品中三聚氰胺的检测方法——高效液相色谱法。

三、测定方法

1. 样品处理

(1) 液态乳、乳粉、酸乳等乳制品　精确称取样品 2.00g 置于 50mL 具塞塑料离心管中，分别加 15mL 三氯乙酸溶液和 5mL 乙腈，超声提取 10min，再振荡提取 10min 后，大于 4000r/min 离心 10min，取上清液经三氯乙酸溶液润湿的滤纸过滤，用三氯乙酸溶液定容至 25mL，移取 5mL 滤液，加 5mL 水混匀用于待净化液。

(2) 乳酪、奶油和巧克力等制品　精确称取样品 2.00g 置于研钵中，加入试样质量 4~6 倍的海砂研磨成粉状，转移至 50mL 具塞塑料离心管中，同时用 15mL 三氯乙酸溶液数次清洗研钵，将清洗液转入离心管中，离心管中加入 5mL 乙腈，其余同上操作，制备待净化液。

2. 样品净化

将待净化液转移至固相萃取柱中（固相萃取柱的制备方法：混合型阳离子交换固相萃取柱，基质为苯磺酸化的聚苯乙烯-二乙烯基苯高聚物，60mg，3mL，或相当者。）使用前依次用 3mL 甲醇、5mL 水活化，抽至近干，用 6mL 氨化甲醇溶液洗脱，流速不超过 1mL/min，洗脱液于 50℃ 下用氮气吹干，残留物（相当于 0.4g 样品）用 1mL 流动相定容，涡旋混合 1min，过 0.2μm 微孔滤膜后，得净化可测定样品。

3. 测定

（1）高效液相色谱参考条件

① 色谱柱：C_8 柱，250mm×4.6mm（i.d.），5μm，或相当者
  　　　　C_{18} 柱，250mm×4.6mm（i.d.），5μm，或相当者

② 流动相：C_8 柱，离子对试剂缓冲液-乙腈（85+15，体积比），混匀。
  　　　　C_{18} 柱，离子对试剂缓冲液-乙腈（90+10，体积比），混匀。

③ 流速：1.0mL/min。

④ 柱温：40℃。

⑤ 波长：240nm。

⑥ 进样量：20μL。

（2）标准曲线的绘制　用流动相将三聚氰胺标准储备液稀释得浓度为 0.8μg/mL、2μg/mL、20μg/mL、40μg/mL、80μg/mL 的标准工作液，按浓度由低到高进样检测，做标准曲线。

（3）定量测定　将待测液按要求进样检测。

4. 结果计算

$$X = \frac{A \times c \times V \times 1000}{A_s \times m \times 1000} \times f$$

式中　X——试样中三聚氰胺的含量，mg/kg；

　　　A——样液中三聚氰胺的峰面积；

　　　c——标准溶液中三聚氰胺的浓度，μg/mL；

　　　V——样液最终定容体积，mL；

　　　A_s——标准溶液中三聚氰胺的峰面积；

　　　m——试样的质量，g；

　　　f——稀释倍数。

5. 试剂

① 5% 氨化甲醇溶液：准确量取 5mL 氨水和 95mL 甲醇，混匀后备用。

② 乙腈：色谱纯。

③ 离子对试剂缓冲液：准确称取 2.10g 柠檬酸和 2.16g 辛烷磺酸钠，加入约 980mL 水溶解，调节 pH 值至 3.0 后，定容至 1L。

④ 1% 三氯乙酸。

⑤ 甲醇：色谱纯。

⑥ 甲醇水溶液：准确量取 50mL 甲醇和 50mL 水，混匀。

⑦ 三聚氰胺标准储备液：准确称取 100.0mg 三聚氰胺标准品于 100mL 容量瓶中，用甲醇水溶液溶解并定容至刻度，配制成浓度为 1mg/mL 的标准储备液，4℃ 避光保存。

⑧ 海砂：化学纯，粒度 0.65～0.85mm，二氧化硅（SiO_2）含量为 99%。

⑨ 氮气：纯度大于等于 99.999%。

6. 仪器

① 高效液相色谱（HPLC）仪：配有紫外检测器。

② 分析天平：感量为 0.0001g 和 0.01g。

③ 离心机：转速不低于 4000r/min。

④ 超声波水浴。

⑤ 固相萃取装置。

⑥ 氮气吹干仪。

⑦ 涡旋混合器。

⑧ 具塞塑料离心管：50mL。

⑨ 研钵。

四、相关知识

(一) 食品中三聚氰胺的测定——高效液相色谱法原理

试样用三氯乙酸溶液-乙腈提取，经阳离子交换固相萃取柱净化后，用高效液相色谱测定，外标法定量。

本法摘自 GB/T 22388—2008，适用于原料乳、乳制品以及含乳制品中三聚氰胺的定量测定。

(二) 注意事项

① 本试验中所用试剂除甲醇、乙腈、辛烷磺酸钠为色谱纯外，其余均为分析纯。

② 本试验用水为 GB/T 6682 规定的一级水。

③ 待测样液中三聚氰胺的响应值应在标准曲线线性范围内，超过线性范围则应稀释后再进样分析。

五、测定食品中三聚氰胺的方法

乳及乳制品中三聚氰胺的国家标准检测法——高效液相色谱法、液相色谱-质谱/质谱法（LC-MS/MS）、气相色谱-质谱联用法（GC-MS 和 GC-MS/MS）等，均适合于乳及乳制品中三聚氰胺的定性确定。

项目二　测定食品中的苏丹红

一、案例

2005 年 2 月 18 日，英国最大的食品制造商第一食品公司生产的沙司中发现了被欧盟禁用的"苏丹红一号"色素。而这些沙司又卖给了大量食品厂商和超市卖场。从此，苏丹红成为全世界食品安全问题的代名词。苏丹红事件已过去几年了，但随后与苏丹红相关联的食品安全事件还时有发生，如红心鸭蛋等，有效的预防措施是随时进行检查，将可能受到苏丹红污染的食品杜绝在人们的消费前，才能保证食品消费的安全。

二、选用的国家标准

GB/T 19681—2005 食品中苏丹红染料的检测方法——高效液相色谱法。

三、测定方法

1. 样品处理

（1）粉状样品（如辣椒粉等）　准确称取样品 1.000～5.000g 于锥形瓶中，加入 10～30mL 正己烷，超声过滤 5min，再用 10mL 正己烷洗涤残渣数次，至洗出液无色，合并正己烷液，用旋转蒸发仪浓缩至 5mL 以下，慢慢加入氧化铝色谱柱中（氧化铝色谱柱的制备方法：在色谱柱管底部塞入一薄层脱脂棉，干法装入处理过的氧化铝 3cm 高，轻敲实后加一薄层脱脂棉，用 10mL 正己烷预淋洗，洗净柱中杂质后，备用），为保证层析效果，在柱中保持正己烷液面为 2mm 左右时上样，在层析过程中保持柱的湿润，用正己烷少量多次淋洗浓缩瓶，一并注入色谱柱；控制氧化铝表层吸附的色素带宽宜小于 0.5cm，待样液完全流出后，视样品中含油类杂质的多少用 10～30mL 正己烷洗柱，直至流出液无色，弃去全部正己烷淋洗液，用含 5％丙酮的正己烷液 60mL 洗脱，收集、浓缩后，用丙酮转移并定容至 5mL，经 0.45μm 有机滤膜过滤后待测。

（2）油状样品（如红辣椒油、火锅料、奶油等）　称取 0.500～2.000g 样品于小烧杯中，加入适量正己烷溶解（1～10mL），难溶解的样品可于正己烷中加温溶解，其余同上操作。

（3）含水量较多的样品（如辣椒酱、番茄沙司等）　称取 10.00～20.00g 样品于离心管中，加 10～20mL 水将其分散成糊状，含增稠剂的样品多加水，加入 30mL 正己烷：丙酮（3：1），匀浆 5min，3000r/min 离心 10min，吸出正己烷层，下层再分别用 20mL 正己烷匀浆两次，离心后合并 3 次正己烷，加入 5g 无水硫酸钠脱水，过滤后于旋转蒸发仪上蒸干并保持 5min，用 5mL 正己烷溶解残渣后，其余同上操作。

（4）肉制品（如香肠等）　称取粉碎样品 10.00～20.00g 于锥形瓶中，加入 60mL 正己烷充分匀浆 5min，滤出清液，再分别用 20mL 正己烷匀浆两次，过滤后合并 3 次滤液，加入 5g 无水硫酸钠脱水，过滤后于旋转蒸发仪上蒸至 5mL 以下，其余同上操作。

2. 样品测定

（1）色谱条件

① 色谱柱：ZorbaxSB-C_{18} 3.5μm，4.6mm×150mm（或相当型号的色谱柱）。

② 流动相：溶剂 A（0.1％甲酸的水溶液：乙腈＝85：15）；溶剂 B（0.1％甲酸的乙腈溶液：丙酮＝80：20）。

③ 流速：1mL/min。

④ 柱温：30℃。

⑤ 检测波长：苏丹红Ⅰ 478nm；苏丹红Ⅱ、苏丹红Ⅲ、苏丹红Ⅳ 520nm，于苏丹红Ⅰ出峰后切换。

⑥ 进样量：10μL。

梯度条件见表 15-1。

表 15-1　梯度条件

时间/min	流动相		曲　线
	A/％	B/％	
0	25	75	线性
10.0	25	75	线性
25.0	0	100	线性
32.0	0	100	线性
35.0	25	75	线性
40.0	25	75	线性

（2）**标准曲线的制作**　吸取标准储备液 0、0.1mL、0.2mL、0.4mL、0.8mL、1.6mL，用正己烷定容至 25mL，此标准系列使用液浓度为 0、0.16μg/mL、0.32μg/mL、0.64μg/mL、1.28μg/mL、2.56μg/mL，取 10μL 按色谱条件进样测定，并绘制标准曲线。

（3）**样品测定**　依色谱要求条件，进样操作，测得结果，代入公式计算。

3. 结果计算

$$R = C \times V / m$$

式中　R——样品中苏丹红的含量，mg/kg；

　　　C——由标准曲线得出的样液中苏丹红的浓度，μg/mL；

　　　V——样液定容体积，mL；

　　　m——样品质量，g。

4. 试剂

① 乙腈：色谱纯。

② 丙酮：色谱纯、分析纯。

③ 甲酸：分析纯。

④ 乙醚：分析纯。

⑤ 正己烷：分析纯。

⑥ 无水硫酸钠：分析纯。

⑦ 色谱柱管：1cm（内径）×5cm（高）的注射器（管）。

⑧ 色谱用氧化铝（中性 100～200 目）：105℃干燥 2h，于干燥器中冷至室温，每 100g 中加入 2mL 水降活，混匀后密封，放置 12h 后使用。

⑨ 5%丙酮的正己烷溶液：吸取 50mL 丙酮用正己烷定容至 1L。

⑩ 标准储备液：分别称取纯度≥95%的苏丹红Ⅰ、苏丹红Ⅱ、苏丹红Ⅲ及苏丹红Ⅳ各 10.0mg（按实际含量折算），用乙醚溶解后用正己烷定容至 250mL。

5. 仪器

① 高效液相色谱仪（配有紫外可见光检测器）。

② 分析天平：感量 0.1mg。

③ 旋转蒸发仪。

④ 均质机。

⑤ 离心机。

⑥ 0.45μm 有机滤膜。

四、相关知识

（一）食品中苏丹红的测定——高效液相色谱法原理

样品经溶剂提取、固相萃取净化后，用反相高效液相色谱-紫外可见光检测器进行色谱分析，采用外标法定量。

本法摘自 GB/T 19681—2005，适用于食品中苏丹红染料的检测。

（二）注意事项

不同厂家和不同批号氧化铝的活度有差异，应根据具体购置的氧化铝产品作调整，活度的调整采用标准溶液过柱，将 1μg/mL 的苏丹红的混合标准溶液 1mL 加到柱中，用 5%丙酮-正己烷溶液 60mL 完全洗脱，4 种苏丹红在色谱柱上的流出顺序为苏丹红Ⅱ、苏丹红Ⅳ、苏丹红Ⅰ、苏丹红Ⅲ，可根据每种苏丹红的回收率作出判断。苏丹红

Ⅱ、苏丹红Ⅳ的回收率较低，表明氧化铝活性偏低，苏丹红Ⅲ的回收率偏低时，表明氧化铝的活性偏高。

（三）苏丹红简介

苏丹红又称为油溶黄，为亲脂性偶氮化合物，主要包括Ⅰ、Ⅱ、Ⅲ和Ⅳ四种类型，其中苏丹红Ⅰ的化学名为1-苯基偶氮-2萘酚，分子结构式为$C_6H_5NC_{10}H_6OH$，相对分子质量为248.28，熔点134℃，黄色粉末，不溶于水，微溶于乙醇，易溶于油脂、矿物质、丙酮和苯，作为一种化学染色剂，苏丹红主要是用于石油、机油和其他的一些工业溶剂中，目的是使其增色，也用于鞋、地板等的增光。苏丹红并非食品添加剂，它的化学成分中含有萘，是一种具有偶氮结构的物质，这种化学结构的性质决定了它具有致癌性，对人体的肝肾器官具有明显的毒性作用，进入体内的苏丹红主要通过胃肠道微生物还原酶、肝和肝外组织微粒体和细胞质的还原酶进行代谢，在体内代谢成相应的胺类物质。在多项体外致突变试验和动物致癌试验中发现苏丹红的致突变性和致癌性与代谢生成的胺类物质有关。由于苏丹红是一种人工合成的工业染料，1995年欧盟（EU）等国家已禁止其作为色素在食品中进行添加，我国也明确禁止在食品中使用苏丹红。

项目三　测定食品包装材料及容器的有害物质

一、案例

塑料食品包装在发挥重量轻、运输销售方便、化学稳定性好、易于加工、装饰效果好以及良好的食品保护作用等功效的同时，包装材料本身的卫生安全性问题越来越引起了人们的关注，主要表现为材料内部残留的有毒有害化学污染物的迁移与溶出而导致食品污染。这些有害物质包括一些塑料本身具有一定毒性；塑料中聚合物的单体残留有一定毒性，或聚合物分解产物及老化产物有毒性物质产生；塑料制品在制造过程中添加的稳定剂、增塑剂、着色剂等带来的毒性；塑料包装容器表面的微生物及微尘杂质污染；一些回收料再利用时附着的一些污染物和添加的色素可造成食品污染。其中塑料中的有害单体、低聚物和添加剂残留与迁移是影响塑料食品包装安全问题的主要方面。

二、选用的国家标准

GB/T 5009.60—2003食品包装用聚乙烯、聚苯乙烯、聚丙烯成型品卫生标准的分析方法。

三、测定方法

1. 取样方法

每批按0.1％取试样，小批时取样不少于10只（以500mL容积/只计，少于500mL/只时，试样加倍取样），样品一半供检测用，一半供仲裁用。

2. 浸泡条件

① 水：60℃，浸泡2h。

② 4％乙酸：60℃，浸泡2h。

③ 65％乙醇：室温，浸泡2h。

④ 正己烷：室温，浸泡2h。

要求浸泡液按接触面积每平方厘米加2mL，在容器中则加入浸泡液至（2/3）～（4/5）容积为准。浸泡溶剂的选择以食品容器、包装材料接触的食品种类而定，中性食品选用水作溶剂；酸性食品选用 4％乙酸作溶剂；碱性食品用碳酸氢钠作溶剂；油脂食品选用正己烷作溶剂；含酒精食品用乙醇作溶剂。

3. 有机物含量的测定——高锰酸钾消耗量

试样浸泡液用高锰酸钾滴定，其消耗量表示可溶出有机物的含量。

（1）测定方法

取 100mL 水，放入 250mL 锥形瓶中，加入 5mL 硫酸（1+2）、5mL 高锰酸钾溶液，煮沸 5min 倒去，用水冲洗备用。

准确吸取 100mL 水浸泡液于上述处理过的 250mL 锥形瓶中，加硫酸 5mL（1+2）及 10.0mL 0.01mol/L 高锰酸钾标准滴定溶液，再加 2 粒玻璃珠，准确煮沸 5min 后，趁热加入 10.0mL 0.01mol/L 草酸标准滴定溶液，再以高锰酸钾标准液滴定至微红色，记录高锰酸钾溶液的滴定量。同时做空白试验。

（2）结果计算

$$X = \frac{(V_1 - V_2) \times c \times 31.6 \times 1000}{100}$$

式中　X——试样中高锰酸钾的消耗量，mg/L；

　　　V_1——试样浸泡液滴定时消耗高锰酸钾溶液的体积，mL；

　　　V_2——试样空白滴定时消耗高锰酸钾溶液的体积，mL；

　　　c——高锰酸钾标准滴定溶液的实际浓度，mol/L；

31.6——与 1.0mL 高锰酸钾标准滴定溶液相当的高锰酸钾的质量，mg。

（3）试剂

① 硫酸（1+2）。

② 0.01mol/L 高锰酸钾标准滴定溶液。

③ 0.01mol/L 草酸标准滴定溶液。

4. 残渣含量的测定

将试样用四种不同浸泡液模拟接触水、酸、酒、油等不同性质食品后，浸泡液进行蒸发所得残渣表示在不同浸泡液中的各物质的溶出量。

（1）测定方法　取 200mL 浸泡液于预先恒量的 50mL 玻璃蒸发皿或小瓶浓缩器中，在水浴上蒸干，于（100±5）℃下干燥 2h，在干燥器内冷却 0.5h 后称量，再于（100±5）℃干燥 1h，在干燥器内冷却 0.5h 称量，同时做空白试验。

（2）结果计算

$$X = \frac{(m_1 - m_2) \times 1000}{200}$$

式中　X——试样浸泡液（不同浸泡液）蒸发残渣含量，mg/L；

　　　m_1——试样浸泡液蒸发残渣质量，mg；

　　　m_2——空白浸泡液的质量，mg。

5. 重金属含量

浸泡液中重金属（以铅计）与硫化钠作用，在酸性溶液中形成黄棕色硫化铅，与标准比较不得更深，则表示重金属含量符合标准。

（1）测定方法　吸取 20.0mL 4％乙酸浸泡液于 50mL 比色管中，加水至刻度，另取 2mL 铅标准使用液于 50mL 比色管中，加 20mL 4％乙酸溶液，加水至刻度混匀，两比色管各加硫化钠溶液 2 滴，混匀后，放置 5min，以白色为背景，从上方或侧面观察，试样呈色不能比标准溶液更深。

（2）结果表述　呈色大于标准试样，重金属（以 Pb 计）报告值＞1。

（3）试剂

① 硫化钠溶液：5g 硫化钠溶于 10mL 水和 30mL 甘油的混合液中，混匀后装入瓶中，密闭保存。

② 铅标准溶液：准确称取 0.1598 硝酸铅，溶于 10mL 10％硝酸中，移入 1000mL 容量瓶内，用水定容，此溶液每毫升相当于 100μg 铅。

③ 铅标准使用液：吸取 10.0mL 铅标准溶液，置于 100mL 容量瓶中，加水定容，此溶液每毫升相当于 10μg 铅。

6. 脱色试验

取洗净待测的食具，用沾有冷餐油、65％乙醇的棉花，在接触食品的部位，小面积内用力擦拭 100 次，棉花不得染有颜色。四种浸泡液亦不得染有颜色。

四、相关知识

（一）包装材料卫生标准

本方法摘自 GB/T 5009.60—2003，适用于以聚乙烯、聚苯乙烯、聚丙烯为原料制作的各种食具、容器及食品包装薄膜或其他各种食品用（工）具、管道等制品中各项卫生指标的测定。

我国几种塑料制品的卫生标准见表 15-2。

表 15-2　我国几种塑料制品的卫生标准

指 标 名 称	浸泡条件	聚乙烯	聚丙烯	聚苯乙烯
蒸发残渣量/(mg/kg)	4％乙酸	≤30	≤30	≤30
	65％乙醇	≤30	≤30	≤30
	蒸馏水	—	—	—
	正己烷	≤60	≤30	—
高锰酸钾消耗量/(mg/L)	蒸馏水	≤10	≤10	≤10
重金属量(以铅计)/(mg/L)	4％乙酸	≤1	≤1	≤1
脱色试验	冷餐具	阴性	阴性	阴性
	乙醇	阴性	阴性	阴性
	无色油脂	阴性	阴性	阴性

（二）食品包装的意义

食品包装是食品工业过程中的主要工程之一，是食品商品的组成部分，它可以保护食品，使食品在离开工厂到消费者手中的流通过程中，防止生物性、化学性、物理性外来因素的损害，保持食品本身稳定质量的功能，方便食品的食用。同时，食品包装又具有首先表现食品外观，以吸引消费的形象效果，具有物质成本以外的价值。

（三）食品包装的分类

食品包装从使用材料的来源和用途可以分为两类。

1. 按照包装材料来源分类

（1）塑料

① 可溶性包装　可将包装材料一同置于水中溶化，如速溶果汁、茶叶等。

② 收缩包装　加工时通过加热使其自行收缩，将包裹内容物轮廓突出，如腊肠等。

③ 吸塑包装　用真空吸塑热成型的包装，如包装糖果的两个半圆形透明塑模，用塑条粘牢后进行商品展示。

④ 泡塑包装　将透明塑料按需要的模式吸塑成型后，罩在食品的展示板中，可供展示。

此外还有蒙皮包装、拉伸薄膜包装、镀金属薄膜包装等。

（2）纸与纸板

① 可供烘烤的纸浆容器　用涂有聚乙烯的纸质及用聚乙烯聚酯涂层的漂白硫酸盐纸制成的容器，可以放在微波炉上烘烤加热。

② 折叠纸箱（盒）　在纸质上压有线痕的图案，使用时按照折叠线折成纸盒或纸箱，用于包装食品。

③ 包装纸　使用最为广泛的纸包装形式，但纸质应符合国家卫生标准。

（3）金属

① 马口铁罐　不易破碎，质量较轻，运输方便。

② 易拉罐　使用最广泛的是拉环式易开罐，罐顶有易拉环，拉开后可以倒出食品。

③ 轻质铝罐　呈长筒形，多用于盛放饮料。

2. 按包装功能分类

（1）方便包装　常见的方便包装包括开启后可以恢复关闭的容器、气雾罐、软式管、集合包装等。

（2）展示包装　便于陈列的包装，如瓦楞箱上部呈梯形，开启后可以显示内容物。

（3）运输包装　有脚的纸箱或塑料箱，便于叉车搬运、堆垛等；容器上下端有互相衔接的凹槽等。

（4）专用包装　指某一类食品包装特用的材料或方法，如饮料、乳制品包装的砖式铝箔复合纸盒、复合塑料袋等；鲜肉包装的内有透气薄膜、外有密封薄膜的包装；鲜鱼的充氧包装；鲜蛋的充二氧化碳包装；鲜果的气调储藏，用保鲜纸和保鲜袋运输包装等。

项目四　测定橡胶制品中的有害物质

一、案例

橡胶制品是指以天然及合成橡胶为原料生产的各种橡胶用品，还包括利用废橡胶再生产的橡胶制品。橡胶分为天然橡胶和合成橡胶，天然橡胶主要来源于三叶橡胶树，这种橡胶树的表皮被割开时，会流出乳白色的汁液，称为胶乳，胶乳经凝聚、洗涤、成型、干燥既得天然橡胶；合成橡胶是由人工合成方法制得的，采用不同的单体原料可以合成出不同种类的橡胶，常见的合成橡胶有顺丁橡胶、氯丁橡胶、丁苯橡胶等，合成橡胶的产量已大大超过天然橡胶，其中产量最大的是丁苯橡胶。橡胶制品在食品工业中主要用于瓶盖的垫圈、输送食品原料、辅料、水的管道，使用时橡胶中的多种助剂有可能迁移至食品，对食品造成危害，产生食品安全问题。

二、选用的国家标准

GB/T 5009.64—2003 食品用橡胶垫片（圈）卫生标准的分析方法。

三、测定方法

1. 取样及处理

以日产量作为一个批号，从每批中均匀取出 500g，置于干燥清洁的玻璃瓶中，表明产品名称、批号及取样时间，半数用于化验，半数用于备份仲裁。将试样用洗涤剂清洗干净，用自来水冲洗，再用水淋洗，晾干，备用。取橡胶垫片（圈）三片 20g，如不足 20g 可以多取。

2. 浸泡条件

每克试样加 20mL 浸泡液。

① 水：60℃，浸泡 0.5h。

② 4％乙酸：60℃，浸泡 0.5h。

③ 20％乙醇：60℃，浸泡 0.5h（瓶盖垫片）。

④ 正己烷：水浴加热回流 0.5h（罐头垫圈）。

3. 残渣含量的测定

同项目三。

4. 有机物含量的测定

高锰酸钾消耗量的测定，同项目三。

5. 锌含量的测定

锌离子在酸性条件下与亚铁氰化钾作用生成亚铁氰化锌，产生混浊，与标准混浊度比较定量，最低检出限 2.5mg/L。

（1）测定方法　吸取 2.0mL 4％乙酸浸泡液，置于 25mL 比色管中，加水 10mL。吸取锌标准使用液 0、0.5mL、1.0mL、2.0mL、3.0mL、4.0mL，相当于含有 0、5.0μg、10.0μg、20.0μg、30.0μg、40.0μg 锌，分别置于 25mL 比色管中，各加 2mL 4％乙酸，再各加水至 10mL。

于试样及标准使用液中各加 1mL 盐酸（1＋1）、10mL 10％氯化铵、0.1mL 20％亚硫酸钠溶液，摇匀，放置 5min 后，各加 0.5mL 0.5％亚铁氰化钾溶液，加水至刻度，混匀，放置 5min 后，目视比较混浊度定量。

（2）结果计算　按下式计算

$$X = \frac{m \times 1000}{V \times 1000}$$

式中　X——试样浸泡液中锌的含量，mg/L；

　　　m——测定时所取试样浸泡液中锌的质量，μg；

　　　V——测定时所取试样浸泡液体积，mL。

（3）试剂

① 0.5％亚铁氰化钾溶液。

② 20％亚硫酸钠溶液，用时现配。

③ 盐酸（1＋1）。

④ 锌标准溶液：准确称取 0.1000g 锌，加 4mL 盐酸（1＋1），溶解后移入 1000mL 容量瓶中，加水稀释至刻度，此溶液每毫升相当于 100.0μg 锌。

⑤ 锌标准使用液：吸取 10.0mL 锌标准溶液，置于 100mL 容量瓶中，加水稀释至刻度，此溶液每毫升相当于 10.0μg 锌。

6. 重金属含量的测定

浸泡液中重金属（以铅计）与硫化钠作用，在酸性溶液中形成黄棕色硫化铅，与标准比较不得更深，则表示重金属含量符合标准。

（1）测定方法　吸取 20.00mL 4％乙酸浸泡液于 50mL 比色管中，另取 2mL 铅标准使用液（相当于 20.0μg 铅）于 50mL 比色管中，加 4％乙酸至 20mL，两管中各加 1mL 50％柠檬酸铵溶液、3mL 氨水、1mL 10％氰化钾溶液，加水至刻度，混匀后各加 2 滴硫化钠溶液，摇匀放置 5min 后，以白色为背景，从上方或侧面观察，试样显色不能比标准溶液更深，表示重金属含量符合标准。

（2）试剂

① 50％柠檬酸铵溶液。

② 10％氰化钾溶液。

③ 氨水。

④其余同项目三。

四、相关知识

本方法摘自 GB/T 5009.64—2003，适用于以天然橡胶为主要原料，按特定配方，配以一定助剂加工制成的，用于瓶装各种果汁饮料、酒、调味品及罐头食品密封的垫片、垫圈等的各项卫生指标的分析。

我国橡胶制品卫生质量建议标准见表 15-3。

表 15-3　我国橡胶制品卫生质量建议标准

名　称	高锰酸钾消耗量 /（mg/kg）	蒸发残渣量 /（mg/kg）	铅含量 /（mg/kg）	锌含量 /（mg/kg）
奶嘴	≤70	≤40（水泡液） ≤120（4％乙酸）	≤1	≤30
高压锅圈	≤40	≤50（水泡液） ≤800（4％乙酸）	≤1	≤100
橡胶垫片（圈）	≤40	≤40（20％乙醇） ≤2000（4％乙酸） ≤3500（己烷）	≤1	≤20

项目五　测定包装纸中的有害物质

一、案例

在现代包装工业中，纸与纸容器占有非常重要的地位，纸包装材料占包装材料总量的 40％左右，且纸包装的用量越来越大。在食品行业中，用于食品包装量占塑料总产量的 1/4，在超市及商场，很多食品包装都是塑料的，如大部分方便食品、饼干等，塑料包装远远多于纸质包装，但随着环境保护要求的提高，淘汰落后包装是必要的，塑料材料的改进也是当务之急，而对于既环保又经济的纸包装则日益受到人们青睐，食品纸包装可以减少塑料的浪费和对环境的污染，造福子孙后代。但包装纸使用不当也会对食品安全造成影响，包装纸的卫生问题主要与纸浆、黏合剂、油墨、溶剂有关，因此要求这些材料必须是低毒或无毒的，且不允许使用回收废纸作原料，禁止使用荧光增白剂，保证印刷燃料、油墨的无害等。

二、选用的国家标准

GB/T 5009.78—2003 食品包装用原纸卫生标准的分析方法。

1. 样品采集

从每批样品中以无菌操作法抽取 500g 纸样，分别注明产品名称、批号、日期，一半供检验用，另一半保存供仲裁使用。

2. 砷的测定

同任务十二，项目六。

3. 铅的测定

同任务十二，项目一。

4. 荧光检查

从试样中随机抽取 5 张 100cm² 纸样，置于波长 365nm 和 254nm 紫外灯下检查，任何一张纸样中最大荧光面积不得大于 5cm²。

5. 脱色试验

水、正己烷浸泡液不得染有颜色。

三、相关知识

本方法摘自 GB/T 5009.78—2003，适合于直接接触食品的各种原纸，包括食品包装纸、糖果纸、冰棍纸等的卫生指标的分析。

我国食品包装用纸材料的卫生标准见表 15-4。

表 15-4　我国食品包装用纸材料的卫生标准

项　目	标　准
感官指标	色泽正常、无异物、无污物
铅含量(以铅计)(4％乙酸浸泡液)/(mg/L)	≤5.0
砷含量(以砷计)(4％乙酸浸泡液)/(mg/L)	≤1.0
荧光物质(波长为 365nm 和 254nm)	不得检出
脱色试验(水、正己烷)	阴性

思　考　题

1. 如何处理检测三聚氰胺的样品？
2. 如何制备苏丹红检测中的氧化铝色谱柱？
3. 食品包装材料检测中为什么要选用四种不同的浸泡液？
4. 食品包装材料按照来源和功能分为哪些类型？

附表 1　酒精浓度、温度校正表（20℃）

温度/℃	酒精体积 V														
	71%	72%	73%	74%	75%	76%	77%	78%	79%	80%	81%	82%	83%	84%	85%
10	74.2	75.2	76.2	77.1	78.1	79.1	80.0	81.0	82.0	83.0	83.9	84.9	85.8	86.8	87.7
11	73.9	74.9	75.8	76.8	77.8	78.8	79.7	80.7	81.7	82.7	83.6	84.6	85.6	86.5	87.5
12	73.6	74.5	75.5	76.5	77.5	78.5	79.4	80.4	81.4	82.4	83.3	84.3	85.3	86.2	87.2
13	73.2	74.2	75.2	76.2	77.2	78.2	79.1	80.1	81.1	82.1	83.1	84.0	85.0	86.0	86.9
14	72.9	73.9	74.9	75.9	76.9	77.9	78.8	79.8	80.8	81.8	82.8	83.7	84.7	85.7	86.7
15	72.6	73.6	74.6	75.6	76.6	77.6	78.5	79.5	80.5	81.5	82.5	83.4	84.4	85.4	86.4
16	72.3	73.3	74.3	75.3	76.2	77.2	78.2	79.2	80.2	81.2	82.2	83.2	84.2	85.1	86.1
17	72.0	73.0	74.0	74.9	75.9	76.9	77.9	78.9	79.9	80.9	81.9	82.9	83.9	84.8	85.8
18	71.6	72.6	73.6	74.6	75.6	76.6	77.6	78.6	79.6	80.6	81.6	82.6	83.6	84.6	85.6
19	71.3	72.3	73.3	74.3	75.3	76.3	77.3	78.3	79.3	80.3	81.3	82.3	83.3	84.3	85.3
20	71.0	72.0	73.0	74.0	75.0	76.0	77.0	78.0	79.0	80.0	81.0	82.0	83.0	84.0	85.0
21	70.7	71.1	72.7	73.7	74.7	75.7	76.7	77.7	78.7	79.7	80.7	81.7	82.7	83.7	84.7
22	70.3	71.4	72.4	73.4	74.4	75.4	76.4	77.4	78.4	79.4	80.4	81.4	82.4	83.4	84.4
23	70.0	71.0	72.0	73.0	74.1	75.1	76.1	77.1	78.1	79.1	80.1	81.1	82.2	83.1	84.1
24	69.7	70.7	71.7	72.7	73.7	74.7	75.8	76.8	77.8	78.8	79.8	80.8	81.8	82.8	83.8
25	69.4	70.4	71.4	72.4	73.4	74.4	75.4	76.4	77.5	78.5	79.5	80.5	81.5	82.5	83.6
26	69.0	70.0	71.1	72.1	73.1	74.1	75.1	76.1	77.2	78.2	79.2	80.2	81.2	82.2	83.3
27	68.7	69.7	70.7	71.8	72.8	73.8	74.8	75.8	76.8	77.8	78.9	79.9	80.9	81.9	83.0
28	68.4	69.4	70.4	71.4	72.4	73.5	74.5	75.5	76.5	77.6	78.6	79.6	80.6	81.6	82.7
29	68.0	69.1	70.1	71.1	72.1	73.2	74.2	75.2	76.2	77.2	78.3	79.3	80.3	81.3	82.4
30	67.7	68.7	69.8	70.8	71.8	72.8	73.8	74.9	75.9	76.9	78.0	79.0	80.0	81.0	82.1
31	67.4	68.4	69.5	70.5	71.5	72.5	73.5	74.6	75.9	76.6	77.7	78.7	79.7	80.7	81.8
32	67.0	68.0	69.1	70.1	71.2	72.1	73.2	74.2	75.3	76.3	77.4	78.4	79.4	80.4	81.5
33	66.7	67.7	68.8	69.8	70.8	71.8	72.8	73.9	75.0	76.0	77.1	78.1	79.1	80.1	81.2
34	66.3	67.4	68.4	69.5	70.5	71.5	72.5	73.6	74.7	75.7	76.8	77.8	78.8	79.8	80.9
35	66.0	67.0	68.1	69.1	70.2	71.2	72.2	74.3	74.3	75.4	76.5	77.4	78.4	79.5	80.6

温度/℃	酒精体积 V														
	86%	87%	88%	89%	90%	91%	92%	93%	94%	95%	96%	97%	98%	99%	100%
10	88.7	89.6	90.6	91.5	92.4	93.4	94.3	95.2	96.2	97.1	98.0	98.9	99.7		
11	88.4	89.4	90.3	91.3	92.2	93.2	94.1	95.0	96.0	96.9	87.8	98.7	99.6		
12	88.2	89.1	90.1	91.0	92.0	92.9	93.9	94.8	95.7	96.7	87.8	98.5	99.4		
13	87.9	88.9	89.8	90.8	91.7	92.7	93.6	94.6	95.5	96.5	97.4	98.3	99.2		
14	87.6	88.6	89.6	90.5	91.5	92.5	93.4	94.4	95.3	96.3	97.2	98.1	99.1	100.0	
15	87.4	88.3	89.3	90.3	91.3	92.2	93.2	94.2	95.1	96.1	97.0	97.8	98.9	99.8	
16	87.1	88.1	89.0	90.0	91.0	92.0	93.0	93.9	94.9	95.9	96.8	97.8	98.6	99.7	
17	86.8	87.8	88.8	89.8	90.8	91.7	92.7	93.7	94.7	95.6	96.6	97.6	98.6	99.5	
18	86.5	87.5	88.5	89.5	90.5	91.5	92.5	93.5	94.4	95.4	96.4	97.4	98.4	99.3	
19	86.3	87.3	88.3	89.3	90.3	91.2	92.2	93.2	94.2	95.2	96.2	97.2	98.2	99.2	
20	86.0	87.0	88.0	89.0	90.0	91.0	92.0	93.0	94.0	95.0	96.0	97.0	98.0	99.0	100.0
21	85.7	86.7	87.7	88.7	89.7	90.7	91.8	92.8	93.8	94.8	95.8	96.8	97.8	98.8	99.8
22	85.4	86.4	87.4	88.5	89.5	90.5	91.5	92.5	93.5	94.3	95.4	96.4	97.6	98.5	99.5
23	85.1	86.2	87.2	88.2	89.2	90.2	91.0	92.0	92.8	93.3	95.4	96.4	97.2	98.5	99.5
24	84.9	85.9	86.9	87.9	89.0	90.0	91.0	92.0	92.8	93.9	95.1	96.2	97.2	98.3	99.3
25	84.6	85.6	86.6	87.7	88.7	89.7	90.7	91.7	92.6	93.6	94.9	96.0	97.0	98.1	99.2
26	84.3	85.3	86.3	87.4	88.4	89.4	90.5	91.5	92.1	93.1	94.7	95.8	96.8	97.9	99.0
27	84.0	85.0	86.1	87.1	88.1	89.2	90.3	91.3	91.8	92.8	94.5	95.5	96.6	97.7	98.8
28	83.7	84.7	85.8	86.8	87.9	88.9	90.0	91.0	92.1	93.1	94.2	95.3	96.4	97.5	98.6
29	83.4	84.4	85.5	86.5	87.6	88.7	89.7	90.8	91.8	92.9	93.8	94.8	96.2	97.3	98.4
30	83.1	84.2	85.2	86.3	87.3	88.4	89.4	90.5	91.6	92.7	93.8	94.8	96.0	97.1	98.3
31	82.8	83.9	84.9	86.0	87.0	88.1	89.1	90.3	91.4	92.5	93.6	94.6	95.8	96.9	98.1
32	82.5	83.6	84.6	85.7	86.7	87.9	88.9	90.0	91.1	92.2	93.3	94.4	95.6	96.7	98.0
33	82.2	83.3	84.3	85.4	86.5	87.6	88.6	89.8	90.9	92.0	93.1	94.1	95.4	96.5	97.8
34	81.9	83.0	84.0	85.1	86.2	87.4	88.4	89.5	90.6	91.8	92.9	93.9	95.2	96.3	97.6
35	81.6	82.8	83.8	84.8	85.9	87.1	88.1	89.2	90.4	91.6	92.7	93.7	95.0	96.2	97.4

附表 2　观测锤温度校正表

观 测 锤 度（温度低于 20℃ 时读数应减之数）

温度/℃	0	1	2	3	4	5	6	7	8	9	10	11	12	13	14	15	16	17	18	19	20	21	22	23	24	25	30
0	0.30	0.34	0.36	0.41	0.45	0.49	0.52	0.55	0.59	0.62	0.65	0.67	0.70	0.72	0.75	0.77	0.79	0.82	0.84	0.87	0.89	0.91	0.93	0.95	0.97	0.99	1.08
5	0.36	0.38	0.40	0.43	0.45	0.47	0.49	0.51	0.52	0.54	0.56	0.58	0.60	0.61	0.63	0.65	0.67	0.68	0.70	0.71	0.73	0.74	0.75	0.76	0.77	0.80	0.86
10	0.32	0.33	0.34	0.36	0.37	0.38	0.39	0.40	0.41	0.42	0.43	0.44	0.45	0.46	0.47	0.48	0.49	0.50	0.50	0.51	0.52	0.53	0.54	0.55	0.56	0.57	0.60
1/2	0.31	0.32	0.33	0.34	0.35	0.36	0.37	0.38	0.39	0.40	0.41	0.42	0.43	0.44	0.45	0.46	0.47	0.48	0.48	0.49	0.50	0.51	0.52	0.52	0.53	0.54	0.57
11	0.31	0.32	0.33	0.33	0.34	0.35	0.36	0.37	0.38	0.39	0.40	0.41	0.42	0.42	0.43	0.44	0.45	0.46	0.46	0.47	0.48	0.49	0.49	0.50	0.50	0.51	0.55
1/2	0.30	0.31	0.31	0.32	0.32	0.33	0.34	0.35	0.36	0.37	0.38	0.39	0.40	0.40	0.41	0.42	0.43	0.43	0.44	0.44	0.45	0.46	0.46	0.47	0.47	0.48	0.52
12	0.29	0.30	0.30	0.31	0.31	0.32	0.33	0.34	0.34	0.35	0.36	0.37	0.38	0.38	0.39	0.40	0.41	0.41	0.42	0.42	0.43	0.44	0.44	0.45	0.45	0.46	0.50
1/2	0.27	0.28	0.29	0.29	0.30	0.30	0.31	0.32	0.32	0.33	0.34	0.35	0.35	0.36	0.36	0.37	0.38	0.38	0.39	0.39	0.40	0.41	0.41	0.42	0.42	0.43	0.47
13	0.26	0.27	0.28	0.28	0.28	0.29	0.30	0.30	0.31	0.31	0.32	0.33	0.33	0.34	0.34	0.35	0.36	0.36	0.37	0.37	0.38	0.39	0.39	0.40	0.40	0.41	0.44
1/2	0.25	0.25	0.25	0.26	0.26	0.27	0.28	0.28	0.29	0.29	0.30	0.31	0.31	0.32	0.32	0.33	0.34	0.34	0.35	0.35	0.36	0.36	0.37	0.37	0.38	0.38	0.41
14	0.24	0.24	0.24	0.25	0.25	0.26	0.27	0.27	0.28	0.28	0.29	0.29	0.30	0.30	0.31	0.31	0.32	0.32	0.33	0.33	0.34	0.34	0.35	0.35	0.36	0.36	0.38
1/2	0.22	0.22	0.22	0.23	0.23	0.24	0.24	0.25	0.25	0.26	0.26	0.26	0.27	0.27	0.28	0.28	0.29	0.29	0.30	0.30	0.31	0.31	0.32	0.32	0.33	0.33	0.35
15	0.20	0.20	0.20	0.21	0.21	0.22	0.22	0.23	0.23	0.24	0.24	0.24	0.25	0.25	0.26	0.26	0.26	0.27	0.27	0.28	0.28	0.28	0.29	0.29	0.30	0.30	0.32
1/2	0.18	0.18	0.18	0.19	0.19	0.20	0.20	0.21	0.21	0.21	0.22	0.22	0.23	0.23	0.24	0.24	0.24	0.25	0.25	0.25	0.25	0.25	0.26	0.26	0.27	0.27	0.29
16	0.17	0.17	0.17	0.18	0.18	0.18	0.18	0.19	0.19	0.20	0.20	0.20	0.21	0.21	0.22	0.22	0.22	0.22	0.23	0.23	0.23	0.23	0.24	0.24	0.25	0.25	0.26
1/2	0.15	0.15	0.15	0.16	0.16	0.16	0.16	0.16	0.17	0.17	0.17	0.17	0.18	0.18	0.19	0.19	0.19	0.19	0.20	0.20	0.20	0.20	0.21	0.21	0.22	0.22	0.23
17	0.13	0.13	0.13	0.14	0.14	0.14	0.14	0.14	0.15	0.15	0.15	0.15	0.16	0.16	0.16	0.16	0.16	0.16	0.17	0.17	0.18	0.18	0.18	0.18	0.19	0.19	0.20
1/2	0.11	0.11	0.11	0.12	0.12	0.12	0.12	0.12	0.12	0.12	0.12	0.12	0.13	0.13	0.13	0.13	0.13	0.13	0.14	0.14	0.15	0.15	0.15	0.16	0.16	0.16	0.16
18	0.09	0.09	0.09	0.10	0.10	0.10	0.10	0.10	0.10	0.10	0.10	0.10	0.11	0.11	0.11	0.11	0.11	0.11	0.12	0.12	0.12	0.12	0.12	0.13	0.13	0.13	0.13
1/2	0.07	0.07	0.07	0.07	0.07	0.07	0.07	0.07	0.07	0.07	0.07	0.07	0.07	0.08	0.08	0.08	0.08	0.08	0.09	0.09	0.09	0.09	0.09	0.09	0.09	0.09	0.10
19	0.05	0.05	0.05	0.05	0.05	0.05	0.05	0.05	0.05	0.05	0.05	0.05	0.05	0.06	0.06	0.06	0.06	0.06	0.06	0.06	0.06	0.06	0.06	0.06	0.06	0.06	0.07
1/2	0.03	0.03	0.03	0.03	0.03	0.03	0.03	0.03	0.03	0.03	0.03	0.03	0.03	0.03	0.03	0.03	0.03	0.03	0.03	0.03	0.03	0.03	0.03	0.03	0.03	0.03	0.04
20	0	0	0	0	0	0	0	0	0	0	0	0	0	0	0	0	0	0	0	0	0	0	0	0	0	0	0

续表

温度/℃	观测锤度 温度高于20℃时读数应加之数																										
	0	1	2	3	4	5	6	7	8	9	10	11	12	13	14	15	16	17	18	19	20	21	22	23	24	25	30
1/2	0.04	0.04	0.04	0.04	0.05	0.05	0.05	0.05	0.05	0.06	0.06	0.06	0.06	0.06	0.06	0.06	0.06	0.06	0.06	0.06	0.06	0.06	0.06	0.06	0.07	0.07	0.07
21	0.07	0.07	0.07	0.07	0.08	0.08	0.08	0.08	0.08	0.09	0.09	0.09	0.09	0.09	0.09	0.09	0.09	0.09	0.09	0.09	0.09	0.09	0.09	0.09	0.10	0.10	0.10
1/2	0.10	0.10	0.10	0.10	0.10	0.10	0.10	0.10	0.10	0.11	0.11	0.11	0.11	0.11	0.12	0.12	0.12	0.12	0.12	0.12	0.12	0.12	0.12	0.12	0.13	0.13	0.13
22	0.10	0.10	0.10	0.10	0.10	0.10	0.10	0.10	0.11	0.11	0.11	0.11	0.11	0.12	0.12	0.12	0.12	0.12	0.12	0.12	0.12	0.12	0.12	0.13	0.13	0.13	0.14
1/2	0.13	0.13	0.13	0.13	0.13	0.13	0.13	0.13	0.14	0.14	0.14	0.14	0.14	0.15	0.15	0.15	0.15	0.15	0.16	0.16	0.16	0.16	0.16	0.17	0.17	0.17	0.18
23	0.16	0.16	0.16	0.16	0.16	0.16	0.16	016	0.17	0.17	0.17	0.17	0.17	0.17	0.17	0.17	0.17	0.18	0.18	0.19	0.19	0.19	0.19	0.20	0.20	0.20	0.21
1/2	0.19	0.19	0.19	0.19	0.19	0.19	0.19	0.19	0.20	0.20	0.20	0.20	0.20	0.21	0.21	0.21	0.21	0.22	0.22	0.23	0.23	0.23	0.23	0.24	0.24	0.24	0.25
24	0.21	0.21	0.21	0.22	0.22	0.22	0.22	0.22	0.23	0.23	0.23	0.23	0.23	0.24	0.24	0.24	0.24	0.25	0.25	0.26	0.26	0.26	0.26	0.27	0.27	0.27	0.28
1/2	0.24	0.24	0.24	0.25	0.25	0.25	0.26	0.26	0.26	0.27	0.27	0.27	0.27	0.28	0.28	0.28	0.28	0.28	0.29	0.29	0.29	0.29	0.30	0.30	0.31	0.31	0.32
25	0.27	0.27	0.27	0.28	0.28	0.28	0.28	0.29	0.29	0.30	0.30	0.30	0.30	0.31	0.31	0.31	0.31	0.31	0.32	0.32	0.32	0.32	0.33	0.33	0.34	0.34	0.35
1/2	0.30	0.30	0.30	0.31	0.31	0.31	0.31	0.32	0.32	0.33	0.33	0.33	0.33	0.34	0.34	0.34	0.34	0.35	0.35	0.36	0.36	0.36	0.36	0.37	0.37	0.37	0.39
26	0.33	0.33	0.33	0.34	0.34	0.34	0.34	0.35	0.35	0.36	0.36	0.36	0.36	0.37	0.37	0.37	0.38	0.38	0.39	0.39	0.40	0.40	0.50	0.40	0.40	0.40	0.42
1/2	0.37	0.37	0.37	0.38	0.38	0.38	0.38	0.38	0.39	0.39	0.39	0.39	0.40	0.40	0.41	0.41	0.41	0.42	0.42	0.43	0.43	0.43	0.43	0.44	0.44	0.43	0.46
27	0.40	0.40	0.40	0.41	0.41	0.41	0.41	0.41	0.42	0.42	0.42	0.42	0.43	0.43	0.44	0.44	0.44	0.45	0.45	0.46	0.46	0.46	0.47	0.47	0.48	0.48	0.50
1/2	0.43	0.43	0.43	0.44	0.44	0.44	0.44	0.45	0.45	0.46	0.46	0.46	0.47	0.47	0.48	0.48	0.48	0.49	0.49	0.50	0.50	0.50	0.51	0.51	0.52	0.52	0.54
28	0.46	0.46	0.46	0.47	0.47	0.47	0.47	0.48	0.48	0.49	0.49	0.49	0.50	0.50	0.51	0.51	0.52	0.52	0.53	0.53	0.54	0.54	0.55	0.55	0.56	0.56	0.58
1/2	0.50	0.50	0.50	0.51	0.51	0.51	0.51	0.52	0.52	0.53	0.53	0.53	0.54	0.54	0.55	0.55	0.56	0.56	0.57	0.57	0.58	0.58	0.59	0.59	0.60	0.60	062
29	0.54	0.54	0.54	0.55	0.55	0.55	0.55	0.55	0.56	0.56	0.56	0.57	0.57	0.58	0.58	0.59	0.59	0.60	0.60	0.61	0.61	0.61	0.62	0.62	0.63	0.63	0.66
1/2	0.58	0.58	0.58	0.29	0.59	0.59	0.59	0.59	0.60	0.60	0.60	0.61	0.61	0.62	0.62	0.63	0.63	0.64	0.64	0.65	0.65	0.65	0.66	0.66	0.67	0.67	0.70
30	0.61	0.61	0.61	0.62	0.62	0.62	0.62	0.62	0.63	0.63	0.63	0.64	0.64	0.65	0.65	0.66	0.66	0.67	0.67	0.68	0.68	0.68	0.69	0.69	0.70	0.70	0.73
1/2	0.65	0.65	0.65	0.66	0.66	0.66	0.66	0.66	0.67	0.67	0.67	0.68	0.68	0.69	0.69	0.70	0.70	0.71	0.71	0.72	0.72	0.73	0.73	0.74	0.74	0.75	0.78
31	0.69	0.69	0.66	0.70	0.60	0.70	0.70	0.70	0.71	0.71	0.71	0.72	0.72	0.73	0.73	0.74	0.74	0.75	0.75	0.76	0.76	0.77	0.77	0.78	0.78	0.79	0.82
1/2	0.73	0.73	0.73	0.74	0.74	0.74	0.74	0.74	0.75	0.75	0.75	0.76	0.76	0.77	0.77	0.78	0.79	0.79	0.80	0.80	0.81	0.81	0.82	0.82	0.83	0.83	0.86
32	0.76	0.76	0.77	0.77	0.78	0.78	0.78	0.78	0.79	0.79	0.79	0.80	0.80	0.81	0.81	0.82	0.83	0.83	0.84	0.84	0.85	0.85	0.86	0.86	0.87	0.87	0.90
1/2	0.80	0.80	0.81	0.81	0.82	0.82	0.82	0.83	0.83	0.83	0.83	0.84	0.84	0.85	0.85	0.86	0.87	0.87	0.88	0.88	0.89	0.90	0.90	0.91	0.91	0.92	0.95
33	0.84	0.84	0.85	0.85	0.85	0.85	0.85	0.86	0.86	0.86	0.86	0.87	0.88	0.88	0.89	0.90	0.91	0.91	0.92	0.92	0.93	0.94	0.94	0.95	0.95	0.96	0.99
1/2	0.88	0.88	0.88	0.89	0.89	0.89	0.89	0.89	0.90	0.90	0.90	0.91	0.92	0.92	0.93	0.94	0.95	0.95	0.96	0.97	0.98	0.98	0.99	0.99	1.00	1.00	1.03
34	0.91	0.91	0.92	0.92	0.93	0.93	0.93	0.93	0.94	0.94	0.94	0.95	0.96	0.96	0.97	0.98	0.99	1.00	1.00	1.01	1.02	1.02	1.03	1.03	1.04	1.04	1.07
1/2	0.95	0.95	0.96	0.96	0.97	0.97	0.97	0.97	0.98	0.98	0.98	0.99	0.99	1.00	1.01	1.02	1.03	1.04	1.04	1.05	1.06	1.07	1.07	1.08	1.08	1.09	1.12
35	0.99	0.99	1.00	1.00	1.01	1.01	1.01	1.01	1.02	1.02	1.02	1.03	1.04	1.05	1.05	1.06	1.07	1.08	1.08	1.09	1.10	1.11	1.11	1.12	1.12	1.13	1.16
40	1.42	1.43	1.43	1.44	1.44	1.45	1.45	1.46	1.47	1.47	1.47	1.48	1.49	1.50	1.50	1.51	1.52	1.53	1.53	1.54	1.54	1.55	1.55	1.56	1.56	1.57	1.62

附表3　乳稠计读数变为 15 ℃时的度数换算表

乳稠计读数 \ 鲜乳温度/℃	8	9	10	11	12	13	14	15	16	17	18	19	20	21	22
15	14.2	14.3	14.4	14.5	14.6	14.7	14.8	15.0	15.1	15.2	15.4	15.6	15.8	16.0	16.2
16	15.2	15.3	15.4	15.5	15.6	15.7	15.8	16.0	16.1	16.3	16.5	16.7	16.9	17.1	17.3
17	16.2	16.3	16.4	16.5	16.6	16.7	16.8	17.0	17.1	17.3	17.5	17.7	17.9	18.1	18.3
18	17.2	17.3	17.4	17.5	17.6	17.7	17.8	18.0	18.1	18.3	18.5	18.7	18.9	19.1	19.5
19	18.2	18.3	18.4	18.5	18.6	18.7	18.8	19.0	19.0	19.3	19.5	19.7	19.9	20.1	20.3
20	19.1	19.2	19.3	19.4	19.5	19.6	19.8	20.0	20.1	20.3	20.5	20.7	20.9	21.1	21.3
21	20.1	20.2	20.3	20.4	20.5	20.6	20.8	21.0	21.2	21.4	21.6	21.8	22.0	22.2	22.4
22	21.1	21.2	21.3	21.4	21.5	21.6	21.8	22.0	22.2	22.4	22.6	22.8	23.0	23.4	23.4
23	22.1	22.2	22.3	22.4	22.5	22.6	22.8	23.0	23.2	23.4	23.6	23.8	24.0	24.2	24.4
24	23.1	23.2	23.3	23.4	23.5	23.6	23.8	24.0	24.2	24.4	24.6	24.8	25.0	25.2	25.5
25	24.0	24.1	24.2	24.3	24.5	24.6	24.8	25.0	25.2	25.4	25.6	25.8	26.0	26.2	26.4
26	25.0	25.1	25.2	25.3	25.5	25.6	25.8	26.0	26.2	26.4	26.6	26.9	27.1	27.3	27.5
27	26.0	26.1	26.2	26.3	26.4	26.6	26.8	27.0	27.2	27.4	27.6	27.9	28.1	28.4	28.6
28	26.9	27.0	27.1	27.2	27.4	27.6	27.8	28.0	28.2	28.4	28.6	28.9	29.2	29.4	29.6
29	27.8	27.9	28.1	28.2	28.4	28.6	28.8	29.0	29.2	29.4	29.6	29.9	30.2	30.4	30.6
30	28.7	28.9	29.0	29.2	29.4	29.6	29.8	30.0	30.2	30.4	30.6	30.9	31.2	31.4	31.6
31	29.7	29.8	30.0	30.2	30.4	30.6	30.8	31.0	31.2	31.4	31.6	32.0	32.2	32.5	32.7
32	30.6	20.8	31.0	31.2	31.4	31.6	31.8	32.0	32.2	32.4	32.7	33.0	33.3	33.6	33.8
33	31.6	31.8	32.0	32.2	32.4	32.6	32.8	33.0	33.2	33.4	33.7	34.0	34.3	34.6	34.8
34	32.6	32.8	32.8	33.1	33.3	33.6	33.8	34.0	34.2	34.4	34.7	35.0	35.3	35.6	35.9
35	33.6	33.7	33.8	34.0	34.2	34.4	34.8	35.0	35.2	35.4	35.7	36.0	36.3	36.6	36.9

附表4　可溶性固形物对温度校正表

可溶性固形物对温度校正表（减校正值）

温度/℃	可溶性固形物含量读数/%									
	5	10	15	20	25	30	40	50	60	70
15	0.29	0.31	0.33	0.34	0.34	0.35	0.37	0.38	0.39	0.40
16	0.24	0.25	0.26	0.27	0.28	0.28	0.30	0.30	0.31	0.32
17	0.18	0.19	0.20	0.21	0.21	0.21	0.22	0.23	0.23	0.24
18	0.13	0.13	0.14	0.14	0.14	0.14	0.15	0.15	0.16	0.16
19	0.06	0.06	0.07	0.07	0.07	0.07	0.08	0.08	0.08	0.08

可溶性固形物对温度校正表（加校正值）

温度/℃	可溶性固形物含量读数/%									
	5	10	15	20	25	30	40	50	60	70
21	0.07	0.07	0.07	0.07	0.08	0.08	0.08	0.08	0.08	0.08
22	0.13	0.14	0.14	0.15	0.15	0.15	0.15	0.16	0.16	0.16
23	0.20	0.21	0.22	0.22	0.23	0.23	0.23	0.24	0.24	0.24
24	0.27	0.28	0.29	0.30	0.30	0.31	0.31	0.31	0.32	0.32
25	0.35	0.36	0.37	0.38	0.38	0.39	0.40	0.40	0.40	0.40

附表5　折射率与可溶性固形物换算表

折射率 n_{D}^{20}	可溶性固形物含量/%	折射率 n_{D}^{20}	可溶性固形物含量/%
1.3330	0	1.4056	43
1.3344	1	1.4076	44
1.3359	2	1.4096	45
1.3373	3	1.4117	46
1.3388	4	1.4137	47
1.3403	5	1.4158	48
1.3418	6	1.4179	49
1.3433	7	1.4201	50
1.3448	8	1.4222	51
1.3463	9	1.4243	52
1.3478	10	1.4265	53
1.3494	11	1.4286	54
1.3509	12	1.4308	55
1.3525	13	1.4330	56
1.3541	14	1.4352	57
1.3557	15	1.4374	58
1.3573	16	1.4397	59
1.3589	17	1.4419	60
1.3605	18	1.4442	61
1.3622	19	1.4465	62
1.3638	20	1.4488	63
1.3655	21	1.4511	64
1.3672	22	1.4535	65
1.3689	23	1.4558	66
1.3706	24	1.4582	67
1.3723	25	1.4606	68
1.3740	26	1.4630	69
1.3758	27	1.4654	70
1.3775	28	1.4679	71
1.3793	29	1.4703	72
1.3811	30	1.4728	73
1.3829	31	1.4753	74
1.3847	32	1.4778	75
1.3865	33	1.4803	76
1.3883	34	1.4829	77
1.3902	35	1.4854	78
1.3920	36	1.4880	79
1.3939	37	1.4906	80
1.3958	38	1.4933	81
1.3978	39	1.4959	82
1.3997	40	1.4985	83
1.4016	41	1.5012	84
1.4036	42	1.5039	85

附表 6　碳酸气吸收系数表

压力/MPa

温度/℃	0.00	0.01	0.02	0.03	0.04	0.05	0.06	0.07	0.08	0.09	0.10	0.11	0.12	0.13	0.14	0.15	0.16	0.17
0	1.71	1.88	2.05	2.22	2.39	2.56	2.73	2.90	3.07	3.23	3.40	3.57	3.74	3.91	4.08	4.25	4.42	4.59
1	1.65	1.81	1.97	2.13	2.30	2.46	2.62	2.78	2.95	3.11	3.27	3.43	3.60	3.75	3.92	4.08	4.25	4.41
2	1.58	1.74	1.90	2.05	2.21	2.37	2.52	2.68	2.83	2.99	3.15	3.30	3.46	3.62	3.77	3.93	4.09	4.24
3	1.53	1.68	1.83	1.98	2.13	2.28	2.43	2.58	2.73	2.88	3.03	3.18	3.34	3.49	3.64	3.79	3.94	4.09
4	1.47	1.62	1.76	1.91	2.05	2.20	2.35	2.49	2.64	2.78	2.93	3.07	3.22	3.36	3.51	3.65	3.80	3.94
5	1.42	1.56	1.71	1.85	1.99	2.13	2.27	2.41	2.55	2.69	2.83	2.97	3.11	3.25	3.39	3.53	3.67	3.81
6	1.38	1.51	1.65	1.78	1.92	2.06	2.19	2.33	2.46	2.60	2.74	2.87	3.01	3.14	3.28	3.42	3.55	3.69
7	1.33	1.46	1.59	1.73	1.86	1.99	2.12	2.25	2.38	2.51	2.64	2.78	2.91	3.04	3.17	3.30	3.43	3.56
8	1.28	1.41	1.54	1.65	1.79	1.91	2.04	2.17	2.29	2.42	2.55	2.67	2.80	2.93	3.05	3.18	3.31	3.43
9	1.24	1.36	1.48	1.60	1.73	1.85	1.97	2.09	2.21	2.34	2.46	2.58	2.70	2.82	2.95	3.07	3.19	3.31
10	1.19	1.31	1.43	1.55	1.67	1.78	1.90	2.02	2.14	2.25	2.37	2.49	2.61	2.73	2.84	2.96	3.08	3.20
11	1.15	1.27	1.38	1.50	1.61	1.72	1.84	1.95	2.07	2.18	2.29	2.41	2.52	2.63	2.75	2.86	2.98	3.09
12	1.12	1.23	1.34	1.45	1.56	1.67	1.78	1.89	2.00	2.11	2.22	2.33	2.44	2.55	2.66	2.77	2.88	2.99
13	1.08	1.19	1.30	1.40	1.51	1.62	1.72	1.83	1.94	2.05	2.15	2.25	2.37	2.47	2.58	2.69	2.79	2.90
14	1.05	1.15	1.26	1.36	1.46	1.57	1.67	1.78	1.88	1.98	2.08	2.19	2.29	2.40	2.50	2.60	2.71	2.81
15	1.02	1.12	1.22	1.32	1.42	1.52	1.62	1.72	1.82	1.92	2.02	2.13	2.23	2.33	2.43	2.53	2.63	2.73
16	0.98	1.08	1.18	1.28	1.37	1.47	1.57	1.67	1.76	1.86	1.96	2.05	2.15	2.25	2.35	2.44	2.54	2.64
17	0.96	1.05	1.14	1.24	1.33	1.43	1.52	1.62	1.71	1.81	1.90	1.99	2.09	2.18	2.28	2.37	2.47	2.56
18	0.93	1.02	1.11	1.20	1.29	1.39	1.48	1.57	1.66	1.75	1.84	1.94	2.03	2.12	2.21	2.30	2.39	2.49
19	0.90	0.99	1.08	1.17	1.26	1.35	1.44	1.53	1.61	1.70	1.79	1.88	1.97	2.05	2.15	2.24	2.33	2.42
20	0.88	0.96	1.05	1.14	1.22	1.31	1.40	1.48	1.57	1.66	1.74	1.83	1.92	2.00	2.09	2.18	2.26	2.35
21	0.85	0.94	1.02	1.11	1.19	1.28	1.36	1.44	1.53	1.61	1.70	1.78	1.87	1.95	2.03	2.12	2.20	2.29
22	0.83	0.91	0.99	1.07	1.16	1.24	1.32	1.40	1.48	1.57	1.65	1.73	1.81	1.89	1.97	2.06	2.14	2.22
23	0.80	0.88	0.96	1.04	1.12	1.20	1.28	1.36	1.44	1.52	1.60	1.68	1.76	1.84	1.91	1.99	2.07	2.15
24	0.78	0.86	0.94	1.01	1.09	1.17	1.24	1.32	1.40	1.47	1.55	1.63	1.71	1.78	1.86	1.94	2.01	2.09
25	0.76	0.83	0.91	0.93	1.06	1.13	1.21	1.28	1.36	1.43	1.51	1.58	1.66	1.73	1.81	1.88	1.96	2.03

压力/MPa

温度/℃	0.18	0.19	0.20	0.21	0.22	0.23	0.24	0.25	0.26	0.27	0.28	0.29	0.30	0.31	0.32	0.33	0.34	0.35
0	4.76	4.93	5.09	5.25	5.43	5.60	5.77	5.94	6.11	6.28	6.45	6.62	6.79	6.95	7.12	7.20	7.45	7.63
1	4.57	4.73	4.90	5.06	5.22	5.38	5.54	5.71	5.87	6.03	6.19	6.35	6.52	6.68	6.84	7.01	7.17	7.33
2	4.40	4.55	4.71	4.87	5.02	5.18	5.34	5.49	5.65	5.81	5.95	6.12	6.27	6.64	6.59	6.74	6.90	7.05
3	4.24	4.39	4.54	4.69	4.84	4.99	5.14	5.29	5.45	5.60	5.75	5.90	6.05	6.20	6.35	6.50	6.65	6.80
4	4.09	4.24	4.38	4.53	4.67	4.82	4.96	5.11	5.25	5.40	5.54	5.69	5.83	5.98	6.13	6.27	6.42	6.56
5	3.95	4.09	4.23	4.38	4.52	4.66	4.80	4.94	5.08	5.22	5.33	5.50	5.64	5.78	5.92	6.06	6.20	6.34

续表

温度/℃	压力/MPa																	
	0.18	0.19	0.20	0.21	0.22	0.23	0.24	0.25	0.26	0.27	0.28	0.29	0.30	0.31	0.32	0.33	0.34	0.35
6	3.82	3.96	4.10	4.23	4.37	4.50	4.64	4.77	4.91	5.06	5.18	5.32	5.45	5.59	5.73	5.86	6.00	6.13
7	3.70	3.83	3.96	4.09	4.22	4.35	4.48	4.62	4.75	4.88	5.01	5.14	5.27	5.40	5.53	5.67	5.80	5.93
8	3.56	3.69	3.81	3.91	4.07	4.19	4.32	4.45	4.57	4.70	4.82	4.95	5.08	5.20	5.33	5.48	5.58	5.71
9	3.43	3.56	3.68	3.80	3.92	4.05	4.17	4.29	4.41	4.53	4.66	4.78	4.90	5.02	5.14	5.27	5.39	5.51
10	3.32	3.43	3.55	3.67	3.79	3.90	4.02	4.14	4.26	4.38	4.49	4.61	4.73	4.85	4.97	5.08	5.20	5.32
11	3.20	3.32	3.43	3.55	3.66	3.77	3.89	4.00	4.12	4.23	4.34	4.46	4.57	4.68	4.80	4.91	5.03	5.14
12	3.10	3.21	3.32	3.43	3.54	3.65	3.76	3.87	3.98	4.09	4.20	4.31	4.42	4.53	4.64	4.76	4.87	4.98
13	3.01	3.11	3.22	3.33	3.43	3.54	3.65	3.76	3.86	3.97	4.08	4.18	4.29	4.40	4.50	4.61	4.72	4.82
14	2.92	3.02	3.12	3.23	3.33	3.43	3.54	3.64	3.74	3.85	3.95	4.06	4.16	4.26	4.37	4.47	4.57	4.68
15	2.83	2.93	3.03	3.13	3.23	3.33	3.43	3.53	3.63	3.78	3.84	3.94	4.04	4.14	4.24	4.34	4.44	4.54
16	2.73	2.83	2.93	3.03	3.12	3.22	3.32	3.42	3.51	3.61	3.71	3.80	3.90	4.00	4.10	4.19	4.29	4.39
17	2.65	2.75	2.84	2.94	3.03	3.13	3.22	3.31	3.41	3.50	3.60	3.69	3.79	3.88	3.98	4.07	4.16	4.26
18	2.58	2.67	2.76	2.85	2.94	3.03	3.13	3.22	3.31	3.40	3.49	3.58	3.68	3.77	3.86	3.95	4.04	4.18
19	2.50	2.59	2.68	2.77	2.85	2.95	3.04	3.13	3.22	3.31	3.39	3.48	3.57	3.66	3.75	3.84	3.98	4.02
20	2.44	2.52	2.61	2.70	2.78	2.87	2.96	3.04	3.13	3.22	3.30	3.39	3.48	3.56	3.65	3.74	3.82	3.91
21	2.37	2.46	2.54	2.62	2.71	2.79	2.88	2.96	3.05	3.13	3.21	3.30	3.38	3.47	3.55	3.64	3.72	3.80
22	2.30	2.38	2.47	2.55	2.63	2.71	2.79	2.87	2.96	3.04	3.12	3.20	3.28	3.37	3.45	3.53	3.61	3.69
23	2.23	2.31	2.39	2.47	2.55	2.63	2.71	2.79	2.87	2.95	3.03	3.11	3.18	3.26	3.34	3.42	3.50	3.58
24	2.17	2.25	2.32	2.40	2.48	2.55	2.63	2.71	2.79	2.86	2.94	3.02	3.09	3.17	3.25	3.32	3.40	3.48
25	2.11	2.18	2.26	2.33	2.41	2.48	2.56	2.63	2.71	2.78	2.86	2.93	3.01	3.08	3.16	3.23	3.31	3.38

续表

温度/℃	压力/MPa														
	0.36	0.37	0.38	0.39	0.40	0.41	0.42	0.43	0.44	0.45	0.46	0.47	0.48	0.49	0.50
0	7.80	7.97	8.14	8.31	8.48	8.64	8.81	8.98	9.15	9.32	9.49	9.66	9.83	10.00	10.17
1	7.49	7.66	7.82	7.98	8.14	8.31	8.47	8.63	8.79	8.96	9.12	9.28	9.44	9.61	9.77
2	7.21	7.37	7.52	7.68	7.84	7.99	8.15	8.31	8.46	8.62	8.78	8.93	9.09	9.24	9.40
3	6.95	7.10	7.25	7.40	7.56	7.71	7.86	8.01	8.16	8.31	8.46	8.61	8.76	8.91	9.06
4	6.71	6.85	7.00	7.14	7.29	7.43	7.58	7.72	7.87	8.02	8.16	8.31	8.45	8.60	8.74
5	6.48	6.62	6.76	6.91	7.06	7.19	7.33	7.47	7.51	7.75	7.89	8.03	8.17	8.31	8.45
6	6.27	6.41	6.54	6.58	6.81	6.96	7.09	7.22	7.36	7.49	7.63	7.76	7.90	8.04	8.17
7	6.06	6.19	6.32	6.45	6.59	6.72	6.85	6.98	7.11	7.24	7.37	7.51	7.64	7.77	7.90
8	5.84	5.95	6.09	6.22	6.34	6.47	6.60	6.72	6.85	6.98	7.10	7.23	7.35	7.48	7.61
9	5.63	5.75	5.88	6.00	6.12	6.24	6.36	6.49	6.61	6.73	6.85	6.98	7.10	7.22	7.34
10	5.44	5.55	5.67	5.79	5.91	6.03	6.14	6.26	6.38	6.50	6.61	6.73	6.85	6.97	7.09
11	5.25	5.37	5.48	5.60	5.71	5.82	5.94	6.05	6.17	6.28	6.39	6.51	6.62	6.73	6.85
12	5.09	5.20	5.31	5.42	5.53	5.64	5.75	5.86	5.97	6.08	6.19	6.30	6.41	6.52	6.63
13	4.93	5.04	5.14	5.25	5.36	5.47	5.57	5.68	5.79	5.89	6.00	6.11	6.21	6.32	6.43
14	4.78	4.88	4.99	5.09	5.20	5.30	5.40	5.51	5.61	5.71	5.82	5.92	6.02	6.13	6.23
15	4.64	4.74	4.84	4.94	5.04	5.14	5.24	5.34	5.44	5.54	5.65	5.75	5.85	5.95	6.05
16	4.48	4.58	4.68	4.78	4.87	4.97	5.07	5.17	5.26	5.36	5.46	5.55	5.55	5.75	5.85
17	4.35	4.45	4.54	4.64	4.73	4.82	4.92	5.01	5.11	5.20	5.30	5.39	5.49	5.58	5.67
18	4.23	4.32	4.41	4.50	4.59	4.68	4.77	4.87	4.96	5.06	5.14	5.23	5.32	5.42	5.51
19	4.11	4.20	4.28	4.37	4.46	4.55	4.64	4.73	4.82	4.91	5.00	5.09	5.18	5.26	5.35
20	4.00	4.08	4.17	4.26	4.34	4.43	4.52	4.60	4.69	4.78	4.86	4.95	5.04	5.12	5.21
21	3.89	3.97	4.06	4.14	4.23	4.31	4.39	4.48	4.56	4.65	4.73	4.82	4.90	4.98	5.07
22	3.77	3.86	3.94	4.02	4.10	4.18	4.27	4.35	4.43	4.51	4.59	4.67	4.76	4.84	4.92
23	3.66	3.74	3.82	3.90	3.98	4.06	4.14	4.22	4.30	4.37	4.44	4.53	4.61	4.69	4.77
24	3.56	3.63	3.71	3.79	3.86	3.94	4.02	4.10	4.17	4.25	4.33	4.40	4.48	4.58	4.64
25	3.46	3.53	3.61	3.68	3.76	3.83	3.91	3.98	4.06	4.12	4.20	4.28	4.35	4.43	4.50

附表 7　相当于氧化亚铜质量的葡萄糖、果糖、乳糖、转化糖　　　单位：mg

氧化亚铜	葡萄糖	果糖	乳糖	转化糖	氧化亚铜	葡萄糖	果糖	乳糖	转化糖
11.3	4.6	5.1	7.7	5.2	68.7	29.5	32.5	46.7	31.2
12.4	5.1	5.6	8.5	5.7	69.8	30.0	33.0	47.5	31.7
13.5	5.6	6.1	9.3	6.2	70.9	30.5	33.6	48.3	32.2
14.6	6.0	6.7	10.0	6.7	72.1	31.0	34.1	49.0	32.7
15.8	6.5	7.2	10.8	7.2	73.2	31.5	34.7	49.8	33.2
16.9	7.0	7.7	11.5	7.7	74.3	32.0	35.2	50.6	33.7
18.0	7.5	8.3	12.3	8.2	75.4	32.5	35.8	51.3	34.3
19.1	8.0	8.8	13.1	8.7	76.6	33.0	36.3	52.1	34.8
20.3	8.5	9.3	13.8	9.2	77.7	33.5	36.8	52.9	35.3
21.4	8.9	9.9	14.6	9.7	78.8	34.0	37.4	53.6	35.8
22.5	9.4	10.4	15.4	10.2	79.9	34.5	37.9	54.4	36.3
23.6	9.9	10.9	16.1	10.7	81.1	35.0	38.5	55.2	36.8
24.8	10.4	11.5	16.9	11.2	82.2	35.5	39.0	55.9	37.4
25.9	10.9	12.0	17.7	11.7	83.3	36.0	39.6	56.7	37.9
27.0	11.4	12.5	18.4	12.3	84.4	36.5	40.1	57.5	38.4
28.1	11.9	13.1	19.2	12.8	85.6	37.0	40.7	58.2	38.9
29.3	12.3	13.6	19.9	13.3	86.7	37.5	41.2	59.0	39.4
30.4	12.8	14.2	20.7	13.8	87.8	38.0	41.7	59.8	40.0
31.5	13.3	14.7	21.5	14.3	88.9	38.5	42.3	60.5	40.5
32.6	13.8	15.2	22.2	14.8	90.1	39.0	42.8	61.3	41.0
33.8	14.3	15.8	23.0	15.3	91.2	39.5	43.4	62.1	41.5
34.9	14.8	16.0	23.8	15.8	92.3	40.0	43.9	62.8	42.0
36.0	15.3	16.8	24.5	16.3	93.4	40.5	44.5	63.6	42.6
37.2	15.7	17.4	25.3	16.8	94.6	41.0	45.0	64.4	43.1
38.3	16.2	17.9	26.1	17.3	95.7	41.5	45.6	65.1	43.6
39.4	16.7	18.4	26.8	17.8	96.8	42.0	4.1	65.9	44.1
40.5	17.2	19.0	27.6	18.3	97.9	42.5	46.7	66.7	44.7
41.7	17.7	19.5	28.4	18.9	99.1	43.0	47.2	67.4	45.2
42.8	18.2	20.1	29.1	19.4	100.2	43.5	47.8	68.2	45.7
43.9	18.7	20.6	29.9	19.9	101.3	44.0	48.3	69.0	46.2
45.0	19.2	21.1	30.6	20.4	102.5	44.5	48.9	69.7	46.7
46.2	19.7	21.7	31.4	20.9	103.6	45.0	49.4	70.5	47.3
47.3	20.1	22.2	32.2	21.4	104.7	45.5	50.0	71.3	47.8
48.4	20.6	22.8	32.9	21.9	105.8	46.0	50.5	72.1	48.3
49.5	21.1	23.3	33.7	22.4	107.0	46.5	51.1	72.8	48.8
50.7	21.6	23.8	34.5	22.9	108.1	47.0	51.6	73.6	49.4
51.8	22.1	24.4	35.2	23.5	109.2	47.5	52.2	74.4	49.9
52.9	22.6	24.9	36.0	24.0	110.3	48.0	52.7	75.1	50.4
54.0	23.1	25.4	36.8	24.5	111.5	48.5	53.3	75.9	50.9
55.2	23.6	26.0	37.5	25.0	112.6	49.0	53.8	76.7	51.5
56.3	24.1	26.5	38.3	25.5	113.7	49.5	54.4	77.4	52.0
57.4	24.6	27.1	39.1	26.0	114.8	50.0	54.9	78.2	52.5
58.5	25.1	27.6	39.8	26.5	116.0	50.6	55.5	79.0	53.0
59.7	25.6	28.2	40.6	27.0	117.1	51.1	56.0	79.7	53.6
60.8	26.1	28.7	41.4	27.6	118.2	51.6	56.6	80.5	54.1
61.9	26.5	29.2	42.1	28.1	119.3	52.1	57.1	81.3	54.6
63.0	27.0	29.8	42.9	28.6	120.5	52.6	57.7	82.1	55.2
64.2	27.5	30.3	43.7	29.1	121.6	53.1	58.2	82.8	55.7
61.3	28.0	30.9	44.4	29.6	122.7	53.6	58.8	83.6	56.2
66.4	28.5	31.4	45.2	30.1	123.8	54.1	59.3	84.4	56.7
67.6	29.0	31.9	46.0	30.0	125.0	54.6	59.9	85.1	57.3

氧化亚铜	葡萄糖	果糖	乳糖	转化糖	氧化亚铜	葡萄糖	果糖	乳糖	转化糖
126.1	55.1	60.4	85.9	57.8	182.5	81.5	89.0	125.3	85.1
127.2	55.6	61.0	86.7	58.3	184.5	82.0	89.5	126.0	85.7
128.3	56.1	61.6	87.4	58.9	185.8	82.5	90.1	126.8	86.2
129.5	56.7	62.1	88.2	59.4	186.9	83.1	90.6	127.6	86.8
130.6	57.2	62.7	89.0	59.9	188.0	83.6	91.2	128.4	87.3
131.7	57.7	63.2	89.8	60.4	189.1	84.1	91.8	129.1	87.8
132.8	58.2	63.8	90.5	61.0	190.3	84.6	92.3	129.9	88.4
134.0	58.7	64.3	91.3	61.5	191.4	85.2	92.9	130.7	88.9
135.1	59.2	64.9	92.1	62.0	192.5	85.7	93.5	121.5	89.5
136.2	59.7	65.4	92.8	62.6	193.6	86.2	94.0	132.2	90.0
137.4	60.2	66.0	93.6	63.1	194.8	86.7	94.6	133.0	90.6
139.5	60.7	66.5	94.4	63.6	195.9	87.3	95.2	133.8	91.1
139.6	61.3	67.1	95.2	64.2	197.0	87.8	95.7	134.6	91.7
140.7	61.8	67.7	95.9	64.7	198.1	88.3	96.3	135.3	92.2
141.9	62.3	68.2	96.7	65.2	199.3	88.9	96.9	136.1	92.8
143.0	62.8	68.9	97.5	65.8	200.4	89.4	97.4	136.9	93.3
144.1	63.3	69.3	98.2	66.3	201.5	89.9	98.0	137.7	93.8
145.2	63.8	69.9	99.0	66.8	202.7	90.4	98.6	138.4	94.4
146.4	64.3	70.4	99.8	67.4	201.8	91.0	99.2	139.2	94.9
147.5	64.9	71.0	100.6	69.7	204.9	91.5	99.7	140.0	95.5
148.6	65.4	71.6	101.3	68.4	206.0	92.0	100.3	140.8	96.0
149.7	65.9	72.1	102.1	69.0	207.2	92.6	100.9	141.5	96.6
150.9	66.4	72.7	102.9	69.5	208.3	93.1	101.4	142.3	97.1
152.0	66.9	73.2	103.6	70.0	209.4	93.6	102.0	143.1	97.7
153.1	67.4	73.8	104.4	70.6	210.5	94.2	102.6	143.9	98.2
154.2	68.0	74.3	105.2	71.1	211.7	94.7	103.1	144.6	98.8
155.4	68.5	74.9	106.0	71.6	212.8	95.2	101.7	145.4	99.3
156.5	69.0	75.5	106.7	71.2	213.9	95.7	104.3	146.2	99.9
157.6	69.5	76.0	107.5	72.7	215.0	96.3	104.8	147.0	100.4
158.7	70.0	76.6	108.3	73.2	216.2	96.8	105.4	147.7	101.0
159.9	70.5	77.1	109.0	73.8	217.3	97.3	106.0	118.5	101.5
161.0	71.1	77.7	109.8	74.3	218.4	97.9	106.6	149.3	102.1
162.1	71.6	78.3	110.6	74.9	219.5	98.4	107.1	150.1	105.6
163.2	72.1	78.8	111.4	75.4	220.7	98.9	107.7	150.8	103.1
164.4	72.6	79.4	112.1	75.9	221.8	99.5	108.3	151.6	103.7
165.5	73.1	80.0	112.9	76.5	222.9	100.0	108.8	152.4	104.3
166.6	73.7	80.5	113.7	77.0	224.0	100.5	109.4	153.2	104.8
167.8	74.2	81.1	114.4	77.6	225.2	101.1	110.0	153.9	105.4
168.9	74.7	81.6	115.2	78.1	226.3	101.6	110.6	154.7	106.0
170.0	75.2	82.2	116.0	78.6	227.4	102.2	111.1	155.5	106.5
171.0	75.7	82.8	116.8	79.2	228.5	102.7	111.7	156.3	107.1
172.3	76.3	83.3	117.5	79.7	229.7	103.2	112.3	157.0	278.1
172.4	76.8	83.9	118.3	80.3	230.8	103.8	112.9	157.8	108.2
174.5	77.3	84.4	119.1	80.8	231.9	104.3	113.4	158.6	108.7
175.6	77.8	85.0	119.9	81.3	233.1	104.8	114.0	159.4	109.3
176.8	78.3	85.6	120.6	81.9	234.2	105.4	114.6	160.2	109.9
177.9	78.9	86.1	121.3	82.4	235.3	105.9	115.2	160.9	110.4
179.0	79.4	86.7	122.2	83.0	236.4	106.5	115.7	161.7	110.9
180.1	79.9	87.3	122.9	83.5	237.6	107.0	116.3	162.5	111.5
181.3	80.4	87.8	123.7	84.0	238.7	107.5	116.9	163.3	112.1
182.4	81.0	88.4	124.5	84.6	239.8	108.1	117.5	164.0	112.6

氧化亚铜	葡萄糖	果糖	乳糖	转化糖	氧化亚铜	葡萄糖	果糖	乳糖	转化糖
240.9	108.6	118.0	164.8	113.2	297.3	16.5	147.7	204.6	142.0
242.1	109.2	118.6	165.6	113.7	299.5	137.1	148.3	205.3	142.6
243.1	109.7	119.2	166.4	114.3	300.6	137.7	148.9	206.1	143.1
243.3	110.2	119.8	167.1	114.9	301.7	138.2	149.5	206.9	143.7
245.4	110.8	120.3	167.0	115.4	302.9	138.8	150.1	207.7	144.3
246.6	111.3	120.9	168.7	116.0	304.0	139.3	150.6	208.5	144.8
247.7	111.9	121.5	169.5	116.5	305.1	139.9	151.2	209.2	145.4
247.6	112.4	122.1	170.3	117.1	306.2	140.4	151.8	210.0	146.0
247.9	112.9	122.6	171.0	117.6	307.4	141.0	152.4	210.8	146.6
251.1	113.5	123.2	171.8	118.2	308.5	141.6	153.0	211.6	147.1
252.2	114.0	121.8	172.6	118.8	309.6	142.1	153.6	212.4	147.7
251.3	114.6	124.4	173.4	119.3	310.7	142.7	154.2	213.2	148.3
254.4	115.1	125.0	174.2	119.9	311.9	143.2	154.8	214.0	148.9
255.6	115.7	125.5	174.9	120.4	313.0	143.8	155.4	214.7	149.4
256.7	116.2	126.1	175.7	121.0	314.1	144.4	156.0	215.5	150.0
257.8	116.7	126.7	176.5	120.6	315.2	144.9	156.5	216.3	150.6
258.9	117.3	127.3	177.3	122.1	316.4	145.5	157.1	217.1	151.2
260.1	117.8	127.9	178.1	122.7	317.5	146.0	159.7	217.9	151.8
261.2	118.4	128.4	178.8	123.3	318.6	146.6	158.3	218.7	152.3
262.3	118.9	129.0	179.6	123.8	319.7	147.2	158.9	219.4	152.9
263.4	119.5	129.6	180.4	124.4	320.9	147.7	159.5	220.2	153.5
264.6	120.0	130.2	181.2	124.9	322.0	148.3	160.1	221.0	154.1
265.7	120.6	130.8	181.9	125.5	323.1	148.8	160.7	221.8	154.6
266.8	121.1	131.3	182.7	126.1	324.2	149.4	161.3	222.6	155.2
268.0	121.7	131.9	183.5	126.6	325.4	150.0	161.9	223.3	155.8
269.1	122.2	132.5	184.3	127.2	326.5	150.5	162.5	224.1	156.4
270.2	122.7	133.1	185.1	127.8	327.6	154.1	163.1	224.9	157.0
271.3	123.3	133.7	185.8	128.3	328.7	151.7	163.7	225.7	157.5
272.5	123.8	134.2	186.6	128.9	329.9	152.2	164.3	226.5	158.1
273.6	124.1	134.8	187.4	129.5	331.0	152.8	164.9	227.3	158.7
247.7	124.9	135.4	188.2	130.0	332.1	153.4	165.4	228.0	159.3
275.8	125.5	136.0	189.0	130.6	333.3	153.9	166.0	228.8	159.9
277.0	126.0	136.6	189.7	131.2	334.4	154.5	166.6	229.6	160.5
278.1	126.6	137.2	190.5	131.7	335.5	155.1	167.2	230.4	161.0
279.2	127.1	137.7	191.3	132.3	336.6	155.5	167.8	231.2	161.6
280.3	127.7	138.3	192.1	132.9	337.8	156.2	168.4	232.0	162.2
281.5	128.2	138.9	192.9	133.4	338.9	156.8	169.0	232.7	162.8
282.6	128.8	139.5	193.6	134.0	340.0	157.3	169.6	233.5	163.4
283.7	129.3	140.1	194.4	134.6	341.1	157.9	170.2	234.3	164.0
284.8	129.9	140.7	195.2	135.1	342.3	158.5	170.9	235.1	164.5
286.1	130.4	141.3	196.0	135.7	343.4	159.0	171.4	235.9	165.1
287.1	131	141.8	196.8	136.3	344.5	159.6	172.0	236.7	165.7
288.2	131.6	142.4	197.5	136.8	345.6	160.2	172.6	237.4	166.3
289.3	132.1	143.0	198.3	137.4	346.8	160.7	173.2	238.2	166.9
290.5	132.7	143.6	199.1	138.0	347.9	161.3	173.8	239.0	167.5
291.6	133.2	144.2	199.9	138.6	349.0	161.9	174.4	239.8	168.0
292.7	133.8	144.8	200.7	139.1	350.1	162.5	175.0	240.6	168.5
293.8	134.3	145.4	201.4	139.7	351.3	163.0	175.6	241.4	169.2
295.0	134.9	145.9	202.2	140.3	352.4	163.6	176.2	242.2	169.8
296.1	135.4	146.5	203.0	140.8	353.5	164.2	176.8	243.0	170.4
297.2	136	147.1	201.8	141.4	354.6	164.7	177.4	243.7	171.0

续表

氧化亚铜	葡萄糖	果糖	乳糖	转化糖	氧化亚铜	葡萄糖	果糖	乳糖	转化糖
355.8	165.3	178.0	244.5	171.6	413.2	195.0	209.0	284.8	202.0
356.9	165.9	178.6	245.3	172.2	414.3	195.6	209.6	285.6	202.6
358.0	166.5	179.2	246.1	172.8	415.4	196.2	210.2	286.3	203.2
359.1	167.0	179.8	246.9	171.3	416.6	196.8	210.8	287.1	203.8
360.3	167.6	180.4	247.7	173.9	417.7	197.4	211.4	287.9	204.4
361.4	168.2	181.0	248.5	174.5	418.8	198.0	212.0	288.7	205.0
362.5	168.8	181.6	249.2	175.1	419.9	198.5	212.6	289.5	205.7
363.6	169.3	182.2	250.0	175.7	421.1	199.1	213.3	290.3	206.3
364.8	169.9	182.9	250.8	176.3	422.2	199.7	213.9	291.1	206.9
365.9	170.5	183.4	251.6	176.9	423.3	200.3	214.5	291.9	207.5
367.0	171.1	184.0	252.4	177.5	424.4	200.9	215.1	292.7	208.1
368.2	171.6	184.6	253.2	178.1	425.6	201.5	215.7	293.5	208.7
369.3	172.2	185.2	253.9	178.7	426.7	202.1	216.3	294.3	209.3
370.4	172.8	185.8	254.7	179.3	427.8	202.7	217.0	295.0	209.9
371.5	173.4	186.4	255.5	179.8	428.9	203.5	217.6	295.8	210.5
372.7	173.9	187.0	256.3	180.4	430.1	203.9	217.2	296.6	211.1
373.8	174.5	187.6	257.1	181.0	431.2	204.5	218.8	297.4	211.8
374.9	175.1	188.2	257.9	181.6	432.3	205.1	219.5	298.2	212.4
376.0	175.7	188.8	258.7	182.2	433.5	205.1	220.1	299.0	213.0
377.2	176.3	189.4	259.4	182.8	434.6	206.3	220.7	299.8	213.6
378.3	176.8	190.1	260.2	193.4	435.7	206.9	221.3	300.6	244.2
379.4	177.4	190.7	261.0	184.0	436.8	207.5	221.9	301.4	214.8
380.5	178.0	191.3	261.8	184.6	438	208.1	222.6	302.2	215.4
381.7	178.6	191.9	262.6	185.2	439.1	208.7	232.2	303.0	216.0
382.8	179.2	192.5	263.4	185.8	440.2	209.3	223.8	303.8	216.7
383.9	179.7	193.1	264.2	186.4	441.3	209.9	224.4	304.6	217.3
385.0	180.3	193.7	265.0	187.0	442.5	210.5	225.1	305.4	217.9
386.2	180.9	194.3	265.8	187.6	443.6	211.1	225.7	306.2	218.5
387.3	181.5	194.9	266.6	188.2	444.7	211.7	226.3	307.0	219.1
388.4	182.1	195.5	267.4	188.9	445.8	212.3	226.9	307.8	219.8
389.5	182.7	196.1	268.1	189.4	447.0	212.9	227.6	308.6	220.4
390.7	183.2	196.7	268.9	190.9	448.1	213.5	228.2	309.4	221.0
391.8	183.8	197.3	269.9	190.6	449.2	214.1	228.8	310.2	221.6
392.9	184.4	197.9	270.5	191.2	450.3	214.7	229.4	311.0	222.2
394.0	185.0	198.5	271.3	191.8	451.5	215.3	230.1	311.8	222.9
395.2	185.6	199.2	272.1	192.4	452.6	215.9	230.7	312.6	223.5
396.3	186.2	199.8	272.9	193.0	443.7	216.5	231.3	313.4	224.1
397.4	186.8	200.4	273.7	193.6	454.8	217.1	232.0	314.2	224.7
398.5	187.3	201.0	274.4	194.2	456.0	217.8	232.6	315.0	225.4
399.7	187.9	201.6	275.2	194.8	457.1	218.4	231.2	315.9	226.0
400.8	188.5	202.2	276.0	195.4	458.2	219.0	233.9	316.7	226.6
401.9	189.1	202.8	276.8	196.0	459.3	219.6	234.5	317.5	227.2
403.1	189.7	203.4	277.6	196.6	460.5	220.2	235.1	318.3	227.9
404.2	190.3	204.0	278.4	197.2	461.6	220.8	235.8	319.1	228.5
405.3	190.9	204.7	279.2	198.7	462.7	221.4	236.4	319.9	229.1
406.4	191.5	205.3	280.0	198.4	463.8	222.0	237.1	320.7	229.7
407.6	192.0	205.9	280.8	199.0	465.0	222.6	237.7	321.6	230.4
408.7	192.6	206.5	281.6	199.6	466.1	223.3	238.4	322.4	231.0
409.8	191.2	207.1	282.4	200.2	467.2	223.9	239.0	321.3	231.7
410.9	193.8	207.7	283.2	200.8	468.4	224.5	239.7	324.0	232.3
412.1	194.4	208.3	284.0	201.4	469.5	225.1	240.3	324.9	232.0

氧化亚铜	葡萄糖	果糖	乳糖	转化糖	氧化亚铜	葡萄糖	果糖	乳糖	转化糖
470.6	225.7	241.0	325.7	233.6	477.4	229.5	244.9	330.8	237.5
471.7	226.3	241.6	326.5	234.2	478.5	230.1	245.6	331.7	238.1
472.9	227.0	242.2	327.4	234.8	479.6	230.7	246.3	332.6	238.8
474.0	227.6	242.9	328.2	235.5	480.7	231.4	247.0	333.5	239.5
475.1	228.2	241.6	329.1	236.1	481.9	232.0	247.8	334.4	240.2
476.2	228.8	244.3	329.9	236.8	481.0	232.7	248.5	335.3	240.8

参 考 文 献

[1] 杨月欣，王光亚主编. 中国食物成分表. 第一册. 第2版. 北京：北京大学医学出版社，2009.

[2] 王启军主编. 食品分析实验. 第2版. 北京：化学工业出版社，2012.

[3] 朱克永主编. 食品检测技术. 北京：科学出版社，2011.

[4] 张水华主编. 食品分析. 北京：中国轻工业出版社，2007.

[5] 侯曼玲编著. 食品分析. 北京：化学工业出版社，2007.

[6] 谢笔钧，何慧主编. 食品分析. 北京：科学出版社，2015.

[7] 中华人民共和国国家标准. 食品卫生检验方法·理化部分. 北京：中国标准出版社，2004.

[8] 穆华荣编. 食品检验技术. 北京：化学工业出版社，2009.

[9] 穆华荣，于淑萍主编. 食品分析. 第3版. 北京：化学工业出版社，2015.

[10] 陈家华等主编. 现代食品分析新技术. 北京：化学工业出版社，2005.

[11] 杨严俊，孙俊主编. 食品分析. 北京：化学工业出版社，2013.

[12] 李和生主编. 食品分析. 北京：科学出版社，2013.

[13] 王永华主编. 食品分析. 第2版. 北京：中国轻工业出版社，2010.

[14] 程云燕，李双石主编. 食品分析与检验. 北京：化学工业出版社，2007.

[15] 周光理主编. 食品分析与检验技术. 第3版. 北京：化学工业出版社，2015.

[16] 李凤玉，梁文珍主编. 食品分析与检验. 北京：中国农业大学出版社，2009.

[17] 俞一夫主编. 食品分析技术. 北京：中国轻工业出版社，2009.

[18] 王喜萍主编. 食品分析. 北京：中国农业大学出版社，2006.

[19] 王芃，许泓主编. 食品分析操作技术. 北京：中国轻工业出版社，2008.

[20] 王晓英等主编. 食品分析技术. 武汉：华中科技大学出版社，2010.

[21] 金明琴主编. 食品分析. 北京：化学工业出版社，2008.

[22] 钱建亚主编. 食品分析. 北京：中国纺织出版社，2014.

[23] 车振明主编. 食品安全与检测. 北京：中国轻工业出版社，2007.

[24] 中华人民共和国广东进出口检验检疫局编. 进出口食品中农兽药残留实用检测方法. 北京：中国标准出版社，2004.

[25] 无锡轻工大学，天津轻工学院编. 食品分析. 北京：中国轻工业出版社，2007.

[26] 王竹天主编. 食品卫生检验方法（理化部分）. 北京：中国标准出版社，2007.

[27] 高向阳，宋莲军主编. 现代食品分析实验. 北京：科学出版社，2015.

[28] 刘兴友，刁有祥主编. 食品理化检验学. 北京：中国农业大学出版社，2008.

[29] 何晋浙主编. 食品分析综合实验指导. 北京：科学出版社，2014.

[30] 郝生宏主编. 食品分析检测. 北京：化学工业出版社，2011.